PostgreSQL 9.6
从零开始学
视频
教学版

李小威 编著

清华大学出版社
北京

内 容 简 介

本书循序渐进地介绍 PostgreSQL 9.6 数据库系统管理与开发的相关基础知识，并提供大量具体操作 PostgreSQL 9.6 数据库的示例。通过本书的学习，读者可以完整地掌握 PostgreSQL 9.6 的技术要点并具备系统管理与开发的基本技能。

全书共分为 18 章，主要内容包括 PostgreSQL 9.6 的安装与配置、数据库的基本操作、数据表的基本操作、SQL 语言基础、轻松掌握 SQL 语句、认识函数、PostgreSQL 查询、数据的更新、创建和使用索引、事务和锁、视图操作、触发器、PostgreSQL 的安全机制、数据库的备份与还原、高可用、负载均衡、数据复制、服务器配置与数据库监控、内部结构等。同时，本书在大部分章节的后面提供典型习题，供读者操作练习，从而加深理解。

本书适合 PostgreSQL 9.6 数据库初学者学习，同时也适合想全面了解 PostgreSQL 9.6 的数据库系统管理与开发的人员阅读。

图书在版编目（CIP）数据

PostgreSQL 9.6 从零开始学：视频教学版/李小威编著.—北京：清华大学出版社，2018
ISBN 978-7-302-49621-2

Ⅰ. ①P… Ⅱ. ①李… Ⅲ. ①关系数据库系统 Ⅳ. ①TP311.132.3

中国版本图书馆 CIP 数据核字（2018）第 028818 号

责任编辑：夏毓彦
封面设计：王　翔
责任校对：闫秀华
责任印制：王静怡

出版发行：清华大学出版社
  网 址：http://www.tup.com.cn，http://www.wqbook.com
  地 址：北京清华大学学研大厦 A 座   邮 编：100084
  社 总 机：010-62770175   邮 购：010-62786544
  投稿与读者服务：010-62776969，c-service@tup.tsinghua.edu.cn
  质 量 反 馈：010-62772015，zhiliang@tup.tsinghua.edu.cn

印 装 者：北京密云胶印厂
经 销：全国新华书店
开 本：190mm×260mm   印 张：22.75   字 数：582 千字
版 次：2018 年 4 月第 1 版   印 次：2018 年 4 月第 1 次印刷
印 数：1～3500
定 价：59.00 元

产品编号：075905-01

前　言

本书是面向 PostgreSQL 9.6 初学者的一本高质量的书籍，通过详细的实用案例，让读者快速入门，再也不会为数据库而发愁。

本书特色

知识丰富全面：知识点由浅入深，几乎涵盖所有 PostgreSQL 9.6 的基础知识点和开发技术。

图文并茂：注重操作，图文并茂，在介绍案例的过程中，每一个操作均有对应步骤和过程说明。这种结合的方式使读者在学习过程中能够直观、清晰地看到操作的过程以及效果，便于更快地理解和掌握。

易学易用：颠覆传统"看"书的观念，变成一本能"操作"的图书。

案例丰富：把知识点融汇于系统的案例实训中，并且结合综合案例进行讲解和拓展，进而达到"知其然，并知其所以然"的效果。

提示技巧、贴心周到：本书对读者在学习过程中可能会遇到的疑难问题以"提示"和"技巧"的形式进行说明，以免读者在学习的过程中走弯路。

超值资源：本书 400 多个详细示例和大量经典习题，让你在实战应用中掌握 PostgreSQL 9.6 的每一项技能。

读者对象

本书是一本完整介绍 PostgreSQL 9.6 的教程，内容丰富，条理清晰，实用性强，适合以下读者学习使用：

● 对 PostgreSQL 9.6 完全不了解或者有一定了解的读者。
● 对数据库有兴趣的读者，并希望快速、全面地掌握 PostgreSQL 9.6。
● 对没有任何 PostgreSQL 9.6 经验、想学习 PostgreSQL 9.6 并进行应用开发的读者。

代码、课件与教学视频

本书代码、课件与教学视频下载地址（注意数字与英文字母大小写）如下：

链接：https://pan.baidu.com/s/1smGqicd　　　　密码：mjri

如果下载有问题或者有其他关于本书的问题，请联系电子邮箱 booksaga@163.com，邮件主题为"PostgreSQL 9.6 从零开始学"。

鸣谢

除了本书署名编者李小威（长期从事 PostgreSQL 实训的培训工作）外，参与本书编写的人员还有包惠利、张工厂、陈伟光、胡同夫、梁云亮、刘海松、刘玉萍、刘增产、孙若淞、王攀登、王维维、王英英、肖品和李园等人。虽然倾注了编者的努力，但由于水平有限，书中难免有疏漏之处，请读者谅解，如果遇到问题或有意见，敬请与我们联系，我们将全力提供帮助。

编　者

2018 年 2 月

目　　录

第 1 章　初识 PostgreSQL

 学习目标 | Objective

PostgreSQL 是一个开放源代码的对象关系型数据库管理系统（ORDBMS），是从伯克利写的 Postgres 软件包发展而来的。它提供了多版本并行控制，支持几乎所有 SQL 构件（包括子查询、事务和用户定义类型和函数），并且可以获得非常广阔范围的（开发）语言绑定（包括 C、C++、Java、perl、tcl 和 python）。本章主要介绍数据库的基础知识，通过本章的学习，读者可以了解数据库的基本概念、数据库的构成和 PostgreSQL 的基础知识。

内容导航 | Navigation

- 了解什么是数据库
- 掌握什么是表、数据类型和主键
- 熟悉数据库的技术构成
- 熟悉什么是 PostgreSQL
- 了解如何学习 PostgreSQL

1.1　数据库基础

数据库由一批数据构成有序的集合，这些数据被存放在结构化的数据表里。数据表之间相互关联，反映了客观事物间的本质联系。数据库系统提供对数据安全控制和完整性控制。本节将介绍数据库中的一些基本概念，包括数据库的定义、数据表的定义和数据类型等。

1.1.1　什么是数据库

数据库的概念诞生于 60 年前，随着信息技术和市场的快速发展，数据库技术层出不穷，随着应用的拓展和深入，数据库的数量和规模越来越大，其诞生和发展给计算机信息管理带来了一场巨大的革命。

数据库发展阶段大致划分为人工管理阶段、文件系统阶段、数据库系统阶段、高级数据库阶段。其种类大概有 3 种：层次式数据库、网络式数据库和关系式数据库。不同种类的数据库按不同的数据结构来联系和组织。

对于数据库的概念，没有一个完全固定的定义，随着数据库历史的发展，定义的内容也有很大的差异，其中一种比较普遍的观点认为，数据库（DataBase，DB）是一个长期存储在计算机内的、有组织的、有共享的、统一管理的数据集合。它是一个按数据结构来存储和管理数据的计算机软件系统。也就是说，数据库包含两层含义：保管数据的"仓库"以及数据管理的方法和技术。

数据库的特点包括：实现数据共享，减少数据冗余；采用特定的数据类型；具有较高的数据独立性；具有统一的数据控制功能。

1.1.2　表

在关系数据库中，数据库表是一系列二维数组的集合，用来存储数据和操作数据的逻辑结构。它由纵向的列和横向的行组成：行被称为记录，是组织数据的单位；列被称为字段，每一列表示记录的一个属性，都有相应的描述信息，如数据类型、数据宽度等。

例如，一个有关作者信息的名为 authors 的表中，每列包含的都是作者某个特定类型的信息，比如"姓名"，而每行则包含了某个特定作者的所有信息，比如编号、姓名、性别、专业，如图1-1 所示。

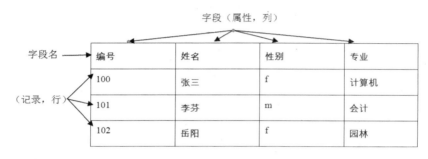

图 1-1　authors 表结构与记录

1.1.3　数据类型

数据类型决定了数据在计算机中的存储格式，代表不同的信息类型。常用的数据类型有整数数据类型、浮点数数据类型、精确小数类型、二进制数据类型、日期/时间数据类型、字符串数据类型。

表中的每一个字段就是某种指定数据类型，比如图 1-1 中"编号"字段为整数数据、"性别"字段为字符型数据。

1.1.4　主键

主键（PRIMARY KEY）又称主码，用于唯一地标识表中的每一条记录。可以定义表中的一列或多列为主键，主键列上没有两行具有相同的值，也不能为空值。假如，定义 authors 表，该表给每一个作者分配一个"作者编号"，该编号作为表数据表的主键，如果出现相同的值，将提示错误，系统不能确定查询的究竟是哪一条记录；如果把作者的"姓名"作为主键，则不能出现重复的名字，这与现实不符，因此"姓名"字段不适合作为主键。

1.1.5　什么是开源

PostgreSQL 是一个开源数据库管理系统，那么什么是开源呢？开源是开放源码的简称，是被非营利软件组织（美国的 Open Source Initiative 协会）注册为认证标记，并对其进行了正式的定义，用于描述那些源码可以被公众使用的软件，并且此软件的使用、修改和发行也不受许可证的限制。这意味着软件在提供的时候，同时提供了源码。开源许可赋予用户使用、修改和重新发布它而不需要付许可费用的权力。

1.2　数据库技术构成

数据库系统由硬件部分和软件部分共同构成。硬件主要用于存储数据库中的数据，包括计算机、存储设备等。软件部分则主要包括 DBMS、支持 DBMS 运行的操作系统，以及支持多种语言进行应用开发的访问技术等。本节将介绍数据库的技术构成。

1.2.1　数据库系统

数据库系统有 3 个主要的组成部分。

（1）数据库：用于存储数据的地方。

（2）数据库管理系统：用于管理数据库的软件。

（3）数据库应用程序：为了提高数据库系统的处理能力所使用的管理数据库的软件补充。

数据库（Database System）提供了一个存储空间，用以存储各种数据。可以将数据库视为一个存储数据的容器。一个数据库可能包含许多文件，一个数据库系统中通常包含许多数据库。

数据库管理系统（DataBase Management System，DBMS）是用户创建、管理和维护数据库时所使用的软件，位于用户与操作系统之间，对数据库进行统一管理。DBMS 能定义数据存储结构，提供数据的操作机制，维护数据库的安全性、完整性和可靠性。

数据库应用程序（DataBase Application）虽然已经有了 DBMS，但是在很多情况下，DBMS 无法满足对数据管理的要求。数据库应用程序的使用可以满足对数据管理的更高要求，还可以使数据管理过程更加直观和友好。数据库应用程序负责与 DBMS 进行通信，访问和管理 DBMS 中存储的数据，允许用户插入、修改和删除 DB 中的数据。

数据库系统如图 1-2 所示。

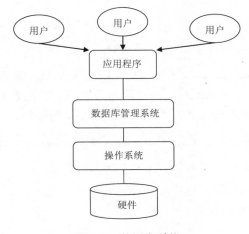

图 1-2　数据库系统

1.2.2　SQL 语言

对数据库进行查询和修改操作的语言叫作 SQL。SQL 的含义是结构化查询语言（Structured Query Language）。SQL 有许多不同的类型，有三个主要的标准：ANSI（美国国家标准机构）SQL；对 ANSI SQL 修改后在 1992 年采纳的标准，称为 SQL-92 或 SQL2；最近的 SQL-99 标准。SQL-99 标准从 SQL2 扩充而来并增加了对象关系特征和许多其他新功能。其次，各大数据库厂商提供不同版本的 SQL。这些版本的 SQL 支持原始的 ANSI 标准，而且在很大程度上支持新推出的 SQL-92 标准。

SQL 语言包含 4 个部分。

（1）数据定义语言（DDL）：DROP、CREATE、ALTER 等语句。
（2）数据操作语言（DML）：INSERT（插入）、UPDATE（修改）、DELETE（删除）语句。
（3）数据查询语言（DQL）：SELECT 语句。
（4）数据控制语言（DCL）：GRANT、REVOKE、COMMIT、ROLLBACK 等语句。

下面是一条 SQL 语句，声明创建一个叫 students 的表：

```
CREATE TABLE students
(
student_id INT,
name VARCHAR(30),
sex CHAR(1),
birth DATE,
PRIMARY KEY (student_id)
);
```

该语句创建一张表，该表包含 4 个字段，分别为 student_id、name、sex、birth，其中 student_id 被定义为表的主键。

现在只是定义了一张表格，但并没有任何数据，接下来这条 SQL 声明语句将在 students 表中插入一条数据记录：

```
INSERT INTO students (student_id, name, sex, birth)
VALUES (41048101, 'Lucy Green', '1', '1990-02-14');
```

执行完该 SQL 语句之后，students 表中就会增加一行新记录，该记录中字段 student_id 的值为 41048101、name 字段的值为 Lucy Green、sex 字段值为 1、birth 字段值为 1990-02-14。

再使用 SELECT 查询语句获取刚才插入的数据，如下语句：

```
SELECT name FROM students WHERE student_id = 41048101;
```

在 PostgreSQL 9.6 的 pgAdmin 客户端查询结果如图 1-3 所示。

上面简单列举了常用的数据库操作语句，目的是给读者一个直观的印象。读者可能还不能理解，接下来会在学习 PostgreSQL 的过程中详细介绍这些知识。

图 1-3 查询符合条件的学生名字

1.2.3 数据库访问技术

不同的程序设计语言会有各自不同的数据库访问技术。程序语言通过这些技术执行 SQL 语句，进行数据库管理，主要的数据库访问技术有以下几种。

1. ODBC

Open Database Connectivity（开放数据库互连）技术为访问不同的 SQL 数据库提供了一个共同的接口。ODBC 使用 SQL 作为访问数据的标准。这一接口提供了最大限度的互操作性：一个应用程序可以通过共同的一组代码访问不同的 SQL 数据库管理系统（DBMS）。

一个基于 ODBC 的应用程序对数据库的操作不依赖任何 DBMS，不直接与 DBMS 打交道，所有的数据库操作由对应的 DBMS 的 ODBC 驱动程序完成。也就是说，不论是 Access、PostgreSQL 还是 Oracle 数据库，均可用 ODBC API 进行访问。由此可见，ODBC 的最大优点是能以统一的方式处理所有的数据库。

2. JDBC

Java Data Base Connectivity（java 数据库连接）用于 Java 应用程序连接数据库的标准方法，是一种用于执行 SQL 语句的 Java API，可以为多种关系数据库提供统一访问，由一组用 Java 语言编写的类和接口组成。

3. ADO.NET

ADO.NET 是微软在.NET 框架下开发设计的一组用于和数据源进行交互的面向对象类库。ADO.NET 提供了对关系数据、XML 和应用程序数据的访问，允许和不同类型的数据源以及数据库进行交互。

4. PDO

PDO（PHP Data Object）为 PHP 访问数据库定义了一个轻量级的、一致性的接口。它提供了一个数据访问抽象层，这样无论使用什么数据库，都可以通过一致的函数执行查询和获取数据。PDO 是 PHP 5 新加入的一个重要功能。

1.3　什么是 PostgreSQL

PostgreSQL 是一个包含关系模型和支持 SQL 标准查询语言的 DBMS（数据库管理系统）。PostgreSQL 非常先进和可靠，性能非常高，并且免费且开源。

1.3.1　客户机-服务器软件

主从式架构（Client-Server Model）或客户端-服务器（Client/Server）结构简称 C/S 结构，是一种网络架构。通常在该网络架构下软件分为客户端（Client）和服务器（Server）。

服务器是整个应用系统资源的存储与管理中心，多个客户端各自处理相应的功能，共同实现完整的应用。在客户/服务器结构中，客户端用户的请求被传送到数据库服务器，数据库服务器进行处理后，将结果返回给用户，从而减少了网络数据传输量。用户使用应用程序时，首先启动客户端，通过有关命令告知服务器进行连接以完成各种操作，而服务器则按照此请示提供相应的服务。每一个客户端软件的实例都可以向一个服务器或应用程序服务器发出请求。

这种系统的特点是客户端和服务器程序不在同一台计算机上运行，这些客户端和服务器程序通常归属不同的计算机。

主从式架构通过不同的途径可以用于很多不同类型的应用程序，比如，现在人们最熟悉的在因特网上用的网页。例如，当顾客想在当当网站上买书的时候，电脑和网页浏览器就被当作一个客户端，同时组成当当网的电脑、数据库和应用程序就被当作服务器。当顾客的网页浏览器向当当网请求搜寻数据库相关的图书时，当当网服务器从当当网的数据库中找出所有该类型的图书信息，结合成一个网页，再发送回顾客的浏览器。服务器端一般使用高性能的计算机，并配合使用不同类型的数据库，比如 Oracle、Sybase 或者是 PostgreSQL 等；客户端需要安装专门的软件，比如浏览器。

1.3.2　PostgreSQL 发展历程

PostgreSQL 的发展历程可以追溯到 1986 年，加州大学伯克利分校（University of California at Berkeley，UCB）开发了一个名叫 Postgres 的关系数据库服务器，这份代码被 Illustra 公司拿去发展成一个商业化的产品。

到了 1994 年，Andrew Yu 和 Jolly Chen 向 Postgres 中增加了 SQL 语言的解释器，命名为 Postgres95，并随后将其源代码发布到互联网上供大家使用，成为一个开放源码的数据库管理系统。Postgres95 所有源代码都是完全的 ANSI C，而且代码量减少了 25%，并且有许多内部修改以利于提高性能和代码的维护性。

到了 1996 年，Postgres95 名称被更改为 PostgreSQL，表示它支持查询语言标准，同时版本号也重新从 6.0 开始。Postgres95 版本的开发重点放在标明和理解现有的后端代码上。PostgreSQL 把重点转移到一些有争议的特性和功能上面。当然，各个方面的工作同时都在进行。

自 6.0 版本之后，出现了很多后续发行，在系统中也出现了很多改进。在 2005 年 1 月 19 日，8.0 版本发行。由 8.0 后，PostgreSQL 以原生（Native）的方式执行 Windows 视窗系统。

2011 年 9 月 12 日，PostgreSQL 全球开发组宣布业界领先的开源关系数据库 PostgreSQL 9.1 版发布，该版本增加了很多创新性的技术、强大的可扩展性以及类似同步复制、最近相邻索引和外部数据封装等功能。

2016 年 9 月 29 日，PostgreSQL 全球开发组发布 PostgreSQL 9.6 最新版本，该版本允许用户纵向扩展和横向扩展来提高数据库的查询性能，同时增加了并行查询、同步复制改进、短语搜索等功能，从而使复制、聚合、索引、排序等过程变得更加高效，使其性能和可用性得到极大提高。

1.3.3　PostgreSQL 的优势

PostgreSQL 的主要优势如下：

（1）价格：PostgreSQL 对多数个人用户来说是免费的。

（2）速度：运行速度快。相比另外一个开源数据库 MySQL 而言，PostgreSQL 在复杂数据查询方面的速度是相当快的。另外，PostgreSQL 是多进程的，在并发较高的时候，PostgreSQL 的总体处理性能比普通的数据库管理系统要快许多。

（3）容易使用：与其他大型数据库的设置和管理相比，其复杂程度较低，易于学习。

（4）可移植性：能够工作在众多不同的系统平台上，例如 Windows、Linux、UNIX 和 Mac OS 等。

（5）丰富的接口：提供了用于 C、C++、Eiffel、Java、Perl、PHP、Python、Ruby 和 Tcl 的 API。

（6）支持查询语言：PostgreSQL 可以利用标准 SQL 语法编写支持 ODBC（开放式数据库连接）的应用程序。

（7）相互配合的开源软件较多：有很多分布式集群软件，如 pgpool、pgcluster、slony 和 plploxy 等，很容易做读写分离、负载均衡和数据水平拆分等方案，而这在其他的数据库管理系统中很难实现。

（8）安全性和连接性：十分灵活和安全的权限和密码系统，允许基于主机的验证。连接到服务器时，所有的密码传输均采用加密形式，从而保证了密码安全。由于 PostgreSQL 是网络化的，因此可以在因特网上的任何地方访问，提高数据共享的效率。

1.4　如何学习 PostgreSQL

在学习 PostgreSQL 数据库之前，很多读者都在问如何才能学习好 PostgreSQL 的相关技能。下面就来讲述学习 PostgreSQL 的方法。

1. 培养兴趣

兴趣是最好的老师，不论学习什么知识，兴趣都可以极大地提高学习效率。学习 PostgreSQL 也不例外。

2. 夯实基础

计算机领域的技术非常强调基础，刚开始学习可能还认识不到这一点，随着技术应用的深入，只有具有扎实基础功底，才能在技术的道路上走得更快、更远。对于 PostgreSQL 的学习来说，SQL 语句是其中最为基础的部分，很多操作都是通过 SQL 语句来实现的。所以在学习的过程中，读者要多编写 SQL 语句，对于同一个功能，使用不同的实现语句来完成，从而更加深刻理解 PostgreSQL。

3. 及时学习新知识

正确、有效地利用搜索引擎，可以搜索到很多关于 PostgreSQL 的相关知识，有利于及时获取最新的技术资料。同时，参考别人解决问题的思路，吸取别人的经验。

4. 多实践操作

数据库系统具有极强的操作性，需要多动手，上机操作。在实际操作的过程中才能遇到问题，并思考解决问题的方法和思路，只有这样才能提高实战的操作能力。

第 2 章　PostgreSQL 9.6 的安装与配置

学习目标！Objective

PostgreSQL 支持多种平台，不同平台下的安装与配置过程也不相同。本章以 9.6.3 版本为例进行讲解如何在 Windows XP 平台下下载和安装配置。另外，还讲述 PostgreSQL 9.6 的最新功能、服务器的配置方法和数据库管理工具 pgAdmin 的基本操作等知识。

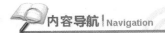内容导航！Navigation

- 了解 PostgreSQL 9.6 的新功能
- 掌握如何安装和配置 PostgreSQL 9.6
- 掌握启动服务并登录 PostgreSQL 9.6 数据库
- 掌握 PostgreSQL 9.6 服务器配置方法
- 掌握数据库管理工具 pgAdmin 的基本操作

2.1　PostgreSQL 9.6 的新功能

PostgreSQL 近几年在全球的人气不断攀升，每年发布的版本都体现了新的活力。9.6 作为里程碑式的作品，有非常多的新功能加入。

1. 并行查询

并行查询功能是 9.6 版本增加的最大亮点。在 PostgreSQL 之前的版本中，即使拥有多个空闲处理器，但数据库限制只能利用单个 CPU 的计算能力。9.6 版本支持并行查询操作，因此能够利用服务器上的几个或所有的 CPU 内核进行运算，这样将更快返回查询结果。

目前支持并行特性的操作有顺序表扫描、聚合和边接，根据操作细节和可用内核数目的不同，该并行特性可提高对大数据的检索效率，最快时可高达 32 倍左右。

2. 同步复制功能的改进

PostgreSQL 的同步复制功能得到改进，使它能够用于数据库集群一致读取的维护。首先，它现在允许配置同步复制的组；其次，"remote_apply"模式通过多重节点创建一个更具统一性的实例。这些特性支持使用内置的自我复制功能来维护独立节点的负载均衡。

3. 短语搜索

PostgreSQL 的文本搜索功能，现在支持短语搜索。用户可以搜索精确的某个短语或者搜索有一定相似性的短语。

使用快速的 GIN 索引中的单词，结合可精细调整的文本搜索的新功能，PostgreSQL 已经成为"混合搜索"的最佳选择。

4. 更好的锁监控

pg_stat_activity 视图提供了更加详细的等待信息，当一个进程正在等待一个锁时，用户会看到锁的类型，以及将查询阻塞的等待事件的详细信息。此外，PostgreSQL 还增加了 pg_blocking_pids() 函数，可以知道哪些进程阻塞给定的服务器进程。这些监控都能够帮助 DBA 了解一个特定事件触发的锁等待了多长时间，从而找到系统瓶颈。

5. 控制表膨胀

到目前为止，一个长时间运行的显示查询结果的报告或游标均可能阻止失效行的清理，从而使数据库中经常变化的表膨胀，导致数据库的性能问题和存储空间的过度使用。

9.6 版本中添加了 old_snapshot_threshold 参数，可以将集群配置为允许在更新或删除事务时清除失效行，从而限制表膨胀。

此外，PostgreSQL 9.6 版本还添加了其他功能，例如，支持级联操作（需安装扩展模块实现），frozen 页面更好的空间回收机制，只扫描局部索引，支持命令执行进度状态报告，外部排序操作的性能改进等，这里不再一一介绍。

2.2　安装与启动 PostgreSQL 9.6

本节主要讲述如何下载 PostgreSQL 安装包、安装与配置 PostgreSQL 的方法和技巧。

2.2.1　下载 PostgreSQL 9.6 安装包

用户可以通过多种渠道获取 PostgreSQL 安装包，但是在不同的操作系统下 PostgreSQL 的安装版本是不同的，所以建议读者到 PostgreSQL 数据库的官方网站下载。

下面以下载 PostgreSQL 9.6.3 版本的安装包为例进行讲解，具体操作步骤如下：

01 在 IE 浏览器地址栏中输入 "http://www.postgresql.org"，按 Enter 键确认，打开 PostgreSQL 的官方网站，单击【Download】超链接，如图 2-1 所示。

02 在打开的下载页面中选择操作系统平台，这里单击【Windows】超链接，如图 2-2 所示。

03 在打开的页面中单击【Download the installer】超链接，如图 2-3 所示。

04 在打开的下载页面中，选择软件的版本及操作系统，本实例选择【PostgreSQL 9.6.3】和【Windows x86-64】选项，单击【DOWNLOAD NOW】超链接，如图 2-4 所示。

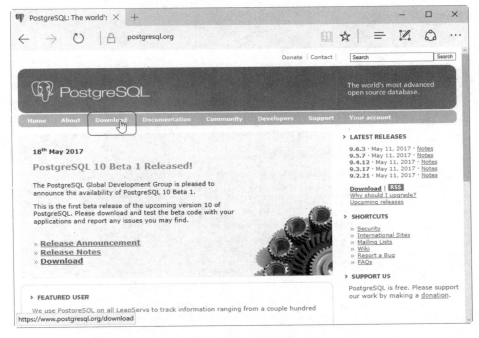

图 2-1　PostgreSQL 的官方网站

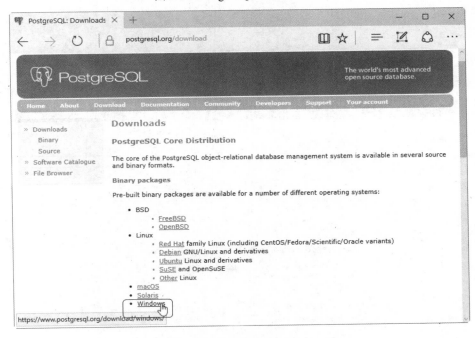

图 2-2　选择操作系统平台

读者需要根据实际情况来选择操作系统的类别。

提　示

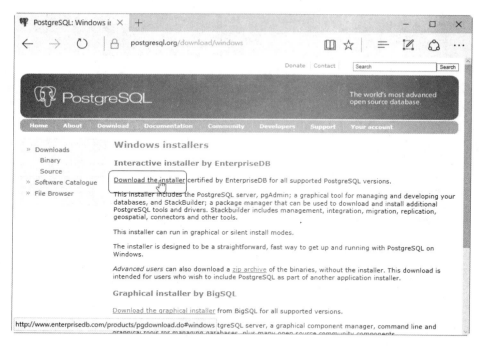

图 2-3　单击【Download the installer】超链接

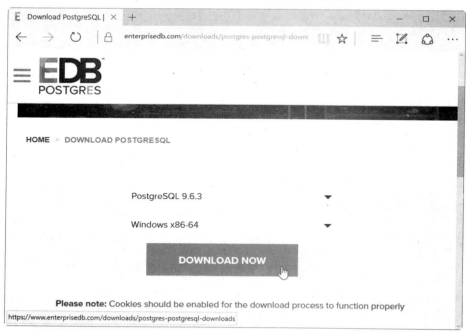

图 2-4　选择不同系统下的数据库版本

05 在打开的页面底部单击【另存为】按钮，如图 2-5 所示。

06 打开【另存为】对话框，在计算机中选择 PostgreSQL 9.6 安装包的存储路径，单击【保存】按钮，即可开始下载 PostgreSQL 安装包，如图 2-6 所示。

图 2-5　单击【另存为】按钮

图 2-6　【另存为】对话框

2.2.2　安装 PostgreSQL 9.6

下载完 PostgreSQL 9.6 安装包后即可进行安装，具体操作步骤如下：

01 双击下载的 PostgreSQL 9.6.3 安装包，即可打开【Setup - PostgreSQL】窗口，单击【Next】按钮，如图 2-7 所示。

02 弹出【Installation Directory】窗口，用户可以设置 PostgreSQL 的安装路径，本实例采用默认的安装路径，单击【Next】按钮，如图 2-8 所示。

03 弹出【Data Directory】窗口，用户可以设置数据的存放路径，本实例采用默认的存放路径，单击【Next】按钮，如图 2-9 所示。

04 弹出【Password】窗口，在【Password】和【Retype password】文本框中输入相同的数据库服务器登录密码，本实例输入密码为"123456"，单击【Next】按钮，如图 2-10 所示。

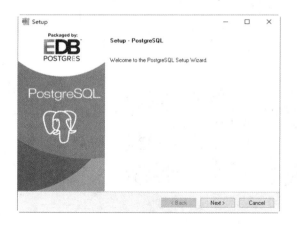

图 2-7　【Setup - PostgreSQL】窗口　　　　图 2-8　【Installation Directory】窗口

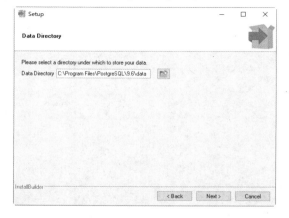

图 2-9　【Data Directory】窗口　　　　　图 2-10　【Password】窗口

05 弹出【Port】窗口，本实例采用默认的端口，单击【Next】按钮，如图 2-11 所示。

06 弹出【Advanced Options】窗口，本实例采用默认的设置，单击【Next】按钮，如图 2-12 所示。

图 2-11　【Port】窗口　　　　　　　　图 2-12　【Advanced Options】窗口

07 弹出【Ready to Install】窗口，单击【Next】按钮，如图 2-13 所示。

08 弹出【Installing】窗口，系统开始自动安装 PostgreSQL 9.6.3 程序包，并显示安装的进度，如图 2-14 所示。

图 2-13 【Ready to Install】窗口   图 2-14 【Installing】窗口

09 安装完成后，弹出【Completing the PostgreSQL Setup Wizard】窗口，单击【Finish】按钮，如图 2-15 所示。

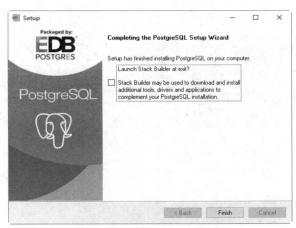

图 2-15 【Completing the PostgreSQL Setup Wizard】窗口

2.2.3 启动 PostgreSQL 服务器

在登录 PostgreSQL 服务器之前，用户需要启动 PostgreSQL 服务器。默认情况下，PostgreSQL 不会自动启动。下面讲述如何手动启动 PostgreSQL 服务器。

01 在【开始】按钮上右击，在弹出的快捷菜单中选择【命令提示符（管理员）】菜单命令，如图 2-16 所示。

02 弹出 DOS 运行窗口。默认情况下，PostgreSQL 安装在 "C:\Program Files\PostgreSQL" 中，输入 "cd C:\Program Files\PostgreSQL\9.6\bin"，按【Enter】键确认，如图 2-17 所示。

图 2-16　选择【命令提示符（管理员）】菜单命令　　　　图 2-17　DOS 运行窗口

 注意 如果用户的安装路径和上面的不一样，可以更换为实际的安装路径。另外，用户需要注意安装的版本是否一致。

03 在命令行窗口输入 "pg_ctl register -N PostgreSQL -D "C:\Program Files\PostgreSQL\9.6\data\"" 命令，按【Enter】键确认，即可创建数据库服务，如图 2-18 所示。

04 再次在【开始】按钮上右击，在弹出的快捷菜单中选择【控制面板】菜单命令，如图 2-19 所示。

图 2-18　DOS 运行窗口　　　　　　　　　图 2-19　选择【控制面板】命令

05 弹出【控制面板】窗口，选择【管理工具】选项，如图 2-20 所示。

图 2-20　【控制面板】窗口

06 弹出【管理工具】窗口，选择【服务】选项，如图 2-21 所示。

图 2-21　【管理工具】窗口

07 弹出【服务】窗口，选择新创建的服务【PostgreSQL】选项，右击，并在弹出的快捷菜单中选择【启动】菜单命令，如图 2-22 所示。

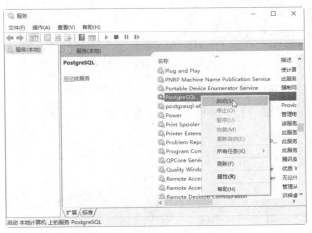

图 2-22　【服务】窗口

2.3　pgAdmin 4 的基本操作

　　pgAdmin 是一个设计、维护和管理 PostgresSQL 数据库的通用工具，可以运行在 Windows、Linux、FreeBSD、Mac 和 Solaris 平台服务器上。pgAdmin 工具简易直观，可以访问、查询、控制和管理数据库，同时还对多样化的图形工具与多种功能齐全的脚本编辑器进行了整合，极大地方便了各种开发人员和管理人员对 PostgresSQL 的访问。熟练使用 pgAdmin 是一个 PostgresSQL 开发者的必备技能。本节将从 pgAdmin 的启动与连接、pgAdmin 的界面简介和配置 PostgresSQL 服务器的属性、执行 SQL 查询语句这几个方面进行介绍。

2.3.1　pgAdmin 4 的启动与连接

PostgreSQL 9.6 版本的安装包中包含了 pgAdmin 4 管理工具，系统在安装 PostgreSQL 9.6 时会自动安装 pgAdmin 4。用户只需启动该软件，并连接数据库，即可操作相应的数据库。pgAdmin 4 启动与连接的具体操作步骤如下：

01 单击【开始】按钮，在弹出的菜单中选择【PostgreSQL 9.6】→【pgAdmin 4】命令（见图 2-23），即可启动 pgAdmin4，并进入主窗口。

02 在左侧的【Browser】窗格中直接双击 "PostgreSQL 9.6" 服务器，或者选择服务器后右击，在弹出的快捷菜单中选择【Connect Server】菜单命令，如图 2-24 所示。

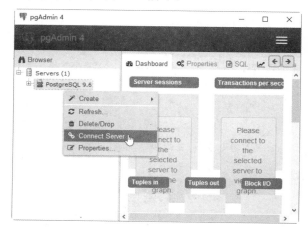

图 2-23　选择【pgAdmin 4】命令　　　　图 2-24　选择【Connect Server】菜单命令

03 弹出【Connect to Server】对话框，输入安装时设置的密码，单击【OK】按钮，如图 2-25 所示。

04 成功连接后，即可在右侧的窗口中看到服务器的属性，如图 2-26 所示。

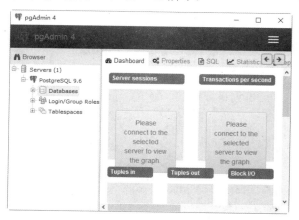

图 2-25　【Connect to Server】对话框　　　　图 2-26　成功登录后的窗口

2.3.2　pgAdmin 4 的界面简介

本节将介绍 pgAdmin 4 界面元素的作用。界面的主要构成如图 2-27 所示，主要包括菜单栏、对象浏览器和面板。

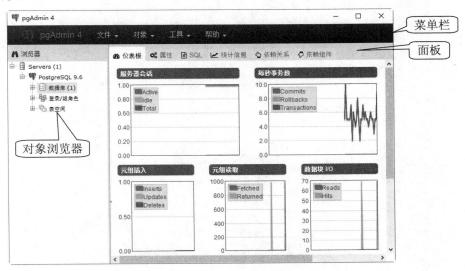

图 2-27　pgAdmin 4 的主界面

界面中主要元素的具体含义如下：

1. 菜单栏

菜单栏主要包括【文件】、【对象】、【工具】和【帮助】4 个菜单。它们的作用如下：

（1）【文件】

【文件】菜单如图 2-28 所示。选择【更改密码】菜单命令可以修改数据库的登录密码；选择【首选项】菜单命令将打开【首选项】对话框，在其中可设置用户界面的语言、偏好、二进制路径、要显示的数据库对象等，如图 2-29 所示；选择【重置布局】菜单命令，可以将 pgAdmin 4 界面恢复为默认布局。

图 2-28　【文件】菜单

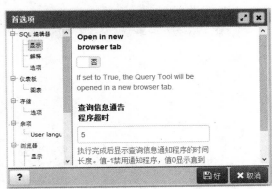

图 2-29　【首选项】对话框

提示

pgAdmin 4 的界面默认显示为英文，在【首选项】对话框的左侧列表中选择
【Miscellaneous】→【User language】选项，然后在右侧将其设置为【Chinese(Simplified)】，
如图 2-30 所示。设置完成后，单击【OK】按钮，关闭 pgAdmin 4 并重启计算机，即
可将 pgAdmin 4 的界面设置为中文模式。

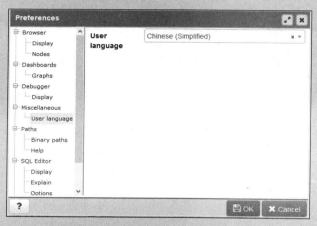

图 2-30　将【User language】选项设置为【Chinese(Simplified)】

（2）【对象】

在对象浏览器中选择不同的对象，【对象】菜单
中显示出的菜单命令会稍有不同，图 2-31 所示为选
中【PostgreSQL 9.6】对象时的菜单。注意，这些菜
单命令与在对象浏览器中右击对象时弹出的快捷菜
单是类似的。

下面介绍几种常用的菜单命令。

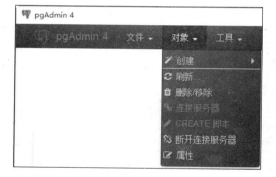

- 选择【创建】菜单命令，可新建数据库对象。
- 选择【刷新】菜单命令，可刷新数据。
- 选择【删除/移除】菜单命令，可删除在对象
  浏览器中选择的对象。

图 2-31　【对象】菜单

- 选择【属性】菜单命令，可查看数据库对象的属性。

（3）【工具】

利用【工具】菜单，用户可以完成新建查询（SQL）窗口、备份和恢复数据库等操作，如图
2-32 所示。

下面介绍几种常用的菜单命令。

- 选择【查询工具】菜单命令，即可新建一个查询窗口。在其中可执行 SQL 语句。如图 2-33
  所示。
- 选择【重新加载配置】菜单命令，无须重启服务器即可更新配置文件。

- 选择【添加命名还原点】菜单命令，可以添加一个当前状态的还原点。
- 选择【维护】菜单命令，可以维护数据库对象。
- 选择【备份】菜单命令，可以备份数据库。
- 选择【还原中】菜单命令，可以恢复和还原数据库。

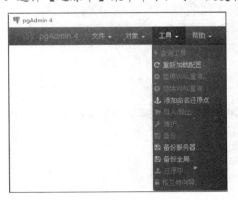

图 2-32　【工具】菜单

图 2-33　查询窗口

（4）【帮助】

利用【帮助】菜单，用户可以查看帮助文档及当前的版本信息，如图 2-34 所示。选择【在线帮助】菜单命令，即可打开 pgAdmin 4 的技术支持文档。在其中可查看和搜索相关帮助文件，如图 2-35 所示。

图 2-34　【帮助】菜单

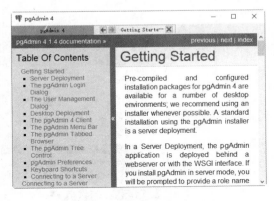

图 2-35　技术支持文档

2. 对象浏览器

在对象浏览器中，展开每级节点，可以查看数据库的结构。在各对象上右击，可在弹出的快捷菜单中选择创建新的对象、删除和编辑现有对象的菜单命令，如图 2-36 所示。

3. 面板

PgAdmin 4 默认提供 6 个面板，分别是【仪表板】、【属性】、【SQL】、【统计信息】、【依赖关系】和【依赖组件】。面板默认以选项卡的形式固定在界面右侧，拖动鼠标可自行调整它们的位置，从而使其成为浮动面板，如图 2-37 所示。

图 2-36 右键的快捷菜单

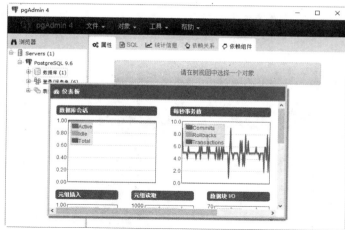

图 2-37 使面板成为浮动面板

（1）【仪表板】

该面板提供了对选定服务器或数据库对象的图形分析，包括数据库会话、每秒事务数、元组插入和元组读取等内容，如图 2-38 所示。

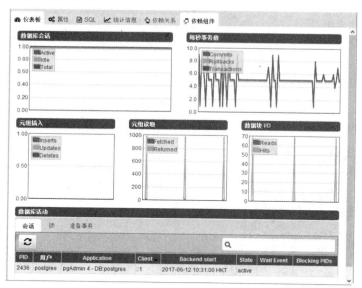

图 2-38 【仪表板】面板

（2）【属性】

该面板显示了选定服务器或数据库对象的相关属性，如图 2-39 所示。此外，单击 按钮，将打开属性对话框，在其中可编辑选定对象的属性。

（3）【SQL】

该面板中提供了创建选定数据库对象的 SQL 语句，用户可以将其复制粘贴到其他 SQL 窗口中，如图 2-40 所示。

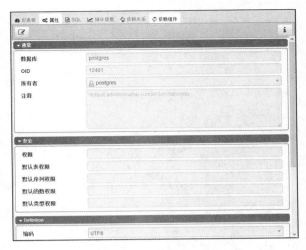

图 2-39 【属性】面板

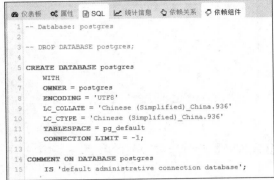

图 2-40 【SQL】面板

（4）【统计信息】

该面板显示了每个对象收集的统计数据，具体显示类别取决于选定数据库对象的类型，如图 2-41 所示。此外，单击"值"这一列标题，可对显示的数据进行排序。

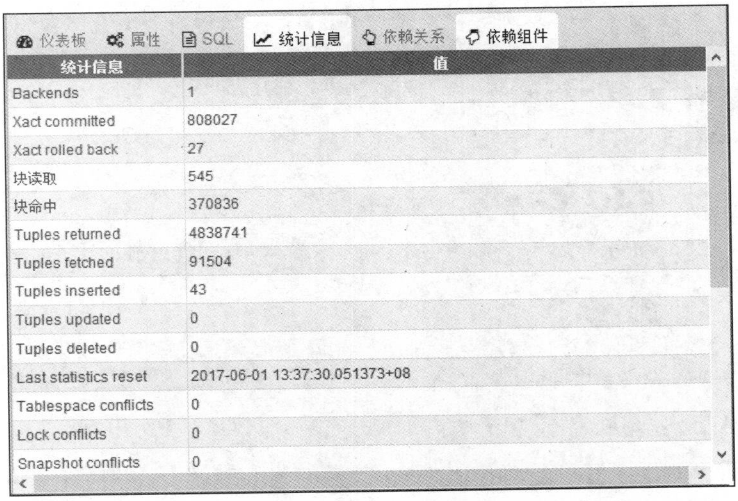

图 2-41 【统计信息】面板

（5）【依赖关系】

该面板显示了当前选定数据库对象所依赖的对象（父对象），包括父对象的类型、名称以及依赖关系，如图 2-42 所示。

（6）【依赖组件】

该面板显示了依赖于选定数据库对象的对象，如图 2-43 所示。

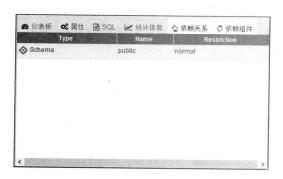

图 2-42　【依赖关系】面板

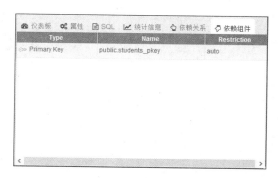

图 2-43　【依赖组件】面板

2.3.3　配置 PostgreSQL 服务器的属性

对服务器进行必需的优化配置可以保证 PostgreSQL 服务器安全、稳定、高效地运行。配置时主要设置服务器的属性、SSL 和高级，具体操作步骤如下：

01 在修改 PostgreSQL 服务器属性前，用户需要先断开服务器的连接。选择连接的服务器，右击（单击鼠标右键，下文同），并在弹出的快捷菜单中选择【断开连接服务器】菜单命令，如图 2-44 所示。

02 打开【断开连接服务器】对话框，单击【OK】按钮确认，如图 2-45 所示。

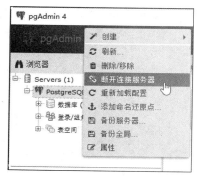

图 2-44　选择【断开连接服务器】菜单命令

图 2-45　【断开连接服务器】对话框

03 选择断开后的服务器右击,在弹出的快捷菜单中选择【属性】菜单命令，如图 2-46 所示。

04 弹出【服务器 - PostgreSQL 9.6】对话框，选择【通常】选项卡，用户可以设置服务器的名称、服务器组、注释等信息，如图 2-47 所示。

05 选择【Connection】选项卡，用户可以设置主机的地址、端口号、默认数据库的名称以及 SSL 模式等信息。设置完成后，单击【保存】按钮即可，如图 2-48 所示。

图 2-46　选择【属性】菜单命令

图 2-47 【通常】选项卡

图 2-48 【Connection】选项卡

提 示

SSL 是 Secure Socket Layer 的简称，意思是安全套接层，是为网络通信提供安全及数据完整性的一种安全协议。

2.3.4 执行 SQL 查询语句

在 pgAdmin 4 中执行 SQL 语言的操作比较简单，用户只需要选择需要操作的数据库后，在菜单栏中选择【工具】→【查询工具】菜单命令，即可在打开的窗口中输入 SQL 查询语句，然后单击【执行/刷新】按钮 ⚡ 执行语句即可。执行完毕后，在下方的【数据输出】选项卡中可查看查询的结果，如图 2-49 所示。

下面简单介绍查询窗口中主要按钮的作用。

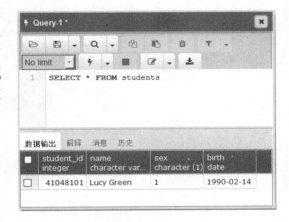

图 2-49 输入 SQL 语句

- 【打开文件】 📂：打开 SQL 文件。
- 【保存】 💾：保存当前的 SQL 文件。
- 【Find】 🔍：在当前的窗口中查询指定的语句。
- 【执行/刷新】 ⚡：执行 SQL 语句。此外，按 F5 键也可实现该功能。
- 【取消查询】 ■：取消 SQL 语句的执行。
- 【清除查询窗口】 ✏️：清空当前的窗口。单击其右侧的下拉按钮，在弹出的下拉列表中选择【清除历史记录】选项，可清空下方【历史】选项卡中显示的历史记录。
- 【以 CSV 下载】 ⬇️：将当前文件保存为.csv 文件。

2.4 常见问题及解答

计算机技术具有很强的操作性，PostgreSQL 9.6 的安装和配置是一件非常简单的事，但是操作过程也可能会出现问题，读者需要多实践、多总结。

疑问 1：连接 pgAdmin 时提示"服务器未监听"的错误怎么办？

首先检查是否开启了相应的数据库服务。具体操作可以参照第 2.2.3 小节的内容。

如果数据库服务已经启动，可以查看 5432 端口是否被占用。如果该端口被占用，就无法连接服务器。此时，需要用户释放被占用的端口，或者修改默认的连接端口。打开 postgresql.conf，然后修改端口号即可。另外，如果使用 PgADminIII 连接服务器，还需要修改连接端口，具体操作见第 2.3.3 小节。

疑问 2：如何修改服务器登录密码？

修改服务器登录密码的具体操作为：首先使用原始密码登录服务器，然后选择【文件】→【更改密码】菜单命令，打开【更改密码】对话框，输入当前密码后，输入新密码，然后单击【确定】按钮即可，如图 2-50 所示。

图 2-50　【更改密码】对话框

2.5　本章小结

本章介绍了 PostgreSQL 9.6 的新功能，数据库的下载、安装和启动方法，数据管理平台 pgAdmin 的基本操作等。PostgreSQL 9.6 有多个不同的版本，根据不同的平台，需要下载不同的版本，只要这样才能选择正确的安装版本。读者通过本章的学习，已经了解安装 PostgreSQL 9.6 需要经历的步骤，以及如何选择每个步骤遇到的各个参数。最后，向读者介绍了 PostgreSQL 9.6 中强大的图形化管理工具 pgAdmin 4。pgAdmin 4 是 PostgreSQL 9.6 中用得最多的工具，极大地降低了数据库学习的难度，有利于读者快速掌握数据库管理系统。

2.6　经典习题

（1）简述 PostgreSQL 9.6 数据库的新功能。

（2）到官方网站下载 PostgreSQL 9.6 最新版本的程序包。

（3）安装 PostgreSQL 9.6，然后修改服务器属性和登录密码，并使用新密码重新登录。

第3章 数据库的基本操作

学习目标|Objective

PostgreSQL 安装好以后，首先需要创建数据库，这是使用 PostgreSQL 各种功能的前提。本章将详细介绍数据的基本操作，主要内容包括创建数据库、修改数据库的属性和删除数据库等。

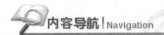内容导航|Navigation

- 掌握如何创建数据库
- 掌握修改数据库属性的方法
- 掌握如何删除数据库
- 了解数据库修改的技巧

3.1 创建数据库

数据库的创建过程实际上就是数据库的逻辑设计到物理实现过程。在 PostgreSQL 中创建数据库有两种方法：在 pgAdmin 4 中使用对象浏览器创建和使用 SQL 代码创建。这两种方法在创建数据库时各有优缺点，可以根据自己的喜好，灵活选择使用不同的方法，对于不熟悉 SQL 语句命令的用户来说，可以使用 pgAdmin 4 提供的生成向导来创建。

3.1.1 使用对象浏览器创建数据库

在使用对象浏览器创建数据库之前，首先要启动 pgAdmin 4，然后连接到数据库服务器。数据库连接成功之后，在左侧的【浏览器】窗格中可以看到【数据库】节点下方已经有一个"postgres"数据库。该数据库是系统默认创建的数据库，如图 3-1 所示。

在创建数据库时，用户需要提供与数据库有关的数据库名称、所有者、用户权限、数据库变量等信息。创建数据库的具体操作步骤如下：

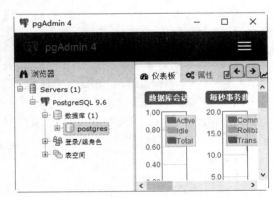

图 3-1 "postgres"数据库

01 启动 pgAdmin 4 后连接数据库，在【浏览器】窗格中选择【数据库】节点，右击并在弹出的快捷菜单中选择【创建】→【数据库】菜单命令，如图 3-2 所示。

02 弹出【创建-数据库】对话框，默认打开【通常】选项卡，在【数据库】文本框中输入数据库的名称"mytest"，设置【所有者】为【postgres】，在【注释】文本框中输入"创建的第一个数据库"，如图3-3所示。

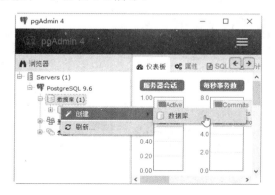

图3-2 选择【数据库】菜单命令   图3-3 【创建-数据库】对话框

 提 示 所有者是指拥有创建数据库权限的账户。这里选择的postgres为当前登录到PostgreSQL的账号。如果账号比较多，这里可以选择其他的账号。OID是连接到服务器的ID，系统将自动生成。

03 选择【定义】选项卡，用户可以设置数据库的字符编码、模板、表空间和连接数限制等，如图3-4所示。

 提 示 其中，【Connection limit】（连接数限制）默认值为-1，表示数据库的连接数不限制，理论上可以是无数个连接。如果想限制连接数，可以直接输入数字，例如输入10，表示最大连接数为10。

04 选择【安全】选项卡，单击【添加】按钮 ➕ ，在【Grantee】栏中选择【PUBLIC】，在【Privileges】栏中选择相应的权限，在【Grantor】栏中选择【postgres】，即可添加PUBLIC组对此数据库的相关权限，如图3-5所示。

图3-4 【定义】选项卡   图3-5 【安全】选项卡

05 选择【参数】选项卡，单击【添加】按钮➕，可以设置数据库参数，如图 3-6 所示。

06 选择【SQL】选项卡，即可看到上面所做操作对应的 SQL 语句，如图 3-7 所示。

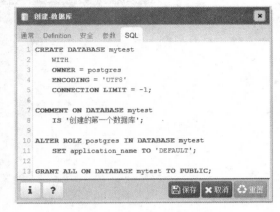

图 3-6　【参数】选项卡　　　　　　　　　　图 3-7　【SQL】选项卡

07 单击【保存】按钮，此时在【浏览器】窗格的【数据库】节点下即可看到新创建的数据库 mytest，如图 3-8 所示。

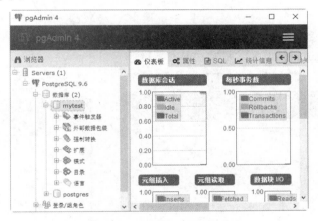

图 3-8　成功创建数据库

3.1.2　使用 SQL 创建数据库

pgAdmin 4 是一个非常实用、方便的图形化管理工具。前面进行的创建数据库的操作实际上执行的就是 SQL 语言脚本，根据设定的各个选项的值在脚本中执行创建操作的过程。接下来向读者介绍创建数据库对象的 SQL 语句。

【例 3.1】创建一个名称为 sample_db 的数据库。数据库的属性参数采用默认设置。具体操作步骤如下：

01 启动 pgAdmin 4 后连接数据库，在【浏览器】窗格中选择【mytest】节点，然后选择【工具】→【查询工具】菜单命令，如图 3-9 所示。

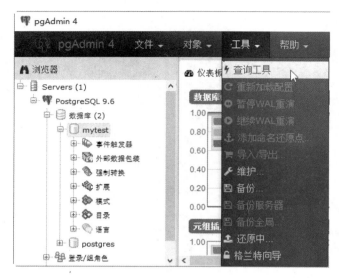

图 3-9　选择【查询工具】菜单命令

02 此时将打开一个空白的 .sql 文件。将下面的 SQL 语句输入到空白文档中，如图 3-10 所示。

```
CREATE DATABASE sample_db;
```

03 输入完成之后单击【执行/刷新】按钮 ⚡，刷新对象浏览器中的数据库节点。可以在其中看到新创建的名称为 sample_db 的数据库，如图 3-11 所示。

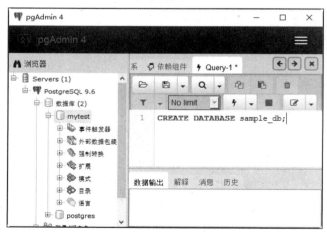

图 3-10　输入相应的语句

图 3-11　新创建 sample_db 数据库

提示 刷新数据库节点后仍然看不到新建的数据库时，可以重新连接数据库。

04 选择新建的数据库后右击，在弹出的快捷菜单中选择【属性】菜单命令，打开【数据库 - sample_db】对话框，选择【通常】选项卡，即可查看数据库的相关信息，如图 3-12 所示。

图 3-12   【数据库 - sample_db】对话框

3.2   修改数据库的属性

对于创建好的数据库，用户仍然可以根据实际需要修改数据库的属性。本节将讲述如何修改数据库的属性。

3.2.1   使用对象浏览器修改数据库的属性

使用对象浏览器可以轻松地修改数据库的属性，具体操作步骤如下：

01 选择新创建的 sample_db 数据库，右击并在弹出的快捷菜单中选择【属性】菜单命令，如图 3-13 所示。

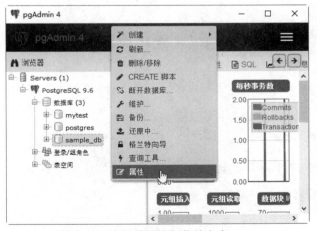

图 3-13   选择【属性】菜单命令

02 弹出【数据库 - sample_db】对话框，在【数据库】文本框中输入新的数据库名称 sample_db2。此外，用户也可以修改数据库的所有者，如图 3-14 所示。

03 选择不同的选项卡，直接修改数据库的其他属性。修改完成后，单击【保存】按钮。刷新数据库节点后，即可看到数据库的名称发生了变化，如图 3-15 所示。

图 3-14 【数据库 - sample_db】对话框

图 3-15 修改数据库的名称

3.2.2 使用 SQL 语句修改数据库的属性

SQL 中修改数据库属性的 ALTER 语句可以从 Postgres 中一次修改一个或多个数据库。该语句的用法比较简单，基本语法格式如下：

```
ALTER DATABASE name [ [ WITH ] option [ ... ] ]
```

【例 3.2】修改 test 数据库的名字和拥有者，可输入如下语句：

```
ALTER DATABASE mytest RENAME TO mytest1;
ALTER DATABASE mytest1 OWNER TO postgres1;
```

执行代码后，mytest 数据库名称被修改为 mysest1、拥有者被修改为 postgres1。

3.3 删除数据库

当数据库不再需要时，为了节省磁盘空间，可以将它们从系统中删除。同样，这里也有两种方法。

3.3.1 使用对象浏览器删除数据库

使用对象浏览器可以轻松删除数据库，例如删除数据库 sample_db2，具体操作步骤如下：

01 在对象浏览器中右击需要删除的数据库，从弹出的快捷菜单中选择【删除/移除】菜单命令，如图 3-16 所示。

提　示　　用户也可以直接在菜单栏中选择【Object】→【删除/移除】菜单命令 ⬚，删除数据库。如果数据库正在被访问，就不能删除。

02 打开【删除数据库么？】对话框，单击【OK】按钮，之后将执行数据库的删除操作，如图 3-17 所示。

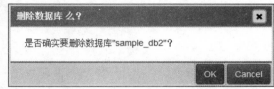

图 3-16 选择【删除/移除】菜单命令　　　　图 3-17 【删除数据库么？】对话框

删除数据库时一定要慎重，因为系统无法轻易恢复被删除的数据，除非做过数据库的备份。每次删除时，只能删除一个数据库。

3.3.2 使用 SQL 语句删除数据库

SQL 中删除数据库的 DROP 语句可以从 SQL Server 中一次删除一个或多个数据库。该语句的用法比较简单，基本语法格式如下：

```
DROP DATABASE database_name[, ...n];
```

【例 3.3】删除 mytest1 数据库，可输入如下语句：

```
DROP DATABASE mytest1;
```

执行代码后，mytest1 数据库将被删除。

并不是所有的数据库在任何时候都可以被删除，只有处于正常状态下的数据库才能使用 DROP 语句删除。当数据库处于以下状态时将不能被删除：数据库正在使用，数据库正在恢复，数据库包含用于复制的对象。

3.4 综合案例——数据库的创建和删除

本章前面介绍了数据库的基本操作，包括数据库的创建、修改和删除。这里将通过一个案例让读者全面回顾数据库的基本操作。

1. 案例目的

登录 PostgresSQL，使用数据库操作语句创建、修改和删除数据库，步骤如下：

01 登录数据库。

02 创建 zoo 数据库。

03 选择当前数据库为 zoo，并修改 zoo 数据库的信息。

04 删除 zoo 数据库。

2. 案例操作过程

01 登录数据库。启动 pgAdmin 4，输入密码后连接服务器。

02 创建 zoo 数据库，代码如下：

```
CREATE DATABASE zoo;
```

执行命令后，刷新数据库，即可看到新创建的 zoo 数据库，表明语句成功执行，如图 3-18 所示。

03 选择当前数据库为 zoo，右击并在弹出的快捷菜单中选择【属性】菜单命令，即可在打开的对话框中查看数据库的属性，如图 3-19 所示。

图 3-18 创建"zoo"数据库   图 3-19 查看数据库的属性

04 修改数据库的最大连接值为 10，如图 3-20 所示。

```
ALTER DATABASE zoo WITH CONNECTION LIMIT = 10;
```

05 语句 SQL 执行后，选择当前数据库为 zoo，右击并在弹出的快捷菜单中选择【属性】菜单命令，在打开的对话框中选择【Definition】选项卡，即可看到连接限制数被修改为 10，如图 3-21 所示。

图 3-20 执行 SQL 语句   图 3-21 【Definition】选项卡

06 删除 zoo 数据库：

```
DROP DATABASE zoo;
```

执行 SQL 语句后，将 zoo 数据库从系统中删除。

3.5 常见问题及解答

疑问 1：如何使用 SQL 语句创建具有一定条件的数据库？

在创建具有一定条件的数据库时，需要注意的是 CREATE DATABASE 后面不能直接附加条件，需要配合 ALTER 语句进行。例如，创建名称为 book 的数据库，拥有者为 postgres1，连接数限制为 10，SQL 语句如下：

```
CREATE DATABASE book;
ALTER DATABASE book OWNER TO postgres1;
ALTER DATABASE book WITH CONNECTION LIMIT =10;
```

疑问 2：使用 DROP 语句时需要注意什么问题？

使用图形化管理工具删除数据库时会有确认删除的提示窗口，但是使用 DROP 语句删除数据库时不会出现确认信息，所以使用 SQL 语句删除数据库时要小心谨慎。另外，千万不能删除所有的数据库，否则会导致服务器无法使用。

3.6 经典习题

（1）查看当前系统中的数据库属性。
（2）创建 Book 数据库，并修改数据库的属性。
（3）删除 Book 数据库。

第4章 数据表的基本操作

学习目标!Objective

在数据库中，数据表是数据库中最重要、最基本的操作对象，是数据存储的基本单位。数据表被定义为列的集合。数据在表中是按照行和列的格式来存储的，每一行代表一条唯一的记录，每一列代表记录中的一个域。

本章将详细介绍数据表的基本操作，主要内容包括创建数据表、修改数据库、删除数据表。通过本章的学习，读者能够熟练掌握数据表的基本概念、理解约束的含义并能在图形界面模式和命令行模式下熟练地完成有关数据表的常用操作。

内容导航!Navigation

- 掌握如何创建数据表
- 掌握查看数据表属性的方法
- 掌握如何修改数据表
- 熟悉删除数据表的方法

4.1 创建数据表

在创建完数据库之后，接下来的工作就是创建数据表。创建数据表指的是在已经创建好的数据库中建立新表。创建数据表的过程是规定数据列属性的过程，同时也是实施数据完整性（包括实体完整性、引用完整性和域完整性等）约束的过程。本节将介绍创建数据表的语法形式以及如何添加主键约束、外键约束、非空约束等。

4.1.1 创建数据表的基本方法

数据表属于数据库，在创建数据表之前，应该先在对象浏览器中选择在哪个数据库中进行操作。如果没有选择数据库，就不能创建数据表。常见的创建数据表的方法有以下两种。

1. 使用对象浏览器创建数据表

【例 4.1】创建数据表 ppo1。

具体操作步骤如下：

01 在对象管理器中依次展开【mytest】→【模式】→【public】节点，右击【表】节点并在弹出的快捷菜单中选择【创建】→【表】菜单命令，如图 4-1 所示。

02 弹出【创建 - 表】对话框，默认选择【通常】选项卡，在【名称】文本框中输入"ppo1"，在【所有者】下拉列表中选择数据表的拥有者，如图 4-2 所示。

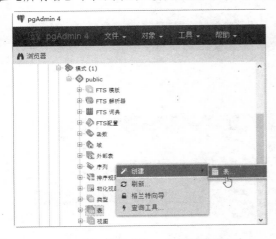

图 4-1　选择【创建】→【表】菜单命令　　　　　　图 4-2　【创建 - 表】对话框

03 选择【列】选项卡，设置数据表字段。单击【添加】按钮，如图 4-3 所示。

04 在下方可以设置字段的名称、数据类型、长度、精度等属性。这里在【名称】文本框中输入字段名称"idnumbl"，在【数据类型】下拉列表中选择【integer】，如图 4-4 所示。

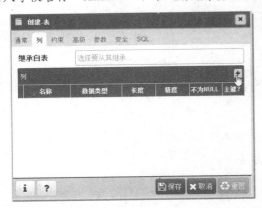

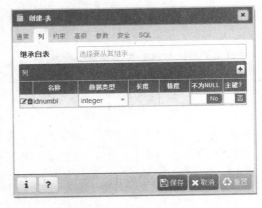

图 4-3　【列】选项卡　　　　　　　　　　图 4-4　添加"idnumbl"字段

05 采用类似的操作创建数据表的多个字段，如图 4-5 所示。

06 选择【约束】选项卡，创建各种约束（包括主键、外键、排除、唯一和检查等）。默认选择【主键】选项，单击【添加】按钮，在【名称】文本框中输入"numb"，如图 4-6 所示。

07 单击【编辑】按钮，在【通常】选项下设置主键的名称和注释，如图 4-7 所示。

08 选择【定义】选项，设置主键字段、主键表空间和填充因子等参数。这里在【列】下拉列表中选择【idnumbl】字段，如图 4-8 所示。

图 4-5　添加其他字段

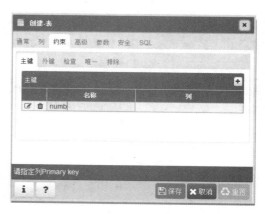

图 4-6　【约束】选项卡

图 4-7　【通常】选项

图 4-8　【定义】选项

09 选择【高级】选项卡，设置类型、填充因子等数据表的属性，如图 4-9 所示。

10 选择【参数】选项卡，设置关于整理数据表的相关内容，如图 4-10 所示。

图 4-9　【高级】选项卡

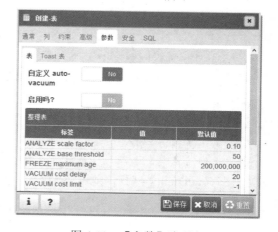

图 4-10　【参数】选项卡

11 选择【安全】选项卡，单击【添加】按钮，设置用户对数据表的权限，如图4-11所示。

12 选择【SQL】选项卡，即可看到上述操作对应的SQL语句，如图4-12所示。

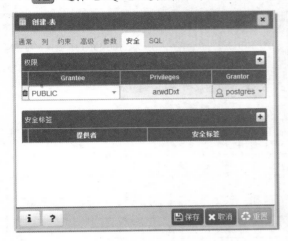

图4-11 【安全】选项卡

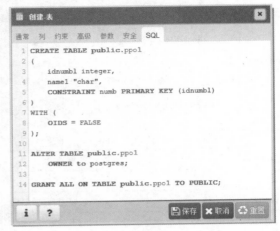

图4-12 【SQL】选项卡

13 单击【保存】按钮，即可创建数据表。在对象浏览器中依次展开【表】→【ppo1】→【列】节点，即可在右侧的属性窗口中查看新建表中各字段的属性，如图4-13所示。

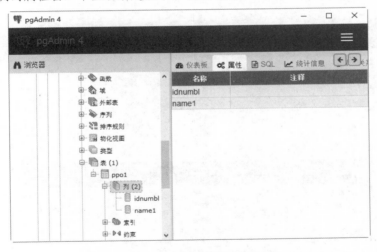

图4-13 查看字段的属性

2. 使用SQL语句创建数据表

创建数据表的语句为 CREATE TABLE，语法规则如下：

```
CREATE  TABLE <表名>
(
字段名1 数据类型 [列级别约束条件] [默认值],
字段名2 数据类型 [列级别约束条件] [默认值],
……
```

[表级别约束条件]
);

使用 CREATE TABLE 创建表时，必须指定以下信息：

（1）要创建的表名称，不区分大小写，不能使用 SQL 语言中的关键字，如 DROP、ALTER、INSERT 等。

（2）数据表中每一个列（字段）的名称和数据类型，创建多个列时要用逗号隔开。

【例 4.2】创建员工表 tb_emp1，结构如表 4.1 所示。

表 4.1　tb_emp1 表结构

字段名称	数据类型	备注
id	INT	员工编号
name	VARCHAR(25)	员工名称
deptId	INT	所在部门编号
salary	FLOAT	工资

首先创建数据库 test，新建立一个当前连接查询，在查询编辑器中输入以下 SQL 语句，效果如图 4-14 所示。

```
CREATE TABLE tb_emp1
(
id      INT,
name    VARCHAR(25),
deptId  INT,
salary  FLOAT
);
```

图 4-14　输入 SQL 语句

执行语句后便创建了一个名称为 tb_emp1 的数据表。在对象浏览器中依次展开【mytest】→【模式】→【public】→【表】→【tb_emp1】→【列】节点，即可在右侧的属性窗口中查看新建表的字段，如图 4-15 所示。

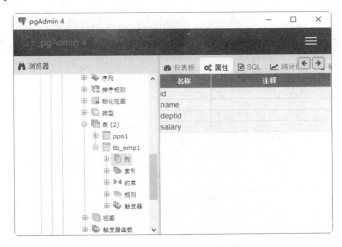

图 4-15　成功创建数据表

4.1.2　使用主键约束

主键又称主码，是表中一列或多列的组合。主键约束（Primary Key constraint）要求主键列的数据唯一，并且不允许为空。主键能够唯一地标识表中的一条记录，可以结合外键来定义不同数据表之间的关系，并且可以加快数据库查询的速度。主键和记录之间的关系如同身份证和人之间的关系，它们之间是一一对应的。主键分为两种类型：单字段主键和多字段联合主键。

1. 单字段主键

主键由一个字段组成，SQL 语句格式分以下两种情况。

（1）在定义列的同时指定主键，语法规则如下：

```
字段名 数据类型 PRIMARY KEY
```

【例 4.3】定义数据表 tb_emp 2，主键为 id，SQL 语句如下：

```
CREATE TABLE tb_emp2
(
id      INT PRIMARY KEY,
name   VARCHAR(25),
deptId INT,
salary  FLOAT
);
```

在对象浏览器中选择新创建的数据表，在右侧的窗口中选择【依赖组件】选项卡，即可看到主键的类型，如图 4-16 所示。

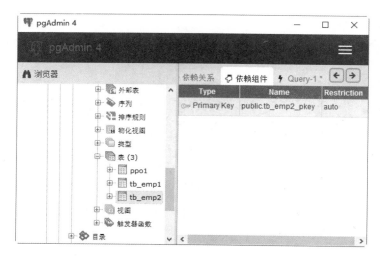

图 4-16　主键类型

（2）在定义完所有列之后指定主键。

```
[CONSTRAINT <约束名>] PRIMARY KEY [字段名]
```

【例 4.4】定义数据表 tb_emp3，主键为 id，SQL 语句如下：

```
CREATE TABLE tb_emp3
(
id INT,
name VARCHAR(25),
deptId INT,
salary FLOAT,
PRIMARY KEY(id)
);
```

上述两个例子执行后的结果是一样的，都会在 id 字段上设置主键约束。

2. 多字段联合主键

主键由多个字段联合组成，语法规则如下：

```
PRIMARY KEY [字段1, 字段2,. . .,字段n]
```

【例 4.5】定义数据表 tb_emp4，假设表中间没有主键 id，为了唯一确定一个员工，可以把 name、deptId 联合起来作为主键，SQL 语句如下：

```
CREATE TABLE tb_emp4
(
name VARCHAR(25),
deptId INT,
salary FLOAT,
```

```
PRIMARY KEY(name,deptId)
);
```

执行语句后便创建了一个名称为 tb_emp4 的数据表，name 字段和 deptId 字段组合在一起成为 tb_emp4 的多字段联合主键。

4.1.3　使用外键约束

外键用来在两个表的数据之间建立链接，可以是一列或者多列。一个表可以有一个或多个外键。外键对应的是参照完整性。一个表的外键可以为空值，若不为空值，则每一个外键值必须等于另一个表中主键的某个值。

- 外键：表中的一个字段，可以不是本表的主键，但要对应另外一个表的主键。外键的主要作用是保证数据引用的完整性，定义外键后，不允许删除在另一个表中具有关联关系的行。例如，tb_dept 部门表的主键是 id，在 tb_emp5 员工表中有一个键 deptId 与部门表的 id 关联。
- 主表（父表）：对于两个具有关联关系的表而言，相关联字段中主键所在的表。
- 从表（子表）：对于两个具有关联关系的表而言，相关联字段中外键所在的表。

使用对象浏览器创建外键的具体操作步骤如下：

01 展开需要创建外键约束的数据表，右击【约束】节点并在弹出的快捷菜中选择【创建】→【外键】菜单命令，如图 4-17 所示。

02 弹出【创建-外键】对话框，默认选择【通常】选项卡，在【名称】文本框中输入外键的名称，如图 4-18 所示。

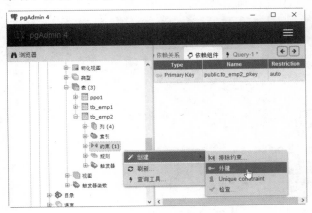

图 4-17　选择【外键】菜单命令

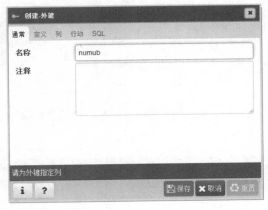

图 4-18　【创建-外键】对话框

03 选择【列】选项卡，在 3 个参数的下拉列表中分别选择字段和表，单击【添加】按钮，即可添加外键的参考字段，如图 4-19 所示。

04 设置完成后，单击【保存】按钮，然后在对象浏览器中刷新【约束】节点，即可看到新创建的外键约束，如图 4-20 所示。

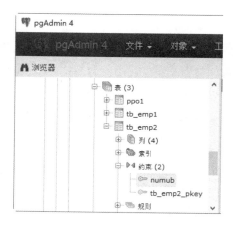

图 4-19　【列】选项卡　　　　　　　图 4-20　创建的外键约束

使用 SQL 语言可以更灵活地创建外键约束。创建外键的语法规则如下：

```
[CONSTRAINT <外键名>] FOREIGN KEY 字段名1 [ ,字段名2,…]
REFERENCES <主表名> 主键列1 [ ,主键列2,…]
```

说明：外键名为定义的外键约束的名称，一个表中不能有相同名称的外键；字段名表示从表中需要添加外键约束的字段列；主表名，即被从表外键所依赖的表的名称；主键列表示主表中定义的主键字段或者字段组合。

【例 4.6】定义数据表 tb_emp5，并在 tb_emp5 表上创建外键约束。

创建部门表 tb_dept1，结构如表 4.2 所示。SQL 语句如下：

```
CREATE TABLE tb_dept1
(
id       int PRIMARY KEY,
name    VARCHAR(22)  NOT NULL,
location VARCHAR(50)
);
```

表 4.2　tb_dept1 表结构

字段名称	数据类型	备注
id	INT	部门编号
name	VARCHAR(22)	部门名称
location	VARCHAR(50)	部门位置

定义数据表 tb_emp5，让 deptId 键作为外键并关联到 tb_dept1 的主键 id，SQL 语句为：

```
CREATE TABLE tb_emp5
(
id       INT PRIMARY KEY,
name    VARCHAR(25),
```

```
deptId  INT,
salary  FLOAT,
CONSTRAINT fk_emp_dept1 FOREIGN KEY(deptId) REFERENCES tb_dept1(id)
);
```

成功执行以上语句之后，在 tb_emp5 表上添加了名称为 fk_emp_dept1 的外键约束，外键名称为 deptId，其依赖于 tb_dept1 表的主键 id。

提 示 关联指的是在关系型数据库中相关表之间的联系。它是通过相容或相同的属性或属性组来表示的。子表的外键必须关联父表的主键，且关联字段的数据类型必须匹配。如果类型不一样，那么创建子表时会出现错误。

4.1.4 使用非空约束

非空约束（Not Null constraint）很指字段的值不能为空。对于使用了非空约束的字段，如果用户在添加数据时没有指定值，数据库系统就会报错。

非空约束的语法规则如下：

```
字段名 数据类型 not null
```

【例 4.7】定义数据表 tb_emp6，指定员工的名称不能为空，SQL 语句如下：

```
CREATE TABLE tb_emp6
(
id     INT PRIMARY KEY,
name   VARCHAR(25) NOT NULL,
deptId INT,
salary FLOAT,
CONSTRAINT fk_emp_dept2  FOREIGN KEY (deptId) REFERENCES tb_dept1(id)
);
```

执行后在 tb_emp6 中创建一个 name 字段，其插入值不能为空（NOT NULL）。

4.1.5 使用唯一性约束

唯一性约束（Unique Constraint）要求添加该约束的列字段的值唯一，允许为空，但只能出现一个空值。唯一约束可以确保一列或者几列不出现重复值。

使用对象浏览器创造唯一性约束的具体操作步骤如下：

01 展开需要创建唯一性约束的数据表，右击【约束】节点并在弹出的快捷菜单中选择【创建】→【Unique constraint】菜单命令，如图 4-21 所示。

02 弹出【创建 - Unique constraint】对话框，在【名称】文本框中输入唯一性约束的名称，如图 4-22 所示。

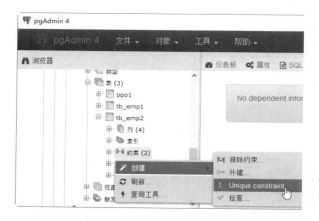

图 4-21　选择【Unique constraint】菜单命令

图 4-22　【创建 - Unique constraint】对话框

03 选择【定义】选项卡，在【列】下拉列表中选择需要添加唯一性约束的字段，如图 4-23 所示。

04 设置完成后，单击【保存】按钮，此时在对象浏览器中即可看到新创建的唯一约束，如图 4-24 所示。

图 4-23　【定义】选项卡

图 4-24　新建唯一约束

使用 SQL 语句也可以轻松创建唯一约束，具体的语法规则如下：

（1）在定义完列之后直接指定唯一约束：

字段名 数据类型 UNIQUE

【例 4.8】定义数据表 tb_dept2，指定部门的名称唯一，SQL 语句如下：

```
CREATE TABLE tb_dept2
(
id      INT PRIMARY KEY,
name    VARCHAR(22) UNIQUE,
location  VARCHAR(50)
);
```

（2）在定义完所有列之后指定唯一约束：

```
[CONSTRAINT <约束名>] UNIQUE(<字段名>)
```

【例4.9】定义 tb_dept3 数据表，指定部门的名称唯一，SQL 语句如下：

```
CREATE TABLE tb_dept3
(
id       INT PRIMARY KEY,
name     VARCHAR(22),
location  VARCHAR(50),
CONSTRAINT STH UNIQUE(name)
);
```

UNIQUE 和 PRIMARY KEY 的区别是：一个表中可以有多个字段声明为 UNIQUE，但只能有一个 PRIMARY KEY 声明；声明为 PRIMARY KEY 的列不允许有空值，但是声明为 UNIQUE 的字段允许为空值（NULL）。

4.1.6　使用默认约束

默认约束（Default Constraint）指定某列的默认值。例如，男性同学较多，性别就可以默认为'男'。如果插入一条新的记录时没有为这个字段赋值，那么系统会自动将这个字段赋值为'男'。

默认约束的语法规则如下：

```
字段名 数据类型 DEFAULT 默认值
```

【例4.10】定义 tb_emp7 数据表，指定员工的部门编号默认为 1111，SQL 语句如下：

```
CREATE TABLE tb_emp7
(
id       INT PRIMARY KEY,
name    VARCHAR(25) NOT NULL,
deptId  INT DEFAULT 1111,
salary  FLOAT,
CONSTRAINT fk_emp_dept3  FOREIGN KEY (deptId) REFERENCES tb_dept1(id)
);
```

成功执行以上语句之后， tb_emp7 表上的字段 deptId 拥有了一个默认的值 1111。新插入的记录如果没有指定部门编号，默认为 1111。

4.2　修改数据表

修改表指的是修改数据库中已经存在的数据表的结构。常用的修改表的操作有修改表名、修改字段数据类型或字段名、增加和删除字段、修改字段的排列位置、更改表的存储引擎、删除表的外键约束等。本节将对和修改表有关的操作进行讲解。

4.2.1 修改表名

在对象浏览器中修改表名的方法比较简单，选择需要修改名称的数据表右击，在弹出的快捷菜单中选择【属性】菜单命令，在弹出的对话框中修改数据表的名称，单击【保存】按钮即可，如图 4-25 所示。

PostgreSQL 是通过 ALTER TABLE 语句来实现表名修改的，具体的语法规则如下：

```
ALTER TABLE <旧表名> RENAME  TO  <新表名>;
```

【例 4.11】将数据表 tb_dept3 改名为 tb_department3。

使用 ALTER TABLE 将表 tb_dept3 改名为 tb_department3，SQL 语句如下：

```
ALTER TABLE tb_dept3 RENAME TO tb_department3;
```

执行语句之后，检验表 tb_dept3 是否改名成功。在对象浏览器中执行刷新操作，即可看到数据表的名称已修改，如图 4-26 所示。

图 4-25 【表 - tb_dept3】对话框

图 4-26 修改数据表的名称

提 示　读者可以在修改表名称时查看修改前后两个表的结构，修改表名并不修改表的结构，因此修改名称后的表和修改名称前的表的结构必然是相同的。

4.2.2 修改字段的数据类型

对于创建好的字段，用户可以修改它的数据类型。创建的方法有以下两种。

1. 使用对象浏览器修改字段的数据类型

具体操作步骤如下：

01 展开需要修改字段的数据表，然后选择需要修改的字段右击，在弹出的对话框中选择【属性】菜单命令，如图 4-27 所示。

02 弹出【列 - name】对话框，选择【定义】选项卡，在【数据类型】下拉列表中选择新的数据类型，这里选择【text】选项，如图 4-28 所示。

图 4-27　选择【属性】菜单命令　　　　　图 4-28　【列 - name】对话框

03 单击【保存】按钮，然后在对象浏览器中选择【name】字段，即可在右侧的【属性】选项卡下看到数据类型已被修改，如图 4-29 所示。

图 4-29　【属性】选项卡

2. 使用 SQL 语言修改的数据类型

修改字段的数据类型，就是把字段的数据类型转换成另一种数据类型。在 PostgreSQL 中修改字段数据类型的语法规则如下：

```
ALTER TABLE <表名> ALTER COLUMN <字段名> TYPE <数据类型>
```

其中，"表名"指要修改数据类型的字段所在表的名称，"字段名"指需要修改的字段，"数据类型"指修改后字段的新数据类型。

【例 4.12】将数据表 tb_dept1 中 name 字段的数据类型由 VARCHAR(22) 修改成 VARCHAR(30)。

输入如下 SQL 语句并执行。

```
ALTER TABLE tb_dept1
    ALTER COLUMN name TYPE VARCHAR(30);
```

在对象浏览器中选择【name】字段，执行刷新操作，然后右击并在弹出的快捷菜单中选择【属性】菜单命令，即可在弹出的对话框中看到数据类型发生了变化，如图 4-30 所示。

图 4-30　查看数据类型

 提 示　由于不同类型的数据在机器中存储的方式及长度并不相同，修改数据类型可能会影响到数据表中已有的数据记录，因此当数据库表中已经有数据时，不要轻易修改数据类型。

4.2.3　修改字段名

使用对象浏览修改字段名的方法比较简单，只需要在字段属性对话框中修改即可。下面讲述如何使用 SQL 语句实现修改字段名。

PostgreSQL 中修改表字段名的语法规则如下：

```
ALTER TABLE <表名> RENAME <旧字段名> TO  <新字段名>
<新数据类型>;
```

其中，"旧字段名"指修改前的字段名；"新字段名"指修改后的字段名；"新数据类型"指修改后的数据类型，如果不需要修改字段的数据类型，可以将新数据类型设置成与原来一样，但数据类型不能为空。

【例 4.13】将数据表 tb_dept1 中的 location 字段名称改为 loc，数据类型保持不变，SQL 语句如下：

```
ALTER TABLE tb_dept1 RENAME location TO loc;
```

执行命令后选择【列】节点，然后刷新，即可看到字段的名称发生了变化，如图 4-31 所示。

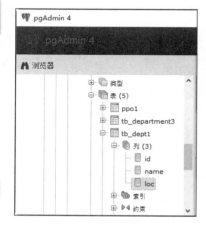

图 4-31　修改字段名称

 提 示　用户也可以选择【字段名】右击，再在弹出的快捷菜单中选择【属性】菜单命令，然后在弹出的对话框【名称】文本框中修改字段的名称。

4.2.4　添加字段

随着业务需求的变化，可能需要在已经存在的表中添加新的字段。在对象浏览器中添加字段的具体操作步骤如下：

01　选择需要添加字段的数据表，右击并在弹出的快捷菜单中选择【创建】→【列】菜单命令，如图 4-32 所示。

02　弹出【创建-列】对话框，输入字段的名称和数据类型等基本参数后单击【保存】按钮即可添加新的字段，如图 4-33 所示。

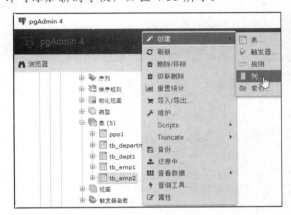

　　图 4-32　选择【列】菜单命令　　　　　　　图 4-33　【创建 - 列】对话框

一般情况下，一个完整字段包括字段名、数据类型、完整性约束。使用 SQL 语句添加字段的语法格式如下：

```
ALTER TABLE <表名> ADD COLUMN <新字段名> <数据类型>
```

1．添加无完整性约束条件的字段

【例 4.14】在数据表 tb_dept1 中添加一个没有完整性约束的 INT 类型的字段 managerid（部门经理编号），SQL 语句如下：

```
ALTER TABLE tb_dept1 ADD COLUMN managerid INT;
```

执行命令后，选择【列】节点，然后刷新，即可看到新添加的字段 managerid，如图 4-34 所示。

2．添加有完整性约束条件的字段

【例 4.15】在数据表 tb_dept1 中添加一个不能为空的 VARCHAR(12) 类型的字段 column1，SQL 语句如下：

```
ALTER TABLE tb_dept1 ADD COLUMN column1 VARCHAR(12) not null;
```

执行命令后，查看新添加字段的属性，即可看到【不为 NULL】选项为【Yes】，如图 4-35 所示。

图 4-34　创建字段 managerid　　　　　　图 4-35　查看字段的属性

4.2.5　删除字段

删除字段是将数据表中的某个字段从表中移除，对于不用的字段，可以进行删除操作。

使用对象浏览器删除对象的具体操作如下：

01 选择需要删除的字段，右击并在弹出的快捷菜单中选择【删除/移除】菜单命令，如图 4-36 所示。

02 弹出【删除列么？】对话框，单击【OK】按钮，即可删除所选的字段，如图 4-37 所示。

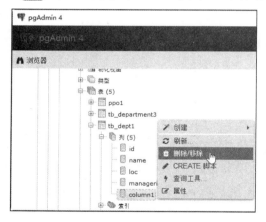

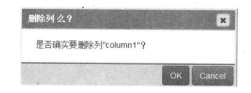

图 4-36　选择【删除/移除】菜单命令　　　　图 4-37　【删除列么？】对话框

删除字段的语法格式如下：

```
ALTER TABLE <表名> DROP <字段名>;
```

"字段名"指需要从表中删除的字段名称。

【例 4.16】删除数据表 tb_dept1 中的 numb 字段。

删除 numb 字段，SQL 语句如下：

```
ALTER TABLE tb_dept1 DROP numb;
```

执行命令后，刷新【列】节点，可以看到 tb_dept1 表中已经不存在名称为 numb 的字段，删除字段成功，如图 4-38 所示。

4.2.6 删除表的外键约束

对于数据库中定义的外键，如果不再需要，可以将其删除。外键一旦删除，就会解除主表和从表间的关联关系。

<u>01</u> 选择需要删除的外键约束，右击并在弹出的快捷菜单中选择【删除/移除】菜单命令，如图 4-39 所示。

<u>02</u> 弹出【删除外键么?】对话框，单击【OK】按钮，即可删除所选的外键，如图 4-40 所示。

图 4-38　删除字段 numb

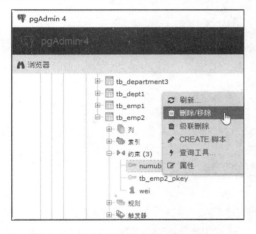

图 4-39　选择【删除/移除】菜单命令

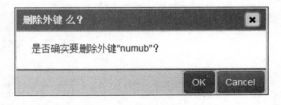

图 4-40　【删除外键么?】对话框

PostgreSQL 中删除外键的语法格式如下：

```
ALTER TABLE <表名> DROP CONSTRAINT  <外键约束名>
```

【例 4.17】删除数据表 tb_emp9 中的外键约束。

首先创建表 tb_emp9，创建外键 deptId 关联 tb_dept1 表的主键 id，SQL 语句如下：

```
CREATE TABLE tb_emp9
(
id      INT PRIMARY KEY,
name    VARCHAR(25),
deptId  INT,
salary  FLOAT,
CONSTRAINT fk_emp_dept  FOREIGN KEY (deptId) REFERENCES tb_dept1(id)
);
```

执行完上面的 SQL 语句后，刷新【表】节点，然后展开新创建的数据表的【约束】节点，即可看到创建的外键，如图 4-41 所示。

可以看到，已经成功添加了表的外键。下面删除外键约束，SQL 语句如下：

```
ALTER TABLE tb_emp9 DROP CONSTRAINT fk_emp_dept;
```

执行完毕之后，将删除表 tb_emp9 的外键约束，刷新 tb_emp9 表的【约束】节点，即可看到原有的名称为 fk_emp_dept 的外键约束删除成功，如图 4-42 所示。

图 4-41　创建的数据表的外键

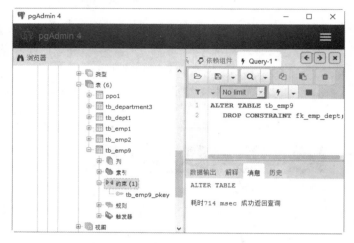

图 4-42　删除表 tb_emp9 的外键约束

4.3　删除数据表

删除数据表是将数据库中已经存在的表从数据库中删除。注意，删除表的同时，表的定义和表中所有的数据均会被删除，因此，在删除操作前，最好对表中的数据做个备份，以免造成无法挽回的后果。本节将详细讲解数据库表的删除方法。

4.3.1　删除没有被关联的表

在 PostgreSQL 中，使用 DROP TABLE 可以一次删除一个或多个没有被其他表关联的数据表。语法格式如下：

```
DROP TABLE [IF EXISTS]表 1，表 2，...表 n；
```

其中，"表 n"是指要删除的表的名称，后面可以同时删除多个表，只需要将要删除的表名依次写在后面，相互之间用逗号隔开即可。如果要删除的数据表不存在，同样可以顺利执行 SQL 语句，但【消息】窗口中并不会显示出"DROP TABLE"字样，表示并未成功删除表，如图 4-43 所示。

参数"IF EXISTS"用于在删除前判断删除的表是否存在，加上该参数后再删除表的时候，如果表不存在，SQL 语句可以顺利执行，但是会发出警告信息（warning），如图 4-44 所示。

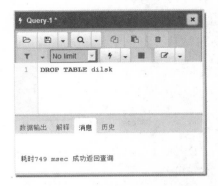

图 4-43 不会显示 "DROP TABLE" 字样　　　图 4-44 警告提示信息

在前面的例子中，已经创建了名为 **tb_dept2** 的数据表，如果没有，就输入相应语句创建该表，
SQL 语句如【例 4.8】。下面使用删除语句将该表删除。

【例 4.18】删除数据表 **tb_dept2**，SQL 语句如下：

```
DROP TABLE IF EXISTS tb_dept2;
```

语句执行完毕之后，数据表列表中已经不存在名称为 **tb_dept2** 的表，删除操作成功。

4.3.2　删除被其他表关联的主表

数据表之间存在外键关联的情况下，如果直接删除父表，结果会显示失败，原因是直接删除
将破坏表的参照完整性。如果必须要删除，可以先删除与之关联的子表，再删除父表，但是这样会
同时删除两个表中的数据。有的情况下需要保留子表，这时若要单独删除父表，只需将关联的表的
外键约束条件取消，然后删除父表，下面讲解这种方法。

在数据库中创建两个关联表。首先，创建表 **tb_dept2**，SQL 语句如下：

```
CREATE TABLE tb_dept2
(
id      INT PRIMARY KEY,
name    VARCHAR(22),
location VARCHAR(50)
);
```

接下来创建表 **tb_emp**，SQL 语句如下：

```
CREATE TABLE tb_emp
(
id      INT PRIMARY KEY,
name    VARCHAR(25),
deptId  INT,
salary  FLOAT,
CONSTRAINT fk_emp_dept  FOREIGN KEY (deptId) REFERENCES tb_dept2(id)
);
```

以上 SQL 语句的执行结果是创建了两个关联表 tb_dept2 和表 tb_emp。其中，tb_emp 表为子表，具有名称为 fk_emp_dept 外键约束；tb_dept2 为父表，主键 id 被子表 tb_emp 所关联。

【例 4.19】删除被数据表 tb_emp 关联的数据表 tb_dept2。

首先直接删除父表 tb_dept2：

```
DROP TABLE tb_dept2;
```

执行上述 SQL 语句后，【消息】窗口中并不会显示"DROP TABLE"字样，如图 4-45 所示。可以看到，如前所讲，在存在外键约束时，主表不能被直接删除。

接下来，解除关联子表 tb_emp 的外键约束，SQL 语句如下：

```
ALTER TABLE tb_emp DROP CONSTRAINT fk_emp_dept;
```

成功执行语句后，将取消表 tb_emp 和表 tb_dept2 之间的关联关系，此时可以利用删除语句将原来的父表 tb_dept2 删除，SQL 语句如下：

```
DROP TABLE tb_dept2;
```

再次执行上述 SQL 语句，提示执行成功，如图 4-46 所示。在对象浏览器中刷新【表】节点，可以看到，数据表列表中已经不存在名称为 tb_dept2 的表。

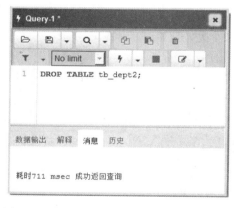
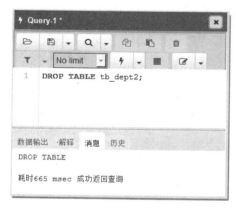

图 4-45　不会显示出"DROP TABLE"字样　　　　图 4-46　执行删除操作

4.4　综合案例——数据表的基本操作

本章全面介绍了 PostgreSQL 中数据表的各种操作，如创建表、添加各类约束、查看表结构，以及修改和删除表。读者应该掌握这些基本的操作，为以后的学习打下坚实的基础。本章给出一个综合案例，让读者全面回顾一下本章的知识要点，并通过这些操作来检验自己是否已经掌握数据表的常用操作。

1. 案例目的

创建、修改和删除表，掌握数据表的基本操作。

创建数据库 company，按照表 4.3 和表 4.4 给出的表结构在 company 数据库中创建两个数据表 offices 和 employees，按照操作过程完成对数据表的基本操作。

表 4.3　offices 表结构

字段名	数据类型	主键	外键	非空	唯一	自增
officeCode	INT	是	否	是	是	否
city	INT	否	否	是	否	否
address	VARCHAR(50)	否	否	否	否	否
country	VARCHAR(50)	否	否	是	否	否
postalCode	VARCHAR(25)	否	否	否	是	否

表 4.4　employees 表结构

字段名	数据类型	主键	外键	非空	唯一	自增
employeeNumber	INT	是	否	是	是	是
lastName	VARCHAR(50)	否	否	是	否	否
firstName	VARCHAR(50)	否	否	是	否	否
mobile	VARCHAR(25)	否	否	否	是	否
officeCode	VARCHAR(10)	否	是	是	否	否
jobTitle	VARCHAR(50)	否	否	是	否	否
birth	DATETIME	否	否	是	否	否
note	VARCHAR(255)	否	否	否	否	否
sex	VARCHAR(5)	否	否	否	否	否

2. 案例操作过程

01 登录数据库。

启动 pgAdmin 4，输入密码连接服务器。

02 创建数据库 company，执行过程如下：

```
CREATE DATABASE company;
```

执行命令后，刷新数据库，即可看到新创建的数据库 company，表明语句成功执行，如图 4-47 所示。

03 创建表 offices。

创建表 offices 的如下语句：

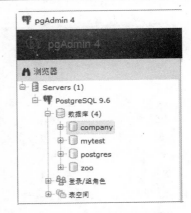

图 4-47　创建的数据库 company

```
CREATE TABLE offices
(
officeCode  INT NOT NULL UNIQUE,
city        VARCHAR(50) NOT NULL,
address     VARCHAR(50) NOT NULL,
```

```
country      VARCHAR(50) NOT NULL,
postalCode   VARCHAR(15) NOT NULL,
PRIMARY KEY  (officeCode)
);
```

执行语句后，便创建了一个名称为 offices 的数据表。在对象浏览器中选择【company】节点，然后执行刷新操作，依次展开【company】→【模式】→【public】→【表】→【offices】→【列】节点，即可看到新建表的字段，如图 4-48 所示。

图 4-48　创建数据表 offices

04 创建表 employees。

创建表 employees 的如下语句：

```
CREATE TABLE employees
(
employeeNumber  INT NOT NULL PRIMARY KEY,
lastName        VARCHAR(50) NOT NULL,
firstName       VARCHAR(50) NOT NULL,
mobile          VARCHAR(25) NOT NULL,
officeCode      INT NOT NULL,
jobTitle        VARCHAR(50) NOT NULL,
birth           DATE,
note            VARCHAR(255),
sex             VARCHAR(5),
CONSTRAINT office_fk FOREIGN KEY(officeCode)  REFERENCES offices(officeCode)
);
```

执行语句后，便创建了一个名称为 employees 的数据表。在对象浏览器中选择【company】节点，然后执行刷新操作，依次展开【company】→【模式】→【public】→【表】→【employees】→【列】节点，即可看到新建表的字段，如图 4-49 所示。

图 4-49　创建数据表 employees

现在数据库中已经创建好 employees 和 offices 两个数据表。要检查表的结构是否按照要求创建，选择需要查看的字段，在右侧的【属性】选项卡下可以查看详细信息，如图 4-50 所示。经过查看可以知道，两个表中的字段分别满足【表 4.3】和【表 4.4】中要求的数据类型和约束类型。

图 4-50　查看表的字段类型

05 将表 employees 的 birth 字段改名为 employee_birth。

修改字段名时需要用到 ALTER TABLE 语句，输入如下语句：

```
ALTER TABLE employees RENAME birth TO employee_birth;
```

执行 SQL 命令后，选择【列（9）】节点后刷新，可以看到，表中只有 employee_birth 字段，已经没有名称为 birth 的字段了，修改名称成功，如图 4-51 所示。

06 修改 sex 字段，数据类型为 CHAR(1)，非空约束。

修改字段数据类型，需要用到 ALTER TABLE 语句，输入如下语句：

```
ALTER TABLE employees ALTER COLUMN sex TYPE CHAR(1);
```

执行命令后再执行刷新操作，然后选择【sex】字段，在右侧的【属性】选项卡下即可看到 sex 字段的数据类型由前面的 VARCHAR(5)修改为 CHAR(1)，如图 4-52 所示。

图 4-51　修改字段名称

图 4-52　修改 sex 字段的数据类型

07 修改 sex 字段为非空约束。

```
ALTER TABLE employees ALTER COLUMN sex SET NOT NULL;
```

执行命令后再执行刷新操作，然后选择【sex】字段，右击该字段并在弹出的快捷菜单中选择【属性】菜单命令，在弹出的【列 - sex】对话框中选择【定义】选项卡，即可看到【不为 NULL】选项已被设置为【Yes】，表示该列不允许空值，修改成功，如图 4-53 所示。

08 删除字段 note。

删除字段需要用到 ALTER TABLE 语句，输入如下语句：

```
ALTER TABLE employees DROP note;
```

执行命令后，刷新【列】节点，可以看到，employees 表中返回了 8 个列字段，note 字段已经不在表结构中，删除字段成功，如图 4-54 所示。

图 4-53　【列 - sex】对话框

图 4-54　删除字段 note

09 增加字段名 favoriate_activity，数据类型为 VARCHAR(100)。

增加字段需要用到 ALTER TABLE 语句，输入如下语句：

```
ALTER TABLE employees ADD COLUMN favoriate_activity VARCHAR(100);
```

执行命令后，选择【列】节点后刷新，即可看到新添加的字段 favoriate_activity，数据类型为 VARCHAR(100)，允许空值，添加新字段成功，如图 4-55 所示。

图 4-55　增加字段名 favoriate_activity

10 删除表 offices。

在创建表 employees 表时设置了表的外键，该表关联了其父表的 officeCode 主键，如前面所述，删除关联表时，要先删除子表 employees 的外键约束，才能删除父表，因此，必须先删除 employees 表的外键约束。

（1）删除 employees 表的外键约束，输入如下语句：

```
ALTER TABLE employees DROP CONSTRAINT office_fk;
```

其中，office_fk 为 employees 表的外键约束的名称。执行语句成功后，即可删除 offices 父表。

（2）删除表 offices，输入如下语句：

```
DROP TABLE offices;
```

执行语句成功后，刷新【表】节点。可以看到，数据库中已经没有名称为 offices 的表了，删除表成功，如图 4-56 所示。

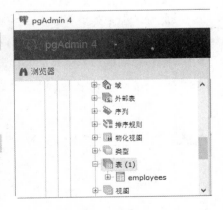

图 4-56　删除表 offices

11 将表 employees 的名称修改为 employees_info。

修改数据表名需要用到 ALTER TABLE 语句，输入如下语句：

```
ALTER TABLE employees RENAME TO employees_info;
```

执行语句之后，检验表 employees 是否改名成功。在对象浏览器中选择【表】节点并刷新，即可看到数据表的名称已成功修改为 employees_info，如图 4-57 所示。

图 4-57　修改数据表的名称

4.5　常见问题及解答

疑问 1：删除和修改表时需注意什么问题？

删除表操作将把表的定义和表中的数据一起删除，因此执行删除操作时应当慎重。在删除表前，最好对表中的数据进行备份。当操作失误时，可以对数据进行恢复，以免造成无法挽回的后果。

同样的，在使用 ALTER TABLE 进行表的基本修改操作时，在执行操作过程之前，也应该确保已对数据进行完整的备份，因为数据库的改变是无法撤销的。如果添加了一个不需要的字段，可以将其删除；但是如果删除了一个需要的列，那么该列下面的所有数据将会丢失。

另外在对表进行修改时，首先要查看该表是否和其他表存在依赖关系，如果存在依赖关系，应先解除该表的依赖关系后再进行修改操作，否则会导致其他表出错。

疑问 2：每一个表中都要有一个主键吗？

并不是每一个表中都需要主键。一般，在多个表之间进行连接操作时需要用到主键。因此并不需要为每个表建立主键，而且有些情况最好不使用主键。

4.6　经典习题

1. 创建数据库 Market，在 Market 中创建数据表 customers（customers 表结构如表 4.5 所示），按要求进行操作。

表 4.5　customers 表结构

字段名	数据类型	主键	外键	非空	唯一	自增
c_num	INT	是	否	是	是	是
c_name	VARCHAR(50)	否	否	否	否	否
c_contact	VARCHAR(50)	否	否	否	否	否
c_city	VARCHAR(50)	否	否	否	否	否
c_birth	DATE	否	否	是	否	否

（1）创建数据库 Market。

（2）创建数据表 customers，在 c_num 字段上添加主键约束和自增约束，在 c_birth 字段上添加非空约束。

（3）将 c_name 字段数据类型改为 VARCHAR(70)。

（4）将 c_contact 字段改名为 c_phone。

（5）增加 c_gender 字段，数据类型为 CHAR(1)。

（6）将表名修改为 customers_info。

（7）删除字段 c_city。

2．在 Market 中创建数据表 orders（orders 表结构如表 4.6 所示），按要求进行操作。

表 4.6　orders 表结构

字段名	数据类型	主键	外键	非空	唯一	自增
o_num	INT	是	否	是	是	否
o_date	DATE	否	否	否	否	否
c_id	VARCHAR(50)	否	否	否	否	否

（1）创建数据表 orders，在 o_num 字段上添加主键约束和自增约束，在 c_id 字段上添加外键约束，关联 customers 表中的主键 c_num。

（2）删除 orders 表的外键约束，然后删除表 customers。

第 5 章　数据类型和运算符

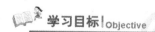学习目标|Objective

数据表由多列字段构成，每一个字段指定不同的数据类型。指定字段的数据类型之后，也就决定了向字段插入的数据内容，例如，当要插入数值的时候，既可以存储为整数类型，也可以存储为字符串类型；不同的数据类型也决定了 PostgreSQL 在存储它们的时候使用的方式，还决定了在使用它们的时候选择什么运算符号进行运算。本章将介绍 PostgreSQL 中的数据类型和常见运算符。

内容导航|Navigation

- 熟悉常见数据类型的概念和区别
- 掌握如何选择数据类型
- 熟悉常见运算符的概念和区别
- 掌握综合案例中运算符的运用方法

5.1　PostgreSQL 数据类型介绍

PostgreSQL 支持多种数据类型，主要有整数类型、浮点数类型、任意精度数值、日期/时间类型、字符串类型、二进制类型、布尔类型和数组类型等。本节主要介绍这些常见类型的使用方法。

5.1.1　整数类型

数值型数据类型主要用来存储数字。PostgreSQL 提供了多种数值数据类型，不同的数据类型提供不同的取值范围，可以存储的值范围越大，所需要的存储空间也会越大。PostgreSQL 主要提供的整数类型有 MALLINT、INT(INTEGER）和 BIGINT。

表 5.1 列出了 PostgreSQL 中的整数类型。

表 5.1 PostgreSQL 中的整数型数据类型

类型名称	说明	存储需求
SMALLINT	小范围的整数	2 字节
INT(INTEGER）	普通大小的整数	4 字节
BIGINT	大整数	8 字节

不同类型整数存储所需的字节数是不同的，占用字节数最小的是 SMALLINT 类型，占用字节最大的是 BIGINT 类型，相应的占用字节越多的类型所能表示的数值范围越大。根据占用字节数可

以求出每一种数据类型的取值范围，例如 SMALLINT 需要 2 个字节（16 bits）来存储，那么 SMALLINT 的最大值为 2^{15-1}，即 32767。其他类型的整数的取值范围计算方法相同，其取值范围如表 5.2 所示。

表 5.2　不同整数类型的取值范围

数据类型	取值范围
SMALLINT	-32768 到 32767
INT(INTEGER)	-2147483648 到 2147483647
BIGINT	-9223372036854775808 到 9223372036854775807

【例 5.1】创建表 tmp1，其中字段 x、y、z 的数据类型依次为 SMALLINT、INT、BIGINT，SQL 语句如下：

```
CREATE TABLE tmp1 (x SMALLINT, y INT, z BIGINT );
```

语句执行成功之后，创建 3 种整数类型的字段。

不同的整数类型有不同的取值范围，并且需要不同的存储空间，因此应该根据实际需要选择最合适的类型，这样有利于提高查询的效率、节省存储空间。整数类型是不带小数部分的数值，现实生活中很多地方需要用到带小数的数值，下面将介绍 PostgreSQL 中支持的小数类型。

5.1.2　浮点数类型

PostgreSQL 中使用浮点数来表示小数。浮点类型有两种：REAL 和 DOUBLE PRECISION，含义如表 5.3 所示。

表 5.3　PostgreSQL 中的浮点数类型

类型名称	说明	存储需求
REAL	6 位十进制数字精度	4 字节
DOUBLE PRECISION	15 位十进制数字精度	8 字节

在大多数系统平台上，REAL 类型的范围是至少 $1E^{-37}$ 到 $1E^{+37}$，精度至少是 6 位小数。DOUBLE PRECISION 的范围通常是 $1E^{-307}$ 到 $1E^{+308}$，精度至少是 15 位数字。太大或者太小的数值都会导致错误。

PostgreSQL 也支持 SQL 标准表示法，FLOAT 和 FLOAT(p)用于声明非精确的数值类型。其中的 p 声明以二进制位表示的最低可接受精度。在选取 REAL 类型的时候，PostgreSQL 接受 FLOAT(1) 到 FLOAT(24)，在选取 DOUBLE PRECISION 的时候，接受 FLOAT(25)到 FLOAT(53)。在允许范围之外的 p 值将导致错误。没有声明精度的 FLOAT 将被当作 DOUBLE PRECISION。

【例 5.2】创建表 tmp2，其中字段 x、y、z 数据类型依次为 FLOAT(5)、REAL 和 DOUBLE PRECISION，SQL 语句如下：

```
CREATE TABLE tmp2 (x FLOAT(5),  y REAL,  z DOUBLE PRECISION );
```

语句执行成功之后，创建 3 种浮点类型的字段。

> 在 PostgreSQL 中，在浮点类型中有几个特殊值。其中，Infinity 表示正无穷大，-Infinity 表示负无穷大，NaN 表示不是一个数字。

5.1.3 任意精度类型

PostgreSQL 中使用 NUMERIC 表示任意精度的类型是数值，使用 NUMERIC（M，N）来表示，其中 M 称为精度，表示总共的位数；N 称为标度，是表示小数的位数。例如，563.186 的精度为 6、标度为 3。

NUMERIC 的有效取值范围由 M 和 D 的值决定。如果改变 M 而固定 D，那么其取值范围将随 M 的变大而变大。另外，如果用户指定的精度超出精度外，就会四舍五入进行处理。

【例 5.3】创建表 tmp3，其中字段 x、y 的数据类型依次为 NUMERIC(5,1)和 NUMERIC(5,2)，向表中插入数据 9.12、9.15，SQL 语句如下：

```
CREATE TABLE tmp3 ( x NUMERIC (5,1), y
NUMERIC (5,2));
```

向表中插入数据的 SQL 语句如下：

```
INSERT INTO tmp3 VALUES(9.12, 9.15);
```

查看表中数据的 SQL 语句如下：

```
SELECT * FROM tmp3;
```

执行语句后，结果如图 5-1 所示。从中可以看出 PostgreSQL 对插入的数据 9.12 进行了四舍五入的处理。

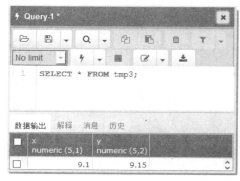

图 5-1　查看表中的数据

5.1.4 日期与时间类型

PostgreSQL 中有多种表示日期的数据类型，主要有 TIME、DATE、TIMESTAMP 和 INTERVAL。每一个类型都有合法的取值范围，当指定确实不合法的值时系统将"零"值插入数据库中。本节将介绍 PostgreSQL 日期和时间数据类型的使用方法。表 5.4 列出了 PostgreSQL 中的日期与时间类型。

表 5.4　日期/时间数据类型

类型名称	含义	日期范围	存储需求
TIME	只用于一日内的时间	00:00:00～24:00:00	8 字节
DATE	只用于日期	4713 BC～5874897 AD	4 字节
TIMESTAMP	日期和时间	4713 BC～5874897 AD	8 字节

> 在格里高利历法里没有零年，所以数字上的 1BC 是公元零年。

另外，对于 TIME 和 **TIMESTAMP** 类型，默认情况下为 without time zone（不带时区）。如果需要，可以设置为带时区（**with time zone**）。

1．TIME

TIME 类型用在只需要时间信息的值上，在存储时需要 8 字节，格式为 HH:MM:SS。HH 表示小时，MM 表示分钟，SS 表示秒。TIME 类型的取值范围为 00:00:00～24:00:00。

【例 5.4】创建数据表 tmp4，定义数据类型为 **TIME** 的字段 t，向表中插入值'10:05:05'、'23:23'。

首先创建表 tmp4，SQL 语句如下：

```
CREATE TABLE tmp4( t TIME );
```

向表中插入数据，SQL 语句如下：

```
INSERT INTO tmp4 values('10:05:05 '), ('23:23');
```

查看结果，SQL 语句如下：

```
SELECT * FROM tmp4;
```

执行语句后，结果如图 5-2 所示。

由结果可以看出，'10:05:05'被转换为 10:05:05；'23:23'被转换为 23:23:00。

【例 5.5】向表 tmp4 中插入值'101112'，SQL 语句如下：

向表中插入数据，SQL 语句如下：

```
INSERT INTO tmp4 values('101112');
```

查看结果，SQL 语句如下：

```
SELECT * FROM tmp4;
```

执行语句后，结果如图 5-3 所示。

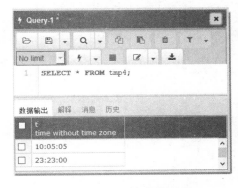

图 5-2　SQL 语句执行结果

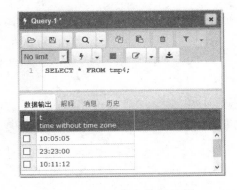

图 5-3　SQL 语句执行结果

由结果可以看到，'101112'被转换为 10:11:12。

也可以利用系统日期函数向 **TIME** 字段列插入值。

【例 5.6】向 tmp4 表中插入系统当前时间。

因为由时间函数获得的时间是带时区的，所以需要先将字段属性修改为带时区类型的时间：

```
ALTER TABLE tmp4
    ALTER COLUMN t TYPE time without time zone;
```

删除表中的数据：

```
DELETE FROM tmp4;
```

向表中插入数据，SQL 语句如下：

```
INSERT INTO tmp4 values
(CURRENT_TIME) ,(NOW());
```

查看结果，SQL 语句如下：

```
SELECT * FROM tmp4;
```

执行语句后，结果如图 5-4 所示。

由结果可以看到，获取系统当前的日期时间插入到 TIME 类型列，因为读者输入语句的时间不确定，所以获取的值与这里的可能不同，但都是系统当前的日期时间值，并会显示所在的时区。

图 5-4　SQL 语句执行结果

2．DATE 类型

DATE 类型用在仅需要日期值时，没有时间部分，在存储时需要 4 字节。日期格式为'YYYY-MM-DD'。其中，YYYY 表示年；MM 表示月；DD 表示日。在给 DATE 类型的字段赋值时，可以使用字符串类型或者数字类型的数据插入，只要符合 DATE 的日期格式即可。

（1）以'YYYY-MM-DD'或者'YYYYMMDD'字符串格式表示的日期。例如，输入'2012-12-31'或者'20121231'，插入数据库的日期都为 2012-12-31。

（2）以'YY-MM-DD'或者'YYMMDD'字符串格式表示的日期，在这里 YY 表示两位的年值。包含两位年值的日期会令人模糊，因为世纪不知道。PostgreSQL 使用以下规则解释两位年值：'00～69'范围的年值转换为'2000～2069'；'70～99'范围的年值转换为'1970～1999'。例如，输入'12-12-31'，插入数据库的日期为 2012-12-31；输入'981231'，插入数据的日期为 1998-12-31。

（3）利用 CURRENT_DATE 或者 NOW()插入当前系统日期。

【例 5.7】创建数据表 tmp5，定义数据类型为 DATE 的字段 d，向表中插入"YYYY-MM-DD"和"YYYYMMDD"字符串格式日期。

首先创建表 tmp5：

```
CREATE TABLE tmp5(d DATE);
```

向表中插入"YYYY-MM-DD"和"YYYYMMDD"格式日期：

```
INSERT INTO tmp5 values('1998-08-08'),('19980808'),('20101010');
```

查看插入结果：

```
SELECT * FROM tmp5;
```

执行语句后，结果如图 5-5 所示。

可以看到各个不同类型的日期值都正确地插入到了数据表中。

【例 5.8】向 tmp5 表中插入"YY-MM-DD"和"YYMMDD"字符串格式日期。

首先删除表中的数据：

```
DELETE FROM tmp5;
```

向表中插入"YY-MM-DD"和"YYMMDD"格式日期：

```
INSERT INTO tmp5 values('99-09-09'),( '990909'), ( '000101') ,( '121212');
```

查看插入结果：

```
SELECT * FROM tmp5;
```

执行语句后，结果如图 5-6 所示。

 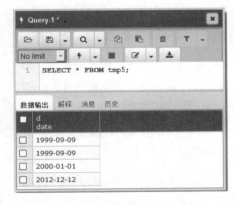

图 5-5　SQL 语句执行结果　　　　　图 5-6　SQL 语句执行结果

【例 5.9】向 tmp5 表中插入系统当前日期。

首先删除表中的数据：

```
DELETE FROM tmp5;
```

向表中插入系统当前日期：

```
INSERT INTO tmp5 values(NOW() );
```

查看插入结果：

```
SELECT * FROM tmp5;
```

执行语句后，结果如图 5-7 所示。

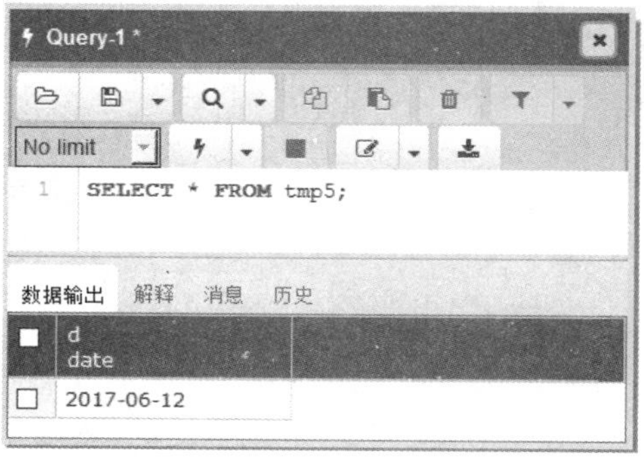

NOW()函数返回日期和时间值，在保存到数据库时，只保留了日期部分。

3．TIMESTAMP

TIMESTAMP 的日期格式为 YYYY-MM-DD HH:MM:SS。在存储时需要 8 字节，因此在插入数据时，要保证在合法的取值范围内。

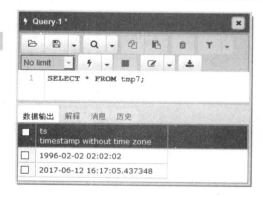

图 5-7　SQL 语句执行结果

【例 5.10】创建数据表 tmp7，定义数据类型为 TIMESTAMP 的字段 ts，向表中插入值 '1996-02-02 02:02:02'、NOW()。

创建数据表和字段：

```
CREATE TABLE tmp7( ts TIMESTAMP);
```

向表中插入数据：

```
INSERT INTO tmp7 values ('1996-02-02 02:02:02'),
 ( NOW() );
```

查看插入结果：

```
SELECT * FROM tmp7;
```

执行语句后，结果如图 5-8 所示。

由结果可以看到，'1996-02-02 02:02:02' 被转换为 1996-02-02 02:02:02；NOW()被转换为系统当前日期时间 2017-06-12 16:17:05。

4．创建带时区的日期和时间类型

【例 5.11】创建数据表 tmp7h，定义数据类型为 TIME 的字段 t，向表中插入值 '10:05:05PST'、'10:05:05'。

图 5-8　SQL 语句执行结果

首先创建表 tmp7h，SQL 语句如下：

```
CREATE TABLE tmp7h( t TIME with time zone);
```

向表中插入数据，SQL 语句如下：

```
INSERT INTO tmp7h values('10:05:05 PST '), ('10:05:05');
```

查看结果，SQL 语句如下：

```
SELECT * FROM tmp7h;
```

执行语句后，结果如图 5-9 所示。

由结果可以看到，创建了带时区的时间类型，其中 PST 为西 8 区，如果不指定时区，默认为东 8 区。另外，带时区的日期类型的创建与之相似，这里不再重复讲述。

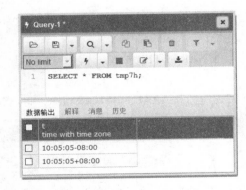

图 5-9　SQL 语句执行结果

5.1.5　字符串类型

字符串类型用来存储字符串数据，除了可以存储字符串数据之外，还可以存储其他数据，比如图片和声音的二进制数据。除了可以进行区分或者不区分大小写的字符串比较外，还可以进行模式匹配查找。PostgreSQL 中的字符串类型包括 CHAR、VARCHAR 和 TEXT。表 5.5 列出了 PostgreSQL 中的字符串数据类型。

表 5.5　PostgreSQL 中字符串数据类型

类型名称	说明
CHAR(n)　CHARACTER (n)	固定长度非二进制字符串，不足补空白
VARCHAR(n)　CHARACTER VARYING(n)	变长非二进制字符串，有长度限制
TEXT	变长非二进制字符串，无长度限制

1. CHARACTER(n)和 CHARACTER VARYING(n)

其中，n 是一个正整数。CHARACTER(n)和 CHARACTER VARYING(n)都可以存储最多 n 个字符的字符串。试图存储更长的字符串到这些类型的字段里会产生一个错误，除非超出长度的字符都是空白的，这种情况下该字符串将被截断为最大长度。如果要存储的字符串比声明的长度短，类型为 CHARACTER 的数值将会用空白填满；而类型为 CHARACTER VARYING 的数值将只存储短些的字符串。

【例 5.12】创建 tmp8 表，定义字段 ch 和 vch 的数据类型依次为 CHARACTER（4）、CHARACTER VARYING（4），向表中插入不同长度的字符串。

创建表 tmp8：

```
CREATE TABLE tmp8(
ch CHARACTER (4), vch CHARACTER VARYING (4)
);
```

输入数据：

```
INSERT INTO tmp8 VALUES('ab', 'ab'),
('abcd', 'abcd'),
('ab ', 'ab ');
```

查询结果：

```
SELECT concat('(', ch, ')'), concat('(',vch,')') FROM tmp8;
```

执行语句后，结果如图 5-10 所示。

从查询结果可以看到，ch 在保存"ab"时在右侧填充空格以达到指定的长度，而 vch 字段仅仅保留了"ab"。

CHARACTER 类型中填充的空白是无意义的。例如，在比较两个 CHARACTER 值的时候，填充的空白都会被忽略，在转换成其他字符串类型的时候，CHARACTER 值里面的空白会被删除。注意，在 CHARACTER VARYING 和 TEXT 数值里，结尾的空白是有意思的。

 提 示 上例中的 concat()函数的语法为 CONCAT(str1,str2,...)，返回结果为连接参数产生的字符串。

如果插入的字符长度超过规定的长度，例如插入字符为"abcde"，代码如下：

```
INSERT INTO tmp8 VALUES('abcde', 'abcde')
```

执行语句后，【消息】窗口中并不会显示"INSERT"字样，表示未成功插入字符，如图 5-11 所示。

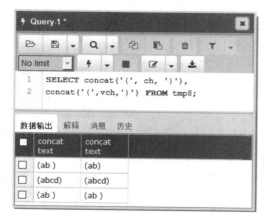

图 5-10 SQL 语句执行结果

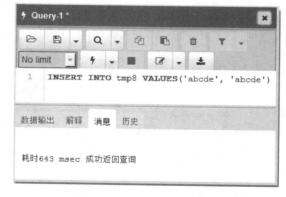

图 5-11 SQL 语句执行结果

系统会阻止这个数值的插入，并且提示语法错误，说明插入的字符串长度已经大于可以插入的最大值。

2. TEXT 类型

PostgreSQL 提供 TEXT 类型，它可以存储任何长度的字符串。虽然 TEXT 类型不是 SQL 标准，但是许多其他 SQL 数据库系统中也有。

【例 5.13】创建 tmp9 表，定义字段 te 数据类型为 TEXT，向表中插入不同长度的字符串。

创建表 tmp9：

```
CREATE TABLE tmp9(te  TEXT);
```

输入数据：

```
INSERT INTO tmp9 VALUES('ab'),('abcd'),('ab  ');
```

查询结果:

```
SELECT concat('(', te, ')') FROM tmp9;
```

执行语句后,结果如图 5-12 所示。

5.1.6 二进制类型

PostgreSQL 支持两类字符型数据:文本字符串和二进制字符串,前面讲解了存储文本的字符串类型,这里将讲解 PostgreSQL 中存储二进制数据的数据类型。

PostgreSQL 提供了 BYTEA 类型,用于存储二进制字符串。BYTEA 类型存储空间为 4 字节加上实际的二进制字符串。

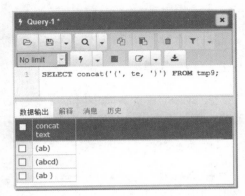

图 5-12　SQL 语句执行结果

【例 5.14】创建表 tmp10,定义 BYTEA 类型的字段 b,向表中插入二进制数据"E'\\000'"。

首先创建表 tmp10:

```
CREATE TABLE tmp10( b BYTEA );
```

插入数据:

```
INSERT INTO tmp10 VALUES(E'\\000');
```

查询插入结果:

```
SELECT * FROM tmp10;
```

执行语句后,结果如图 5-13 所示。

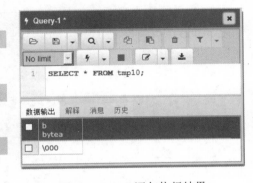

图 5-13　SQL 语句执行结果

5.1.7 布尔类型

PostgreSQL 提供了 BOOLEAN 布尔数据类型。BOOLEAN 用 1 字节来存储,提供了 TRUE(真)和 FALSE(假)两个值。

另外,用户可以使用其他有效文本值替代 TRUE 和 FALSE。替代 TRUE 的文本值为't'、'true'、'y'、'yes'和'1';替代 FALSE 的文本值为'f'、'false'、'n' 、'no' 和'0'。

【例 5.15】创建表 tmp11,定义 BYTEA 类型的字段 b,向表中插入布尔型数据"TRUE"和"FALSE"。

首先创建表 tmp11:

```
CREATE TABLE tmp11( b BOOLEAN );
```

插入数据:

```
INSERT INTO tmp11 VALUES(TRUE),(FALSE),('y'),('no'),('0');
```

查询插入结果:

```
SELECT * FROM tmp11;
```

执行语句后，结果如图 5-14 所示。

5.1.8 数组类型

PostgreSQL 允许将字段定义成定长或变长的一维或多维
数组。数组类型可以是任何基本类型或用户定义类型。

1. 声明数组

在 PostgreSQL 中，一个数组类型是通过在数组元素类型
名后面附加方括弧来命名的。例如，如下命名 SQL 语句：

图 5-14　SQL 语句执行结果

```
numb    INT[],
xuehao  TEXT[][];
zuoye   TEXT[4][4];
```

其中，numb 字段为一维 INT 数组，xuehao 字段为二维 TEXT 数组，zuoye 字段为二维 TEXT
数组，并且声明了数组的长度。不过，目前 PostgreSQL 并不强制数组的长度，所以声明长度和不
声明长度是一样的。

另外，对于一维数组，也可以使用 SQL 标准声明，SQL 语句如下：

```
PAY_BY_QUARTER  INT ARRAY[5];
```

此种声明方式仍然不强制数组的长度。

2. 插入数组数值

插入数组元素时，用花括弧把数组元素括起来并且用逗号将它们分开。

【例 5.16】创建表 tmp12，定义数组类型的字段 bt，向表中插入一些数组数值。

首先创建表 tmp12：

```
CREATE TABLE tmp12( bt int[]);
```

插入数据：

```
INSERT INTO tmp12
VALUES('{{1,1,1},{2,2,2},{3,3,3}}');
```

查询插入结果：

```
SELECT * FROM tmp12;
```

执行语句后，结果如图 5-15 所示。

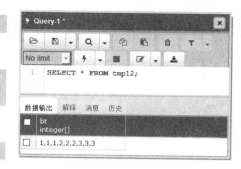

图 5-15　SQL 语句执行结果

5.2 如何选择数据类型

PostgreSQL 提供了大量的数据类型，为了优化存储、提高数据库性能，在任何情况下均应使用最精确的类型，即在所有可以表示该列值的类型中使用存储空间最少的类型。

1. 整数和浮点数

如果不需要小数部分，就使用整数来保存数据，如果需要表示小数，就使用浮点数类型。对于浮点数据列，存入的数值会被该列定义的小数位进行四舍五入。例如，列值的范围为 1 到 99999，若使用整数，则 INT 是最好的类型；若需要存储小数，则使用浮点数类型。

2. 日期与时间类型

PostgreSQL 对于不同种类的日期和时间有很多的数据类型，比如 TIME 和 DATE。如果只需要记录时间，就使用 TIME 类型，如果只记录日期，就使用 DATE 类型。

如果需要同时记录日期和时间，就使用 TIMESTAMP 类型。默认的情况下，当插入一条记录但没有指定 TIMESTAMP 列值时，PostgreSQL 会把 TIMESTAMP 列设为当前的时间，因此当需要插入记录的同时插入当前时间时，使用 TIMESTAMP 是很方便的。

3. CHAR 与 VARCHAR 之间的特点与选择

CHAR 和 VARCHAR 的区别是，CHAR 是固定长度字符，VARCHAR 是可变长度字符。插入数据长度不够时，CHAR 会自动填充插入数据的尾部空格，VARCHAR 不会自动填充尾部空格。

CHAR 是固定长度，所以它的处理速度比 VARCHAR 要快，但是它的缺点是浪费存储空间。所以对存储不大但在速度上有要求的可以使用 CHAR 类型，反之使用 VARCHAR 类型。

5.3 常见运算符介绍

运算符连接表达式中的各个操作数，用来指明对操作数所进行的运算。常见的运算有数学运算、比较运算、位运算或者逻辑运算。利用运算符可以更加灵活地使用表中的数据，常见的运算符类型有算术运算符、比较运算符、逻辑运算符和位运算符。本节将介绍各种操作符的特点和使用方法。

5.3.1 运算符概述

运算符是告诉 PostgreSQL 执行特定算术或逻辑操作的符号。PostgreSQL 的内部运算符很丰富，主要有四大类，分别是算术运算符、比较运算符、逻辑运算符、位操作运算符。

1. 算术运算符

用于各类数值运算，包括加（+）、减（-）、乘（*）、除（/）、求余（或称模运算，%）。

2. 比较运算符

用于比较运算，包括大于（>）、小于（<）、等于（=）、大于等于（>=）、小于等于（<=）、不等于（!=）、以及 IN、BETWEEN AND、GREATEST、LEAST、LIKE 等。

3. 逻辑运算符

逻辑运算符的求值所得结果均为 t(TRUE)、f(FALSE)，这类运算符有逻辑非（NOT）、逻辑与（AND）、逻辑或（OR）。

4. 位操作运算符

参与运算的操作数按二进制位进行运算，包括位与(&)、位或(|)、位非(~)、位异或(^)、左移(<<)、右移(>>)6 种。

接下来将对 PostgreSQL 中各种运算符的使用进行详细的介绍。

5.3.2 算术运算符

算术运算符是 SQL 中最基本的运算符，PostgreSQL 中的算术运算符如表 5.6 所示。

表 5.6　PostgreSQL 中的算术运算符

运算符	作用
+	加法运算
-	减法运算
*	乘法运算
/	除法运算，返回商
%	求余运算，返回余数

下面分别讨论不同算术运算符的使用方法。

【例 5.17】创建表 tmp14，定义数据类型为 INT 的字段 num，插入值 64，对 num 值进行算术运算：

首先创建表 tmp14：

```
CREATE TABLE tmp14 ( num INT);
```

向字段 num 插入数据 64：

```
INSERT INTO tmp14 VALUES (64);
```

接下来对 num 值进行加法和减法运算：

```
SELECT num, num+10, num-10, num+5-3,
num+36.5 FROM tmp14;
```

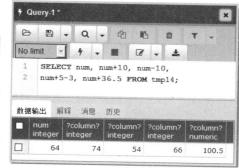

执行语句后，结果如图 5-16 所示。

图 5-16　SQL 语句执行结果

由计算结果可以看出，可以对 num 字段的值进行加法和减法的运算，而且由于 '+' 和 '-' 的优先级相同，因此先加后减或者先减后加之后的结果是相同的。

【例 5.18】对 tmp14 表中的 num 进行乘法、除法运算。

```
SELECT num, num *2, num /2, num/3, num%3 FROM tmp14;
```

执行语句后，结果如图 5-17 所示。

由计算结果可以看出，对 num 进行除法运算时，由于 64 无法被 3 整除，因此 PostgreSQL 对 num/3 求商的结果保留到了小数点后面四位，结果为 21.3333；64 除以 3 的余数为 1，因此取余运算 num%3 的结果为 1。

在数学运算时，除数为 0 的除法是没有意义的，因此除法运算中的除数不能为 0，如果被 0 除，就会弹出错误警告。

【例 5.19】用 0 除 num。

```
SELECT num, num / 0, num %0 FROM tmp14;
```

执行语句后，结果如图 5-18 所示。由于存在错误，【数据输出】窗口中并没有显示出相应的结果。

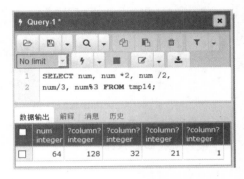

图 5-17　SQL 语句执行结果

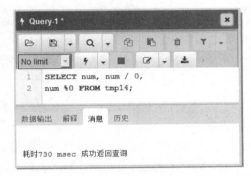

图 5-18　SQL 语句执行结果

5.3.3　比较运算符

一个比较运算符的结果总是 t、f 或者空值。比较运算符经常在 SELECT 的查询条件子句中使用，用来查询满足指定条件的记录。PostgreSQL 中的比较运算符如表 5.7 所示。

表 5.7　PostgreSQL 中的比较运算符

运算符	作用
=	等于
<> (!=)	不等于
<=	小于等于
>=	大于等于
>	大于
<	小于
LEAST	在有两个或多个参数时返回最小值
GREATEST	当有两个或多个参数时返回最大值
BETWEEN . . . AND . . .	判断一个值是否落在两个值之间
IN	判断一个值是 IN 列表中的任意一个值
LIKE	通配符匹配

下面分别讨论不同比较运算符的使用方法。

1．等于运算符=

等于"="用来判断数字、字符串和表达式是否相等，如果相等就返回 t，否则返回 f。

【例 5.20】使用"="进行相等判断，SQL 语句如下：

```
SELECT 1=0, '2'=2, 2=2,'b'='b', (1+3) = (2+1),NULL=NULL;
```

执行语句后，结果如图 5-19 所示。

由结果可以看出，在进行判断时 2=2 和 '2'=2 的返回值相同，都为 t，因为在进行判断时 PostgreSQL 自动进行了转换，把字符 '2' 转换成了数字 2；'b' = 'b' 为相同的字符比较，因此返回值为 t；表达式 1+3 和表达式 2+1 的结果不相等，因此返回值为 f；由于 '=' 不能用于空值 NULL 的判断，因此返回值为空。

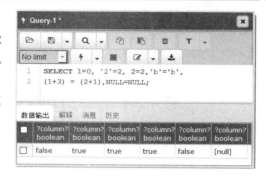

图 5-19　SQL 语句执行结果

在使用等于运算符进行数值比较时有如下规则：

（1）若有一个或两个参数为 NULL，则比较运算的结果为空。

（2）若同一个比较运算中的两个参数都是字符串，则按照字符串进行比较。

（3）若两个参数均为整数，则按照整数进行比较。

（4）若一个字符串和数字进行相等判断，则 PostgreSQL 自动将字符串转换为数字。

2．不等于运算符 <>或者 !=

'<>' 或者 '!=' 用于判断数字、字符串、表达式不相等的判断，如果不相等就返回 t，否则返回 f。这两个运算符不能用于判断空值 NULL。

【例 5.21】使用 '<>' 和 '!=' 进行不相等的判断，SQL 语句如下：

```
SELECT 'good'<>'god', 1<>2, 4!=4, 5.5!=5, (1+3)!=(2+1),NULL<>NULL;
```

执行语句后，结果如图 5-20 所示。

由结果可以看出，两个不等于运算符的作用相同，均可用于数字、字符串、表达式的比较判断。

3．小于或等于运算符<=

'<=' 用来判断左边的操作数是否小于或者等于右边的操作数。如果小于或者等于就返回 t，否则返回值为 f。'<=' 不能用于判断空值 NULL。

【例 5.22】使用 '<=' 进行比较判断，SQL 语句如下：

```
SELECT 'good'<='god', 1<=2, 4<=4, 5.5<=5, (1+3) <= (2+1),NULL<=NULL;
```

执行语句后，结果如图 5-21 所示。

由结果可以看出，左边操作数小于或者等于右边时返回 t，例如 4<=4；当左边操作数大于右边时返回 0，例如 'good' 第三个位置的 'o' 字符在字母表中的顺序大于 'god' 第三个位置中的

'd'字符，因此返回 f；比较 NULL 值时返回空值。

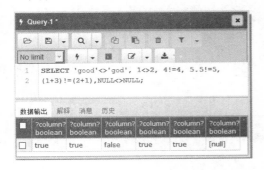

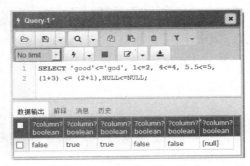

图 5-20　SQL 语句执行结果　　　　　　　图 5-21　SQL 语句执行结果

4．小于运算符<

'<'运算符用来判断左边的操作数是否小于右边的操作数，如果小于就返回 t，否则返回 f。'<'不能用于判断空值 NULL。

【例 5.23】使用'<'进行比较判断，SQL 语句如下：

```
SELECT 'good'<'god', 1<2, 4<4, 5.5<5, (1+3) < (2+1),NULL<NULL;
```

执行语句后，结果如图 5-22 所示。

由结果可以看出，左边操作数小于右边时，返回值为 t，例如 1<2；当左边操作数大于或者等于右边时返回 0，例如'good'第三个位置的'o'字符在字母表中的顺序大于'god'第三个位置中的'd'字符，因此返回 f；比较 NULL 值时返回空值。

5．大于或等于运算符>=

'>='运算符用来判断左边的操作数是否大于或者等于右边的操作数，如果大于或者等于就返回 t，否则返回 f。'>='不能用于判断空值 NULL。

【例 5.24】使用'>='进行比较判断，SQL 语句如下：

```
SELECT 'good'>='god', 1>=2, 4>=4, 5.5>=5, (1+3) >= (2+1),NULL>=NULL;
```

执行语句后，结果如图 5-23 所示。

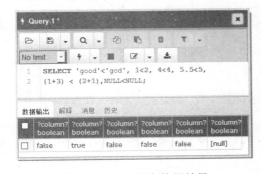

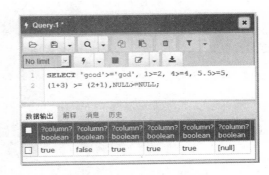

图 5-22　SQL 语句执行结果　　　　　　　图 5-23　SQL 语句执行结果

由结果可以看出，左边操作数大于或者等于右边时返回 t，例如 4>=4；当左边操作数小于右边时返回 f，例如 1>=2；比较 NULL 值时返回空值。

6. 大于运算符 >

'>'运算符用来判断左边的操作数是否大于右边的操作数，如果大于就返回 t，否则返回 f。'>'不能用于判断空值 NULL。

【例 5.25】使用'>'进行比较判断，SQL 语句如下：

```
SELECT 'good'>'god', 1>2, 4>4, 5.5>5, (1+3) > (2+1),NULL>NULL;
```

执行语句后，结果如图 5-24 所示。

由结果可以看出，左边操作数大于右边时，返回值为 t，例如 5.5>5；当左边操作数小于或者等于右边时，返回 f，例如 1>2；比较 NULL 值时返回空值。

7. BETWEEN AND 运算符

BETWEEN AND 运算符的语法格式为：expr BETWEEN min AND max。假如 expr 大于或等于 min 且 expr 小于或等于 max，则 BETWEEN 的返回值为 t，否则返回 f。

【例 5.26】使用 BETWEEN AND 进行值区间判断，SQL 语句如下：

```
SELECT 4 BETWEEN 2 AND 5, 4 BETWEEN 4 AND 6,12 BETWEEN 9 AND 10;
```

执行语句后，结果如图 5-25 所示。

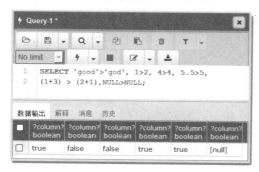

图 5-24　SQL 语句执行结果

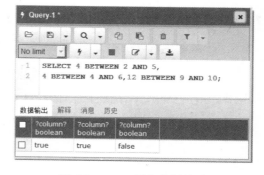

图 5-25　SQL 语句执行结果

由结果可以看出，4 在端点值区间内或者等于其中一个端点值时，BETWEEN AND 表达式返回值为 t；12 并不在指定区间内，因此返回 f。

【例 5.27】使用 BETWEEN AND 进行字符串的比较，SQL 语句如下：

```
SELECT 'x' BETWEEN 'f' AND 'g', 'b' BETWEEN 'a' AND 'c';
```

执行语句后，结果如图 5-26 所示。

对于字符串类型的比较，按字母表中字母顺序进行比较，'x'不在指定的字母区间内，因此返回 f，而'b'位于指定字母区间内，因此返回 t。

8．LEAST 运算符

LEAST 运算符的语法格式为：LEAST(值1，值2，...，值n)。其中，值n表示参数列表中有n个值。在有两个或多个参数的情况下，返回最小值。任意一个值为NULL，在比较中就忽略不计。

【例5.28】使用 LEAST 运算符进行大小判断，SQL 语句如下：

```
SELECT least(2,0), least(20.0,3.0,100.5), least('a','c','b'),least(10,NULL);
```

执行语句后，结果如图5-27所示。

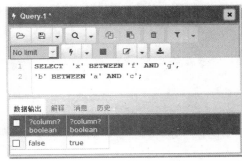

图 5-26　SQL 语句执行结果　　　　图 5-27　SQL 语句执行结果

由结果可以看出，当参数是整数或者浮点数时，LEAST 返回其中的最小值；当参数为字符串时，返回字母表中顺序最靠前的字符；当比较值列表中有 NULL 时，忽略不计，返回值为10。

9．GREATEST (value1,value2,...)

语法格式为：GREATEST(值1，值2，...，值n)。其中，n表示参数列表中有n个值。当有两个或多个参数时，返回值为最大值。任意一个自变量为NULL，在比较中忽略不计。

【例5.29】使用 GREATEST 运算符进行大小判断，SQL 语句如下：

```
SELECT greatest(2,0), greatest(20.0,3.0,100.5), greatest('a','c','b'),
greatest(10,NULL);
```

执行语句后，结果如图5-28所示。

由结果可以看出，当参数是整数或者浮点数时，GREATEST 返回其中的最大值；当参数为字符串时，返回字母表中顺序最靠后的字符；当比较值列表中有 NULL 时，忽略不计，返回值为10。

10．IN、NOT IN 运算符

IN 运算符用来判断操作数是否为 IN 列表中的一个值，如果是就返回 t，否则返回 f。

NOT IN 运算符用来判断操作数是否为 IN 列表中的一个值，如果不是就返回 t，否则返回 f。

【例5.30】使用 IN 运算符进行判断，SQL 语句如下：

```
SELECT 2 IN (1,2,5,8), 3 IN (1,2,5,8);
```

执行语句后，结果如图5-29所示。

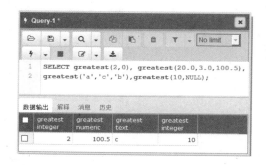

图 5-28　SQL 语句执行结果

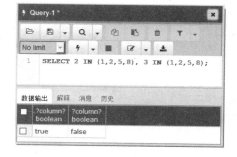

图 5-29　SQL 语句执行结果

【例 5.31】使用 NOT IN 运算符进行判断，SQL 语句如下：

```
SELECT 2 NOT IN (1,2,5,8), 3 NOT IN (1,2,5,8);
```

执行语句后，结果如图 5-30 所示。

由结果可以看出，IN 和 NOT IN 的返回值正好相反。

在左侧表达式为 NULL 的情况下，或是表中找不到匹配项并且表中有一个表达式为 NULL 的情况下，IN 的返回值为空。

【例 5.32】存在 NULL 值时的 IN 运算，SQL 语句如下：

```
SELECT NULL IN (1,3,5),10 IN (1,3,NULL);
```

执行语句后，结果如图 5-31 所示。

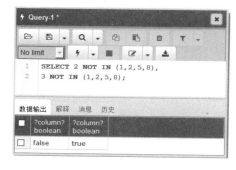

图 5-30　SQL 语句执行结果

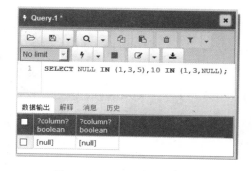

图 5-31　SQL 语句执行结果

IN()运算符也可在 SELECT 语句中进行嵌套子查询，在后面的章节中将会讲到。

11. LIKE

LIKE 运算符用来匹配字符串，语法格式为：expr LIKE 匹配条件。如果 epxr 满足匹配条件，就返回 t（TRUE）；如果不匹配，就返回 f（FALSE）。若 expr 或匹配条件中任何一个为 NULL，则结果为空值。

LIKE 运算符在进行匹配时，可以使用下面两种通配符。

- '%'：匹配任何数目的字符，甚至包括零字符。
- '_'：只能匹配一个字符。

【例 5.33】使用运算符 LIKE 进行字符串匹配运算，SQL 语句如下：

```
SELECT 'stud' LIKE 'stud','stud' LIKE 'stu_','stud' LIKE '%d','stud' LIKE 't___',
's' LIKE NULL;
```

执行语句后，结果如图 5-32 所示。

由结果可以看出，指定匹配字符串为"stud"。"stud"
表示直接匹配"stud"字符串，满足匹配条件，返回 t；"stu_"
表示匹配以 stu 开头的长度为 4 个字符的字符串，"stud"
正好是 4 个字符，满足匹配条件，因此匹配成功，返回 t；
"%d"表示匹配以字母"d"结尾的字符串，"stud"满足
匹配条件，匹配成功，返回 t；"t___"表示匹配以't'开
头的长度为 4 个字符的字符串，"stud"不满足匹配条件，
因此返回 f；当字符 's' 与 NULL 匹配时，结果为空值。

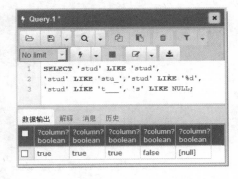

图 5-32　SQL 语句执行结果

5.3.4　逻辑运算符

在 SQL 中，所有逻辑运算符的求值结果均为 TRUE、FALSE 或空值。不同数据库中的表示方
法相同，PostgreSQL 中包含表 5.8 所示的逻辑运算符。

表 5.8　PostgreSQL 中的逻辑运算符

运算符	作用
NOT	逻辑非
AND	逻辑与
OR	逻辑或

逻辑运算符的操作参数为布尔型数据。接下来将讨论不同的逻辑运算符的使用方法。

1. NOT

逻辑非运算符 NOT 表示当操作数为 TRUE 时，所得值为 f；当操作数为 FALSE 时，所得值为
t；当操作数为 NULL 时，所得值为空值。

【例 5.34】分别使用非运算符"NOT"进行逻辑判断，SQL 语句如下：

```
SELECT NOT '1', NOT 'y', NOT '0',  NOT NULL, NOT 'n';
```

执行语句后，结果如图 5-33 所示。

由结果可以看出，布尔值'1'的 NOT 值为 f，NULL 的运算结果为空值。

 注　意　逻辑运算符的参数必须是布尔变量，如果随意输入其他类型的数值，就会弹出错误提
示信息。

2. AND

逻辑与运算符 AND 表示当所有操作数均为 TRUE 并且不为 NULL 时，计算所得结果为 t；当
一个或多个操作数为 FALSE 时，所得结果为 f；其余情况返回值为空值。

【例 5.35】分别使用与运算符"AND"进行逻辑判断，SQL 语句如下：

```
SELECT  '1'AND 'y','1'AND '0','1'AND NULL, '0'AND NULL;
```

执行语句后，结果如图 5-34 所示。

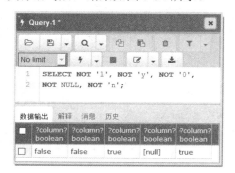

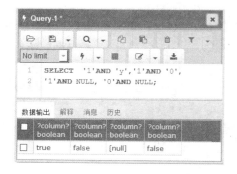

图 5-33　SQL 语句执行结果　　　　　　　图 5-34　SQL 语句执行结果

由结果可以看到，"'1'AND 'y'"中没有 FALSE 或者 NULL，因此结果为 t；"'1'AND '0'"中有操作数'0'，因此结果为 f；"'1'AND NULL"中有 NULL，返回结果为空值；"'0'AND NULL"中虽然也有 NULL，但是有'0'值，所以所得结果为 f。

提示　　　"AND"运算符可以有多个操作数，需要注意的是多个操作数进行运算时，AND 两边一定要使用空格隔开，不然会影响结果的正确性。

3. OR

逻辑或运算符 OR 表示当两个操作数均为非 NULL 值时，任意一个操作数为 TRUE，结果就为 t，否则为 f；当有一个操作数为 NULL 时，如果另一个操作数为 TRUE，则结果为 t，否则结果为空值；当两个操作数均为 NULL 时，所得结果为空值。

【例 5.36】使用或运算符"OR"进行逻辑判断，SQL 语句如下：

```
SELECT  '1' OR 't' OR '0', '1'OR 'y','1' OR NULL, '0'OR NULL, NULL OR NULL;
```

执行语句后，结果如图 5-35 所示。

由结果可以看，"'1' OR 't' OR '0'"中有'0'，但同时包含有'1'和 't'，返回结果为 t；"'1'OR 'y'"中没有 FALSE 值，返回结果为 t；"'1' OR NULL"中虽然有 NULL，但是有操作数'1'，返回结果为 t；"'0' OR NULL"中没有 FALSE 值，并且有 NULL，返回结果为空值；"NULL OR NULL"中只有 NULL，返回结果为空值。

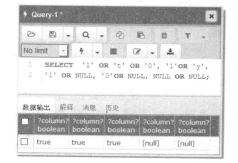

图 5-35　SQL 语句执行结果

5.3.5　运算符的优先级

运算的优先级决定了不同的运算符在表达式中计算的先后顺序。表 5.9 列出了 PostgreSQL 中的各类运算符及优先级。

表 5.9　运算符按优先级由低到高排列

优先级	运算符
最低	=（赋值运算），:=
	|OR
	AND
	NOT
	BETWEEN, CASE, WHEN, THEN, ELSE
	=（比较运算），>=, >, <=, <, <>, != , IS, LIKE,　IN
	-, +
	*, /(DIV), %(MOD)
	-（负号）
最高	!

不同运算符的优先级不同。一般情况下，级别高的运算符先进行计算，如果级别相同，PostgreSQL 就按表达式的顺序从左到右依次计算。当然，在无法确定优先级的情况下，可以使用圆括号（ ）来改变优先级，并且这样会使计算过程更加清晰。

5.4　综合案例——运算符的使用

本章首先介绍了 PostgreSQL 中各种数据类型的特点和使用方法，以及如何选择合适的数据类型；接着详细介绍了 PostgreSQL 中各类常见的运算符号的使用，学习了如何使用这些运算符对不同的数据进行运算，包括算术运算、比较运算、逻辑运算等，同时介绍了不同运算符的优先级别。在本章的综合案例中，将会执行各种常见的运算操作。

1. 案例目的

创建数据表，并对表中的数据进行运算操作，掌握各种运算符的使用方法。

创建表 tmp15，其中包含 VARCHAR 类型的字段 note 和 INT 类型的字段 price，先使用运算符对表 tmp15 中不同的字段进行运算，再使用逻辑操作符对数据进行逻辑操作。

2. 案例操作过程

下面讲述具体的操作过程。

01 本案例使用数据表 tmp15，首先创建该表，SQL 语句如下：

```
CREATE TABLE tmp15 (note VARCHAR(100), price INT);
```

02 向表中插入一条记录，note 值为"Thisgood"，price 值为 50，SQL 语句如下：

```
INSERT INTO tmp15 VALUES ('Thisgood',50);
```

03 对 tmp15 表中的整数值字段 price 进行算术运算，执行过程如下：

```
SELECT price, price + 10, price -10, price * 2, price /2, price%3 FROM tmp15 ;
```

执行语句后，结果如图 5-36 所示。

04 对 tmp15 中的整型数值字段 price 进行比较运算，执行过程如下：

```
SELECT price, price> 10, price<10, price != 10, price =10,price <>10 FROM tmp15 ;
```

执行语句后，结果如图 5-37 所示。

05 判断 price 值是否落在 30~80 区间；返回与 70、30 相比最大的值，判断 price 是否为 IN 列表（10,20,50,35）中的某个值，执行过程如下：

```
SELECT price, price BETWEEN 30 AND 80, GREATEST(price, 70,30), price IN (10,
20, 50,35) FROM tmp15 ;
```

执行语句后，结果如图 5-38 所示。

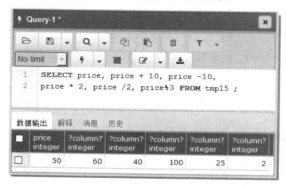

图 5-36 SQL 语句执行结果

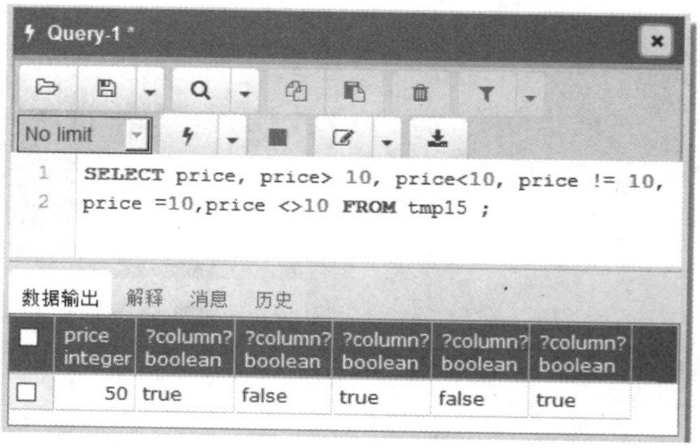

图 5-37 SQL 语句执行结果

06 对 tmp15 中的字符串数值字段 note 进行比较运算，判断表 tmp15 中 note 字段是否为空；使用 LIKE 判断是否以字母 'd' 开头，执行过程如下：

```
SELECT note, note IS NULL, note LIKE 't%' FROM tmp15 ;
```

执行语句后，结果如图 5-39 所示。

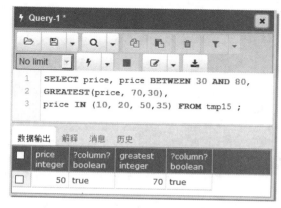

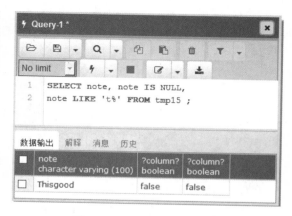

图 5-38 SQL 语句执行结果

图 5-39 SQL 语句执行结果

5.5 常见问题及解答

疑问 1：PostgreSQL 中可以存储文件吗？

PostgreSQL 中的 TEXT 字段类型可以存储数据量较大的文件，可以使用这些数据类型存储图像、声音或者大容量的文本内容，例如网页或者文档。虽然使用 TEXT 可以存储大容量的数据，但是对这些字段的处理会降低数据库的性能。如果并非必要，可以选择只存储文件的路径。

疑问 2：二进制和普通字符串的区别是什么？

二进制字符串和普通字符串的区别有以下两点。

（1）二进制字符串完全可以存储字节零值以及其他"不可打印的"字节（定义在 32 到 126 范围之外的字节）。字符串既不允许字节零值，也不允许那些不符合选定的字符集编码的非法字节值或者字节序列。

（2）对二进制字符串的处理实际上就是处理字节，而对字符串的处理则取决于区域设置。简单地说，二进制字符串适用于存储那些程序员认为是"原始字节"的数据，而字符串适合存储文本。

5.6 经典习题

（1）如何表示 PostgreSQL 中的小数，不同表示方法之间又有什么区别？

（2）CHAR 和 TEXT 分别适合存储什么类型的数据？

（3）说明选择常用数据类型的方法。

（4）在 PostgreSQL 中执行算术运算：(9-7)*4，8+15/3，17DIV2，39%12。

（5）在 PostgreSQL 中执行比较运算：36>27，15>=8， 40<50，15<=15。

（6）在 PostgreSQL 中执行逻辑运算：'1'AND 'y','1'AND '0','1'AND NULL, '0'AND NULL。

第 6 章　PostgreSQL 函数

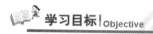 **学习目标** | Objective

　　PostgreSQL 提供了众多功能强大、方便易用的函数。使用这些函数，可以极大地提高用户对数据库的管理。PostgreSQL 中的函数包括数学函数、字符串函数、日期和时间函数、条件判断函数、系统信息函数和加密函数等其他函数。本章将介绍 PostgreSQL 中这些函数的功能和用法。

 **内容导航** | Navigation

- 了解什么是 PostgreSQL 函数
- 掌握各种数学函数的用法
- 掌握各种字符串函数的用法
- 掌握时间和日期函数的用法
- 掌握条件函数的用法
- 掌握系统信息函数的用法
- 掌握加密函数的用法
- 掌握其他特殊函数的用法
- 熟练掌握综合案例中函数操作方法和技巧

6.1　PostgreSQL 函数简介

　　函数表示对输入参数值返回一个具有特定关系的值。PostgreSQL 提供了大量丰富的函数，在进行数据库管理以及数据的查询和操作时经常会用到各种函数。通过对数据的处理，数据库可以更加强大、灵活地满足不同用户的需求。函数从功能方面主要分为数学函数、字符串函数、日期和时间函数、条件判断函数、系统信息函数和加密函数等。下面将分类介绍不同函数的使用方法。

6.2　数学函数

　　数学函数主要用来处理数值数据，主要的数学函数有绝对值函数、三角函数（包括正弦函数、余弦函数、正切函数、余切函数等）、对数函数、随机数函数等。在有错误产生时，数学函数将会返回空值 NULL。本节将介绍各种数学函数的功能和用法。

6.2.1 绝对值函数 ABS(x)和返回圆周率的函数 PI()

ABS(X)返回 X 的绝对值。

【例 6.1】求 2、-3.3 和-33 的绝对值，输入如下语句：

```sql
SELECT ABS(2), ABS(-3.3), ABS(-33);
```

执行语句后的结果如图 6-1 所示。

正数的绝对值为其本身，所以 2 的绝对值为 2；负数的绝对值为其相反数，所以-3.3 的绝对值为 3.3、-33 的绝对值为 33。

PI()返回圆周率 π 的值，默认显示的小数位数是 6 位。

【例 6.2】返回圆周率值，输入如下语句：

```sql
SELECT pi();
```

执行语句后的结果如图 6-2 所示。

返回结果保留了 15 位有效数字。

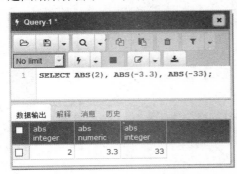

图 6-1　SQL 语句执行结果

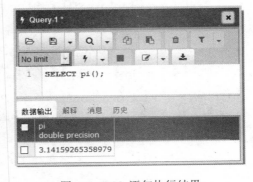

图 6-2　SQL 语句执行结果

6.2.2 平方根函数 SQRT(x)和求余函数 MOD(x,y)

SQRT(x)返回非负数 x 的二次方根。

【例 6.3】求 9 和 40 的二次平方根，输入如下语句：

```sql
SELECT SQRT(9), SQRT(40);
```

执行语句后的结果如图 6-3 所示。

3 的平方等于 9，因此 9 的二次平方根为 3；40 的平方根为 6.32455532033676。

提示　负数没有平方根，如果所求值为负数，将会提示错误信息。

MOD(x,y)返回 x 被 y 除后的余数。MOD()对于带有小数部分的数值也起作用，返回除法运算后的精确余数。

【例 6.4】对 MOD(31,8)、MOD(234, 10) 、MOD(45.5,6)进行求余运算，输入如下语句：

```
SELECT MOD(31,8),MOD(234, 10),MOD(45.5,6);
```

执行语句后的结果如图 6-4 所示。

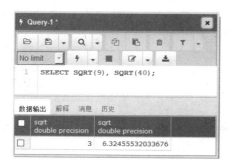

图 6-3　SQL 语句执行结果

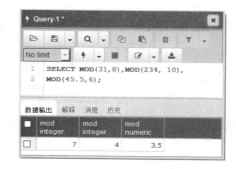

图 6-4　SQL 语句执行结果

6.2.3　获取整数的函数 CEIL(x)、CEILING(x)和 FLOOR(x)

（1）CEIL(x)和 CEILING(x)意义相同，返回不小于 x 的最小整数值，返回值转化为一个 BIGINT。

【例 6.5】使用 CEIL 和 CEILING 函数返回最小整数，输入如下语句：

```
SELECT  CEIL(-3.35),CEILING(3.35);
```

执行语句后的结果如图 6-5 所示。

-3.35 为负数，不小于-3.35 的最小整数为-3，因此返回值为-3；不小于 3.35 的最小整数为 4，因此返回值为 4。

（2）FLOOR(x)返回不大于 x 的最大整数值，返回值将转化为一个 BIGINT。

【例 6.6】使用 FLOOR 函数返回最大整数，输入如下语句：

```
SELECT FLOOR(-3.35), FLOOR(3.35);
```

执行语句后的结果如图 6-6 所示。

-3.35 为负数，不大于-3.35 的最大整数为-4，因此返回值为-4；不大于 3.35 的最大整数为 3，因此返回值为 3。

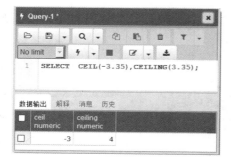

图 6-5　SQL 语句执行结果

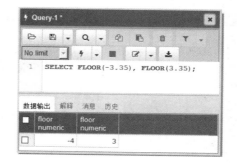

图 6-6　SQL 语句执行结果

6.2.4 四舍五入函数 ROUND(x)和 ROUND(x,y)

（1）ROUND(x)返回最接近于参数 x 的整数，对 x 值进行四舍五入。

【例 6.7】使用 ROUND(x)函数对操作数进行四舍五入操作，输入如下语句：

```
SELECT ROUND(-1.14),ROUND(-1.67), ROUND(1.14),ROUND(1.66);
```

执行语句后的结果如图 6-7 所示。进行四舍五入处理之后，只保留了各个值的整数部分。

（2）ROUND(x,y)返回最接近于参数 x 的数，其值保留到小数点后面 y 位，若 y 为负值，则将保留 x 值到小数点左边 y 位。

【例 6.8】使用 ROUND(x,y)函数对操作数进行四舍五入操作，结果保留小数点后面指定 y 位，输入如下语句：

```
SELECT ROUND(1.38, 1), ROUND(1.38, 0), ROUND(232.38, -1), ROUND (232.38,-2);
```

执行语句后的结果如图 6-8 所示。

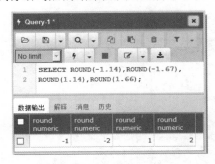

图 6-7 SQL 语句执行结果

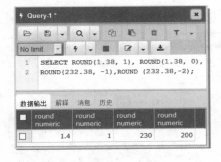

图 6-8 SQL 语句执行结果

ROUND(1.38, 1)保留小数点后面 1 位，四舍五入的结果为 1.4；ROUND(1.38, 0) 保留小数点后面 0 位，即返回四舍五入后的整数值； ROUND(23.38, -1)和 ROUND (232.38,-2)分别保留小数点左边 1 位和 2 位。

提 示

> y 值为负数时，保留的小数点左边的相应位数直接保存为 0，同时进行四舍五入。

6.2.5 符号函数 SIGN(x)

SIGN(x)返回参数的符号，x 的值为负、零或正时返回结果依次为-1、0 或 1。

【例 6.9】使用 SIGN 函数返回参数的符号，输入如下语句：

```
SELECT SIGN(-21),SIGN(0), SIGN(21);
```

执行语句后的结果如图 6-9 所示。

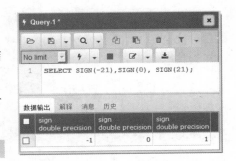

图 6-9 SQL 语句执行结果

SIGN(-21)返回-1，SIGN(0)返回 0，SIGN(21)返回 1。

6.2.6 幂运算函数 POW(x,y)、POWER(x,y)和 EXP(x)

（1）POW(x,y)或者 POWER(x,y)函数返回 x 的 y 次乘方的结果值。

【例 6.10】使用 POW 和 POWER 函数进行乘方运算，输入如下语句：

```
SELECT POW(2,2), POWER(2,2),POW(2,-2), POWER(2,-2);
```

执行语句后的结果如图 6-10 所示。

可以看到，POW 和 POWER 的结果是相同的，POW(2,2)和 POWER(2,2)返回 2 的 2 次方，结果都是 4；POW(2,-2)和 POWER(2,-2)都返回 2 的-2 次方，结果为 4 的倒数，即 0.25。

（2）EXP(x)返回 e 的 x 乘方后的值。

【例 6.11】使用 EXP 函数计算 e 的乘方，输入如下语句：

```
SELECT EXP(3),EXP(-3),EXP(0);
```

执行语句后的结果如图 6-11 所示。

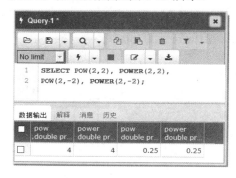

图 6-10　SQL 语句执行结果

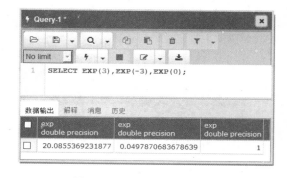

图 6-11　SQL 语句执行结果

EXP(3)返回以 e 为底的 3 次方，结果为 20.0855369231877；EXP(-3)返回以 e 为底的-3 次方，结果为 0.0497870683678639；EXP(0)返回以 e 为底的 0 次方，结果为 1。

6.2.7 对数运算函数 LOG(x)

LOG(x)返回 x 的自然对数，x 相对于基数 e 的对数。对数定义域不能为负数，因此数组为负数将会弹出错误信息。

【例 6.12】使用 LOG(x)函数计算自然对数，输入如下语句：

```
SELECT LOG(3);
```

执行语句后的结果如图 6-12 所示。

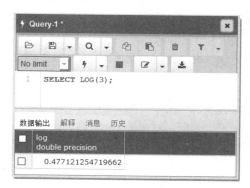

图 6-12　SQL 语句执行结果

6.2.8　角度与弧度相互转换的函数 RADIANS(x)和 DEGREES(x)

（1）RADIANS(x)将参数 x 由角度转化为弧度。

【例 6.13】使用 RADIANS 将角度转换为弧度，输入如下语句：

```
SELECT RADIANS(90),RADIANS(180);
```

执行语句后的结果如图 6-13 所示。

（2）DEGREES(x)将参数 x 由弧度转化为角度。

【例 6.14】使用 DEGREES 将弧度转换为角度，输入如下语句：

```
SELECT DEGREES(PI()), DEGREES(PI() / 2);
```

执行语句后的结果如图 6-14 所示。

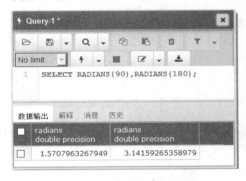
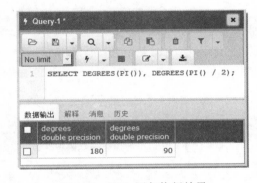

图 6-13　SQL 语句执行结果　　　　　　图 6-14　SQL 语句执行结果

6.2.9　正弦函数 SIN(x)和反正弦函数 ASIN(x)

（1）SIN(x)返回 x 正弦，其中 x 为弧度值。

【例 6.15】使用 SIN 函数计算正弦值，输入如下语句：

```
SELECT SIN(1), ROUND(SIN(PI()));
```

执行语句后的结果如图 6-15 所示。

（2）ASIN(x)返回 x 的反正弦，即正弦为 x 的值。若 x 不在-1 到 1 的范围之内，则会弹出错误信息：输入超出范围。

【例 6.16】使用 ASIN 函数计算反正弦值，输入如下语句：

```
SELECT ASIN(0.8414709848078965);
```

执行语句后的结果如图 6-16 所示。

由结果可以看出，函数 ASIN 和 SIN 互为反函数。

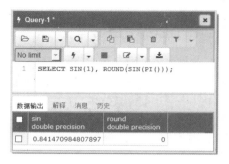

图 6-15　SQL 语句执行结果

图 6-16　SQL 语句执行结果

6.2.10　余弦函数 COS(x)和反余弦函数 ACOS(x)

（1）COS(x)返回 x 的余弦，其中 x 为弧度值。

【例 6.17】使用 COS 函数计算余弦值，输入如下语句：

```
SELECT COS(0),COS(PI()),COS(1);
```

执行语句后的结果如图 6-17 所示。

由结果可知，COS(0)的值为 1，COS(PI())的值为-1，COS(1)的值为 0.54030230586814。

（2）ACOS(x)返回 x 的反余弦值，即余弦是 x 的值。若 x 不在-1 到 1 的范围之内，则会弹出错误信息。

【例 6.18】使用 ACOS 计算反余弦值，输入如下语句：

```
SELECT ACOS(1),ACOS(0), ROUND(ACOS(0.54030230586681398));
```

执行语句后的结果如图 6-18 所示。

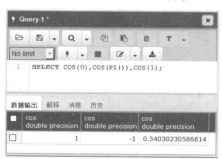

图 6-17　SQL 语句执行结果

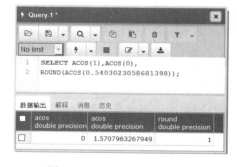

图 6-18　SQL 语句执行结果

由结果可知，函数 ACOS 和 COS 互为反函数。

6.2.11　正切函数 TAN(x)、反正切函数 ATAN(x)和余切函数 COT(x)

（1）TAN(x)返回 x 的正切，其中 x 为给定的弧度值。

【例 6.19】使用 TAN 函数计算正切值，输入如下语句：

```
SELECT TAN(0.3), ROUND(TAN(PI()/4));
```

执行语句后的结果如图 6-19 所示。

（2）ATAN(x)返回 x 的反正切，即正切为 x 的值。

【例 6.20】使用 ATAN 函数计算反正切值，输入如下语句：

```
SELECT ATAN(0.30933624960962325), ATAN(1);
```

执行语句后的结果如图 6-20 所示。

由结果可知，函数 ATAN 和 TAN 互为反函数。

（3）COT(x)返回 x 的余切。

【例 6.21】使用 COT 函数计算余切值，输入如下语句：

```
SELECT COT(0.3), 1/TAN(0.3),COT(PI() / 4);
```

执行语句后的结果如图 6-21 所示。

 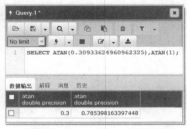 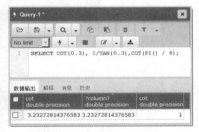

图 6-19　SQL 语句执行结果　　图 6-20　SQL 语句执行结果　　图 6-21　SQL 语句执行结果

由结果可知，函数 COT 和 TAN 互为倒函数。

6.3　字符串函数

字符串函数主要用来处理数据库中的字符串数据。PostgreSQL 中的字符串函数有计算字符串长度函数、字符串合并函数、字符串替换函数、字符串比较函数、查找指定字符串位置函数等。本节将介绍各种字符串函数的功能和用法。

6.3.1　计算字符串字符数和字符串长度的函数

（1）CHAR_LENGTH(str)返回值为字符串 str 所包含的字符个数。一个多字节字符算作一个单字符。

【例 6.22】使用 CHAR_LENGTH 函数计算字符串字符个数，输入如下语句：

```
SELECT CHAR_LENGTH('date'), CHAR_LENGTH('egg');
```

执行语句后的结果如图 6-22 所示。

（2）LENGTH(str)返回值为字符串的字节长度，使用 utf8 编码字符集时，一个汉字是 3 字节，一个数字或字母算一字节。

【例 6.23】使用 LENGTH 函数计算字符串长度，输入如下语句：

```
SELECT LENGTH('date'), LENGTH('egg');
```

执行语句后的结果如图 6-23 所示。

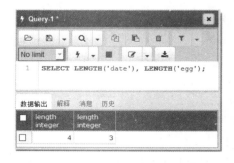

图 6-22   SQL 语句执行结果   图 6-23   SQL 语句执行结果

LENGTH 函数的计算结果与 CHAR_LENGTH 相同，因为英文字符的个数和所占的字节相同，一个字符占一个字节。

6.3.2   合并字符串函数 CONCAT(s1,s2,…)、CONCAT_WS(x,s1,s2,…)

（1）CONCAT(s1,s2,…)返回结果为连接参数产生的字符串。任何一个参数为 NULL，返回值就为 NULL。如果所有参数均为非二进制字符串，那么结果为非二进制字符串。如果自变量中含有任一二进制字符串，那么结果为一个二进制字符串。

【例 6.24】使用 CONCAT 函数连接字符串，输入如下语句：

```
SELECT CONCAT('PostgreSQL', '9.15'),CONCAT('Postgre',NULL, 'SQL');
```

执行语句后的结果如图 6-24 所示。

CONCAT('PostgreSQL', '9.15')返回两个字符串连接后的字符串；CONCAT('Postgre',NULL, 'SQL')中有一个参数为 NULL，合并的时候忽略不计。

（2）CONCAT_WS(x,s1,s2,…)中的 CONCAT_WS 代表 CONCAT With Separator，是 CONCAT() 的特殊形式。第一个参数 x 是其他参数的分隔符。分隔符的位置放在要连接的两个字符串之间。分隔符既可以是一个字符串，也可以是其他参数。如果分隔符为 NULL，结果就为 NULL。函数会忽略任何分隔符参数后的 NULL 值。

【例 6.25】使用 CONCAT_WS 函数连接带分隔符的字符串，输入如下语句：

```
SELECT CONCAT_WS('-', '1st','2nd','3rd'), CONCAT_WS('*', '1st', NULL, '3rd');
```

执行语句后的结果如图 6-25 所示。

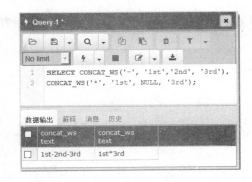

图 6-24　SQL 语句执行结果　　　　图 6-25　SQL 语句执行结果

CONCAT_WS('-', '1st','2nd', '3rd')使用分隔符 '-' 将 3 个字符串连接成一个字符串，结果为 "1st-2nd-3rd"；CONCAT_WS('*', '1st', NULL, '3rd')使用分隔符 '*' 将两个字符串连接成一个字符串，同时忽略 NULL 值。

6.3.3　获取指定长度的字符串的函数 LEFT(s,n)和 RIGHT(s,n)

（1）LEFT(s,n)返回字符串 s 开始的最左边 n 个字符。

【例 6.26】使用 LEFT 函数返回字符串中左边的字符，输入如下语句：

```
SELECT LEFT('football', 5);
```

执行语句后的结果如图 6-26 所示。

函数返回 "football"字符串从左边开始长度为 5 的子字符串，结果为 "footb"。

（2）RIGHT(s,n)返回字符串 s 最右边 n 个字符。

【例 6.27】使用 RIGHT 函数返回字符串中右边的字符，输入如下语句：

```
SELECT RIGHT('football', 4);
```

执行语句后的结果如图 6-27 所示。

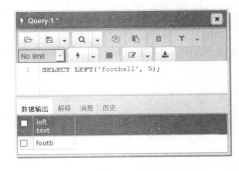

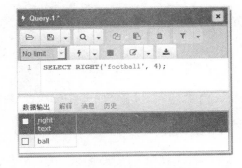

图 6-26　SQL 语句执行结果　　　　图 6-27　SQL 语句执行结果

函数返回"football"字符串从右边开始长度为 4 的子字符串，结果为 "ball"。

6.3.4　填充字符串的函数 LPAD(s1,len,s2)和 RPAD(s1,len,s2)

（1）LPAD(s1,len,s2)返回字符串 s1，其左边由字符串 s2 填充，填充长度为 len。假如 s1 的长度大于 len，则返回值被缩短至 len 字符。

【例 6.28】使用 LPAD 函数对字符串进行填充操作，输入如下语句：

```
SELECT LPAD('hello',4,'??'), LPAD('hello',10,'??');
```

执行语句后的结果如图 6-28 所示。

字符串"hello"长度大于 4，不需要填充，因此 LPAD('hello',4,'??')只返回被缩短的长度为 4 的子串"hell"；字符串"hello"长度小于 10，LPAD('hello',10,'??')返回结果为"?????hello"，左侧填充'?'，长度为 10。

（2）RPAD(s1,len,s2)返回字符串 s1，其右边被字符串 s2 填补至 len 字符长度。假如字符串 s1 的长度大于 len，则返回值被缩短到与 len 字符相同长度。

【例 6.29】使用 RPAD 函数对字符串进行填充操作，输入如下语句：

```
SELECT RPAD('hello',4,'?'), RPAD('hello',10,'?');
```

执行语句后的结果如图 6-29 所示。

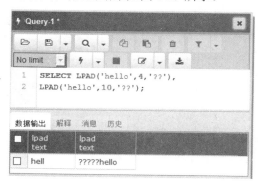

图 6-28　SQL 语句执行结果

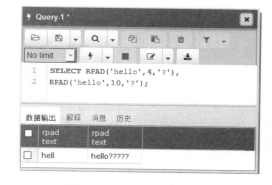

图 6-29　SQL 语句执行结果

字符串"hello"长度大于 4，不需要填充，因此 RPAD('hello',4,'??')只返回被缩短的长度为 4 的子串"hell"；字符串"hello"长度小于 10，RPAD('hello',10,'??')返回结果为"hello?????"，右侧填充'?'，长度为 10。

6.3.5　删除空格的函数 LTRIM(s)、RTRIM(s)和 TRIM(s)

（1）LTRIM(s)返回字符串 s，字符串左侧空格字符被删除。

【例 6.30】使用 LTRIM 函数删除字符串左边的空格，输入如下语句：

```
SELECT '( book )',CONCAT('(',LTRIM(' book '),')');
```

执行语句后的结果如图 6-30 所示。

LTRIM 只删除字符串左边的空格，而右边的空格不会被删除，" book "删除左边空格之后的结果为'book '。

（2）RTRIM(s)返回字符串 s，字符串右侧空格字符被删除。

【例 6.31】使用 RTRIM 函数删除字符串右边的空格，输入如下语句：

```
SELECT '( book )',CONCAT('(',
RTRIM (' book '),')');
```

执行语句后的结果如图 6-31 所示。

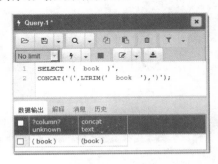

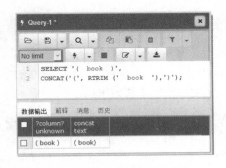

图 6-30　SQL 语句执行结果　　　　　　图 6-31　SQL 语句执行结果

RTRIM 只删除字符串右边的空格，左边的空格不会被删除，" book "删除右边空格之后的结果为" book"。

（3）TRIM(s)删除字符串 s 两侧的空格。

【例 6.32】使用 TRIM 函数删除指定字符串两端的空格，输入如下语句：

```
SELECT '( book )',CONCAT('(',
TRIM(' book '),')');
```

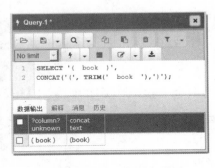

执行语句后的结果如图 6-32 所示。

函数执行之后字符串" book "两边的空格都被删除，结果为"book"。

图 6-32　SQL 语句执行结果

6.3.6　删除指定字符串的函数 TRIM(s1 FROM s)

TRIM(s1 FROM s)删除字符串 s 中两端所有的子字符串 s1。s1 为可选项，在未指定情况下删除空格。

【例 6.33】使用 TRIM(s1 FROM s)函数删除字符串中两端指定的字符，输入如下语句：

```
SELECT TRIM('xy' FROM 'xyboxyokxyxy') ;
```

执行语句后的结果如图 6-33 所示。

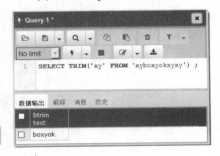

图 6-33　SQL 语句执行结果

删除字符串"xyboxyokxyxy"两端的重复字符串"xy"，而中间的"xy"并不删除，结果为"boxyok"。

6.3.7 重复生成字符串的函数 REPEAT(s,n)

REPEAT(s,n)返回一个由重复的字符串 s 组成的字符串，n 表示重复生成的次数。若 n<=0，则返回一个空字符串；若 s 或 n 为 NULL，则返回 NULL。

【例 6.34】使用 REPEAT 函数重复生成相同的字符串，输入如下语句：

```
SELECT REPEAT('PostgreSQL', 3);
```

执行语句后的结果如图 6-34 所示。

REPEAT('PostgreSQL', 3)函数返回的字符串由 3 个重复的"PostgreSQL"字符串组成。

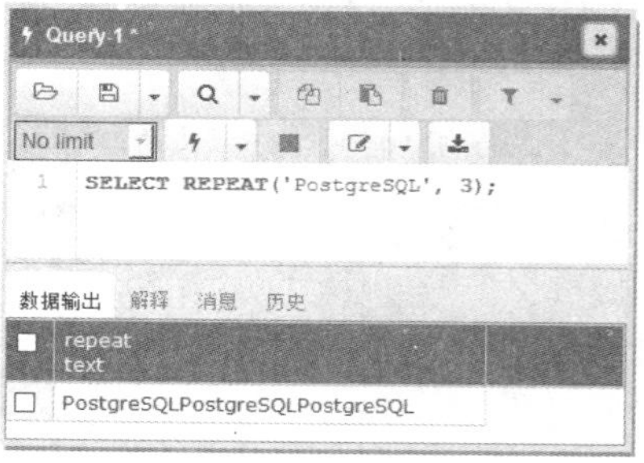

图 6-34 SQL 语句执行结果

6.3.8 替换函数 REPLACE(s,s1,s2)

REPLACE(s,s1,s2)使用字符串 s2 替代字符串 s 中所有的字符串 s1。

【例 6.35】使用 REPLACE 函数进行字符串替代操作，输入如下语句：

```
SELECT REPLACE('xxx.PostgreSQL.com', 'x', 'w');
```

执行语句后的结果如图 6-35 所示。

图 6-35 SQL 语句执行结果

REPLACE('xxx.PostgreSQL.com', 'x', 'w')将"xxx.PostgreSQL.com"字符串中的'x'字符替换为'w'字符，结果为"www.PostgreSQL.com"。

6.3.9 获取子串的函数 SUBSTRING(s,n,len)

SUBSTRING(s,n,len)表示从字符串 s 返回一个长度为 len 的子字符串，起始于位置 n。也可能对 n 使用一个负值。假若这样，则子字符串的位置起始于字符串结尾的 n 字符，即倒数第 n 个字符。

【例 6.36】使用 SUBSTRING 函数获取指定位置处的子字符串，输入如下语句：

```
SELECT SUBSTRING('breakfast',5) AS col1,
SUBSTRING('breakfast',5,3) AS col2,
SUBSTRING('lunch', -3) AS col3;
```

执行语句后的结果如图 6-36 所示。

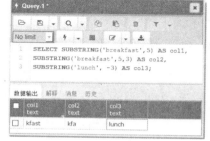

图 6-36 SQL 语句执行结果

SUBSTRING('breakfast',5)返回从第 5 个位置开始到字符串结尾的子字符串，结果为"kfast"；SUBSTRING('breakfast',5,6)返回从第 5 个位置开始长度为 3 的子字符串，结果为"kfa"；

SUBSTRING('lunch', -3)返回从结尾开始第 3 个位置到字符串结尾的子字符串，结果为"nch"。

如果对 len 使用的是一个小于 1 的值，那么结果始终为整个字符串。

提 示

6.3.10　匹配子串开始位置的函数 POSITION(str1 IN str)

POSITION(str1 IN str)函数的作用是返回子字符串 str1 在字符串 str 中的开始位置。

【例 6.37】使用 POSITION 函数查找字符串中指定子字符串的开始位置，输入如下语句：

```
SELECT POSITION('ball'IN 'football');
```

执行语句后的结果如图 6-37 所示。

子字符串"ball"从字符串"football"第 5 个字母位置开始，因此函数返回结果为 5。

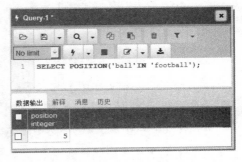

图 6-37　SQL 语句执行结果

6.3.11　字符串逆序函数 REVERSE(s)

REVERSE(s)将字符串 s 反转，返回的字符串的顺序和 s 字符顺序相反。

【例 6.38】使用 REVERSE 函数反转字符串，输入如下语句：

```
SELECT REVERSE('abc');
```

执行语句后的结果如图 6-38 所示。

字符串"abc"经过 REVERSE 函数处理之后所有字符串顺序被反转，结果为"cba"。

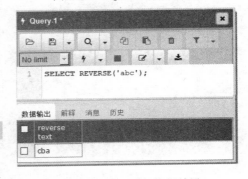

图 6-38　SQL 语句执行结果

6.4　日期和时间函数

日期和时间函数主要用来处理日期和时间值，一般的日期函数除了使用 DATE 类型的参数外，也可以使用 DATETIME 或者 TIMESTAMP 类型的参数，但会忽略这些值的时间部分。相同的，以 TIME 类型值为参数的函数，可以接受 TIMESTAMP 类型的参数，但会忽略日期部分。许多日期函数可以同时接受数和字符串类型的两种参数。本节将介绍各种日期和时间函数的功能和用法。

6.4.1　获取当前日期的函数和获取当前时间的函数

（1）CURRENT_DATE 函数的作用是将当前日期按照 'YYYY-MM-DD' 格式的值返回，具体格式根据函数用在字符串或是数字语境中而定。

【例 6.39】使用日期函数获取系统当前日期，输入如下语句：

```
SELECT CURRENT_DATE;
```

执行语句后的结果如图 6-39 所示。

可以看到，函数返回了相同的系统当前日期。

（2）CURRENT_TIME 函数的作用是将当前时间以 'HH:MM:SS' 的格式返回，具体格式根据函数用在字符串或是数字语境中而定。

【例 6.40】使用时间函数获取系统当前时间，输入如下语句：

```
SELECT CURRENT_TIME;
```

执行语句后的结果如图 6-40 所示。可以看到，函数返回了系统当前时间。

（3）LOCALTIME 函数的作用是将当前时间以 'HH:MM:SS' 的格式返回，唯一和 CURRENT_TIME 函数不同的是返回时不带时区的值。

【例 6.41】使用时间函数获取系统当前不带时区的时间，输入如下语句：

```
SELECT LOCALTIME;
```

执行语句后的结果如图 6-41 所示。可以看到，函数返回了系统当前时间，但是不带时区。

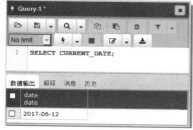 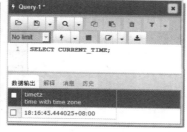 

图 6-39　SQL 语句执行结果　　　图 6-40　SQL 语句执行结果　　　图 6-41　SQL 语句执行结果

6.4.2　获取当前日期和时间的函数

CURRENT_TIMESTAMP、LOCALTIMESTAMP 和 NOW()三个函数的作用相同，均是返回当前日期和时间值，格式为 'YYYY-MM-DD HH:MM:SS' 或 YYYYMMDDHHMMSS，具体格式根据函数是否用在字符串或数字语境中而定。

【例 6.42】使用日期时间函数获取当前系统日期和时间，输入如下语句：

```
SELECT CURRENT_TIMESTAMP,LOCALTIMESTAMP,NOW();
```

执行语句后的结果如图 6-42 所示。

可以看到，3 个函数返回的日期和时间是相同的。唯一不同的是，LOCALTIMESTAMP 函数的返回值不带时区。

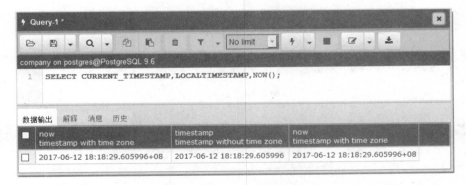

图 6-42　SQL 语句执行结果

6.4.3　获取日期指定值的函数

EXTRACT(type FROM date)函数从日期中提取一部分，而不是执行日期运算。

【例 6.43】使用 EXTRACT 函数从日期中提取日份，输入如下语句：

```
SELECT EXTRACT(DAY FROM TIMESTAMP '2017-09-10 10:18:40');
```

执行语句后的结果如图 6-43 所示。

【例 6.44】使用 EXTRACT 函数从日期中提取月份，输入如下语句：

```
SELECT EXTRACT(MONTH FROM TIMESTAMP '2017-09-10 10:18:40');
```

执行语句后的结果如图 6-44 所示。

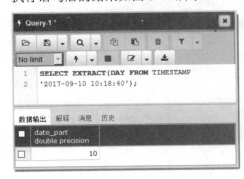

图 6-43　SQL 语句执行结果

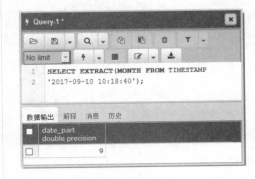

图 6-44　SQL 语句执行结果

【例 6.45】使用 EXTRACT 函数从日期中提取年份，输入如下语句：

```
SELECT EXTRACT(YEAR FROM TIMESTAMP '2017-09-10 10:18:40');
```

执行语句后的结果如图 6-45 所示。

【例 6.46】使用 EXTRACT 函数查询指定日期是一年中的第几天，输入如下语句：

```
SELECT EXTRACT(DOY FROM TIMESTAMP '2017-09-10 10:18:40');
```

执行语句后的结果如图 6-46 所示。

图 6-45　SQL 语句执行结果

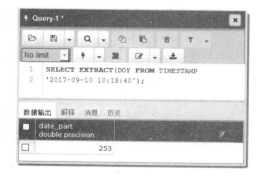

图 6-46　SQL 语句执行结果

【例 6.47】使用 EXTRACT 函数查询指定日期是一周中的星期几，输入如下语句：

```
SELECT EXTRACT(DOW FROM TIMESTAMP '2017-09-10 10:18:40');
```

执行语句后的结果如图 6-47 所示。

从结果可以看出，2017-09-10 是星期日。需要注意的是，此函数的星期编号为 0~6，星期日将返回结果 0。

【例 6.48】使用 EXTRACT 函数查询指定日期是该年的第几季度(1-4)，输入如下语句：

```
SELECT EXTRACT(QUARTER FROM TIMESTAMP '2017-09-10 10:18:40');
```

执行语句后的结果如图 6-48 所示。

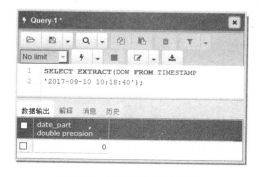

图 6-47　SQL 语句执行结果

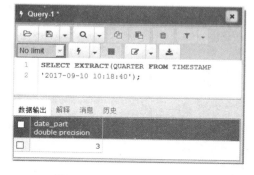

图 6-48　SQL 语句执行结果

从结果可以看出，2017-09-10 是该年中的第 3 季度。

6.4.4　日期和时间的运算操作

日期和时间之间可以有加、减、乘、除的运算操作。本节主要讲述这些操作的方法和技巧。

【例 6.49】 计算指定日期加上间隔天数后的结果，输入如下语句：

```
SELECT DATE '2017-09-28' + integer '10';
```

执行语句后的结果如图 6-49 所示。

【例 6.50】 计算指定日期加上间隔小时后的结果，输入如下语句：

```
SELECT DATE '2017-09-28' + interval '3 hour';
```

执行语句后的结果如图 6-50 所示。

【例 6.51】 计算指定日期加上指定时间后的结果，输入如下语句：

```
SELECT DATE '2017-09-28' + time '06:00';
```

执行语句后的结果如图 6-51 所示。

图 6-49　SQL 语句执行结果　　　图 6-50　SQL 语句执行结果　　　图 6-51　SQL 语句执行结果

【例 6.52】 计算指定日期和时间加上间隔时间后的结果，输入如下语句：

```
SELECT TIMESTAMP '2017-09-28 02:00:00' + interval '10 hours';
```

执行语句后的结果如图 6-52 所示。

【例 6.53】 计算指定日期之间的间隔天数，输入如下语句：

```
SELECT date '2017-11-01' - date '2017-09-10';
```

执行语句后的结果如图 6-53 所示。

【例 6.54】 计算指定日期减去间隔天数后的结果，输入如下语句：

```
SELECT DATE '2017-09-28' - integer '10';
```

执行语句后的结果如图 6-54 所示。

【例 6.55】 计算整数与天数相乘的结果，输入如下语句：

```
SELECT 15 * interval '2 day';
```

执行语句后的结果如图 6-55 所示。

 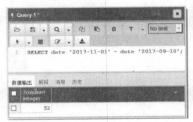 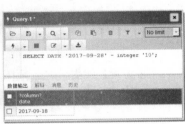

图 6-52　SQL 语句执行结果　　　图 6-53　SQL 语句执行结果　　　图 6-54　SQL 语句执行结果

【例 6.56】 计算整数与秒数相乘的结果，输入如下语句：

```
SELECT 50 * interval '2 second';
```

执行语句后的结果如图 6-56 所示。

【例 6.57】 计算小时数与整数相乘的结果，输入如下语句：

```
SELECT interval '1 hour' / integer  '2';
```

执行语句后的结果如图 6-57 所示。

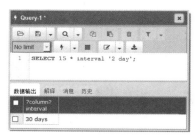 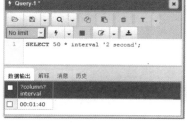 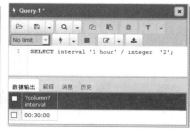

图 6-55　SQL 语句执行结果　　　图 6-56　SQL 语句执行结果　　　图 6-57　SQL 语句执行结果

6.5　条件判断函数

条件判断函数亦称为控制流程函数，根据满足的条件不同，执行相应的流程。PostgreSQL 中进行条件判断的函数为 CASE。

1. CASE expr WHEN v1 THEN r1 [WHEN v2 THEN r2] [ELSE rn] END

该函数表示，如果 expr 值等于某个 vn，就返回对应位置 THEN 后面的结果。如果与所有值都不相等，就返回 ELSE 后面的 rn。

【例 6.58】使用 CASE value WHEN 语句执行分支操作，输入如下语句：

```
SELECT CASE 2 WHEN 1 THEN 'one' WHEN 2 THEN 'two' ELSE 'more' END;
```

执行语句后的结果如图 6-58 所示。

CASE 后面的值为 2，与第二条分支语句 WHEN 后面的值相等，因此返回结果为"two"。

2. CASE　WHEN v1 THEN r1 [WHEN v2 THEN r2] ELSE rn] END

该函数表示，某个 vn 值为 TRUE 时，返回对应位置 THEN 后面的结果，如果所有值都不为 TRUE，就返回 ELSE 后的 rn。

【例 6.59】使用 CASE WHEN 语句执行分支操作，输入如下语句：

```
SELECT CASE WHEN 1<0 THEN 'true' ELSE 'false' END;
```

执行语句后的结果如图 6-59 所示。

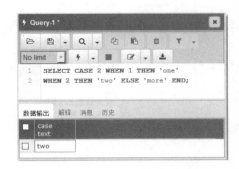

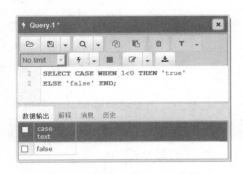

图 6-58　SQL 语句执行结果　　　　　　图 6-59　SQL 语句执行结果

1<0 结果为 FALSE，因此函数返回值为 ELSE 后面的"false"。

提　示　一个 CASE 表达式的默认返回值类型是任何返回值的相容集合类型，具体情况视其所在语境而定。若用在字符串语境中，则返回结果为字符串。若用在数字语境中，则返回结果为十进制值、实值或整数值。

6.6　系统信息函数

PostgreSQL 中的系统信息有数据库的版本号、当前用户名和链接数、系统字符集、最后一个自动生成的 ID 值等。本节将介绍各个函数的使用方法。

6.6.1　获取 PostgreSQL 版本号

VERSION()返回指示 PostgreSQL 服务器版本的字符串。这个字符串使用 utf8 字符集。

【例 6.60】查看当前 PostgreSQL 版本号，输入如下语句：

```
SELECT VERSION();
```

执行语句后的结果如图 6-60 所示。

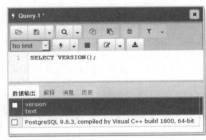

图 6-60　SQL 语句执行结果

6.6.2　获取用户名的函数

USER 和 CURRENT_USER 函数返回当前被 PostgreSQL 服务器验证的用户名。这个值符合确定当前登录用户存取权限的 PostgreSQL 账户。一般情况下，这两个函数的返回值是相同的。

【例 6.61】获取当前登录用户名称，输入如下语句：

```
SELECT USER, CURRENT_USER;
```

执行语句后的结果如图 6-61 所示。

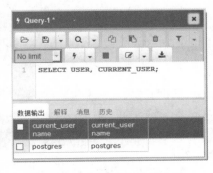

图 6-61　SQL 语句执行结果

返回结果值指示了当前账户连接服务器时的用户名，postgres 为当前登录的用户名。

6.7　加密和解密函数

加密函数主要用来对数据进行加密和界面处理，以保证某些重要数据不被别人获取。这些函数在保证数据库安全时非常有用。本节将介绍各种加密和解密函数的作用和使用方法。

6.7.1　加密函数 MD5(str)

MD5(str)为字符串算出一个 MD5 128 比特检查和。该值以 32 位十六进制数字的二进制字符串的形式返回，若参数为 NULL 则会返回 NULL。

【例 6.62】使用 MD5 函数加密字符串，输入如下语句：

```
SELECT MD5 ('mypwd');
```

执行语句后的结果如图 6-62 所示。

"mypwd"经 MD5 加密后的结果为 318bcb4be908d0da6448a0db76908d78。

图 6-62　SQL 语句执行结果

6.7.2　加密函数 ENCODE(str,pswd_str)

ENCODE(str,pswd_str)使用 pswd_str 作为加密编码，加密 str。常见的加密编码包括 base64、hex 和 escape。

【例 6.63】使用 ENCODE 加密字符串，输入如下语句：

```
SELECT ENCODE('secret','hex'),
LENGTH(ENCODE('secret','hex'));
```

执行语句后的结果如图 6-63 所示。可以看到，加密后的长度为 12。

图 6-63　SQL 语句执行结果

6.7.3　解密函数 DECODE(crypt_str,pswd_str)

DECODE(crypt_str,pswd_str)使用 pswd_str 作为密码，解密加密字符串 crypt_str。crypt_str 是由 ENCODE()返回的字符串。

【例 6.64】使用 DECODE 函数解密被 ENCODE 加密的字符串，输入如下语句：

```
SELECT DECODE(ENCODE ('secret','hex'),'hex');
```

执行语句后的结果如图 6-64 所示。

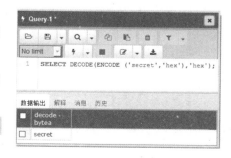

图 6-64　SQL 语句执行结果

使用相同解密字符串进行解密之后的结果正好为 ENCODE 函数中被加密的字符串。DECODE 函数和 ENCODE 函数互为反函数。

6.8　改变数据类型的函数

CAST(x，AS type)函数将一个类型的值转换为另一个类型的值。

【例 6.65】使用 CAST 函数进行数据类型的转换，SQL 语句如下：

```
SELECT CAST(100 AS CHAR(2));
```

执行语句后的结果如图 6-65 所示。

可以看到，CAST(100 AS CHAR(2))将整数数据 100 转换为带有 2 个显示宽度的字符串类型，结果为'10'。

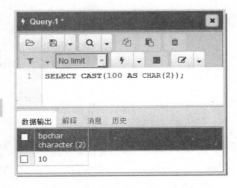

图 6-65　SQL 语句执行结果

6.9　综合案例——PostgreSQL 函数的使用

本章为读者介绍了大量的 PostgreSQL 函数，包括数学函数、字符串函数、日期和时间函数、条件判断函数、系统函数、加密函数以及其他函数。读者应该在实践过程中深入了解、掌握这些函数。不同版本的 PostgreSQL 函数可能会有微小的差别，使用时需要查阅对应版本的参考手册，但大部分函数功能在不同版本的 PostgreSQL 中是一致的。接下来给出一个使用各种 PostgreSQL 函数的综合案例。

1．案例目的

使用各种函数操作数据，掌握各种函数的作用和使用方法。

2．案例操作过程

01 使用 SIN()、COS()、TAN()、COT()函数计算三角函数值，并将计算结果值转换成整数值。

PostgreSQL 中三角函数计算出来的值并不一定是整数值，需要使用数学函数将其转换为整数，可以使用的数学函数有 ROUND()、FLOOR 等，执行过程如下：

```
SELECT PI(), sin(PI()/2),cos(PI()), ROUND(tan(PI()/4), FLOOR(cot(PI()/4));
```

执行语句后的结果如图 6-66 所示。

02 创建表，并使用字符串和日期函数对字段值进行操作。

（1）创建表 member，其中包含 3 个字段，分别为 INT 类型的 m_id 字段、VARCHAR 类型的 m_FN 字段、VARCHAR 类型的 m_LN 字段、DATA 类型的 m_birth 字段和 VARCHAR 类型的 m_info 字段。

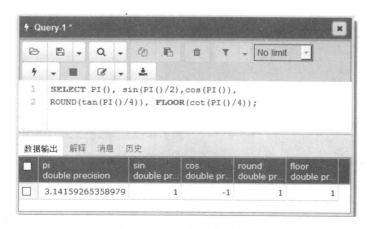

图 6-66　SQL 语句执行结果

（2）插入一条记录，m_id 值为 "10110"、m_FN 值为 "Halen"、m_LN 值为 "Park"、m_birth 值为 1970-06-29、m_info 值为 "GoodMan"。

（3）返回第一条记录中的人的全名，先将 m_info 字段值转换成小写字母，再将 m_info 的值反向输出。

（4）计算第一条记录中人的年龄，并计算 m_birth 字段中的日期值在那一年中的位置，按照 "Saturday October 4th 1997" 格式输出日期时间值。

（5）插入一条新记录：m_FN 值为 "Samuel"，m_LN 值为 "Green"，m_birth 值为系统当前时间，m_info 为空。

操作过程如下：

（1）创建表 member，输入如下语句：

```
CREATE TABLE member
(
m_id    INT PRIMARY KEY,
m_FN    VARCHAR(100),
m_LN    VARCHAR(100),
m_birth  DATE,
m_info   VARCHAR(255) NULL
);
```

（2）插入一条记录，输入如下语句：

```
INSERT INTO member VALUES (10110, 'Halen ', 'Park', '1970-06-29', 'GoodMan ');
```

使用 SELECT 语句查看插入结果：

```
SELECT * FROM member;
```

执行语句后的结果如图 6-67 所示。

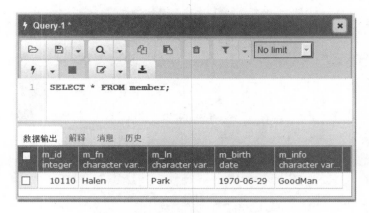

图 6-67 SQL 语句执行结果

（3）返回 m_FN 的长度，返回记录中人的全名，先将 m_info 字段值转换成小写字母，再将 m_info 的值反向输出。

```
SELECT LENGTH(m_FN), CONCAT(m_FN, m_LN),
LOWER(m_info), REVERSE(m_info) FROM member;
```

执行语句后的结果如图 6-68 所示。

（4）计算第一条记录中人的年龄，并计算 m_birth 字段中的值在那一年中的位置。

```
SELECT EXTRACT(YEAR FROM CURRENT_DATE)-EXTRACT
(YEAR FROM m_birth)AS age,
EXTRACT(DOY FROM m_birth)AS days FROM member;
```

执行语句后的结果如图 6-69 所示。

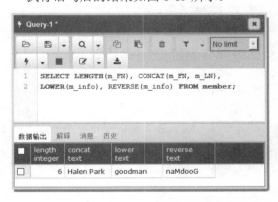

图 6-68 SQL 语句执行结果

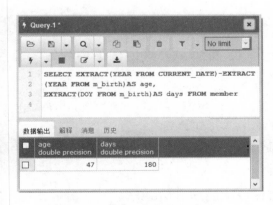

图 6-69 SQL 语句执行结果

（5）插入一条新记录：m_FN 值为"Samuel"，m_LN 值为"Green"，m_birth 值为系统当前时间，m_info 为空。可以使用 LAST_INSERT_ID()查看最后插入的 ID 值，请读者自己尝试一下。

```
INSERT INTO member VALUES (10112, 'Samuel', 'Green', NOW(),NULL);
```

使用 SELECT 语句查看插入结果：

```
SELECT * FROM member;
```

执行语句后的结果如图 6-70 所示。可以看到，表中现在有两条记录。

03 使用 CASE 进行条件判断：如果 m_birth 小于 2000 年，就显示"old"；如果 m_birth 大于 2000 年，就显示"young"。输入如下语句：

```
SELECT m_birth, CASE WHEN EXTRACT (YEAR FROM m_birth) < 2000  THEN 'old'
WHEN EXTRACT (YEAR FROM m_birth) > 2000 THEN 'young'
ELSE 'not born' END AS status FROM member;
```

执行语句后的结果如图 6-71 所示。

图 6-70　SQL 语句执行结果

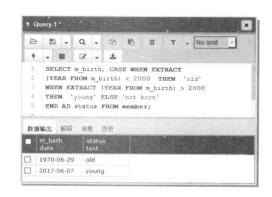

图 6-71　SQL 语句执行结果

6.10　常见问题及解答

疑问 1：如何从日期时间值中获取年、月、日等部分日期或时间值？

在 PostgreSQL 中，日期时间值以字符串形式存储在数据表中，因此可以使用字符串函数分别截取对日期时间值的不同部分，例如某个名称为 dt 的字段有值"2010-10-01 12:00:30"，如果只需要获得年值，可以输入 LEFT(dt, 4)，这样就获得了字符串左边开始长度为 4 的子字符串，即 YEAR 部分的值；如果要获取月份值，可以输入 MID(dt,6,2)，从字符串第 6 个字符开始、长度为 2 的子字符串正好为 dt 中的月份值。同理，读者可以根据其他日期和时间的位置，计算并获取相应的值。

疑问 2：如何计算年龄？

年龄是通过当前年份减去出生年份来计算的。例如，在本章综合案例中的 m_birth 字段包含了年、月和日，可以直接从 m_birth 字段中获取年份。PostgreSQL 中的 EXTRACT 函数可以获取年份，例如 EXTRACT(YEAR FROM m_birth)的返回结果是 1970；然后通过 EXTRACT(YEAR FROM CURRENT_DATE)获取当前的年份，两者相减，即可得到年龄。

6.11 经典习题

1．使用数学函数进行如下运算：

（1）计算 18 除以 5 的商和余数。
（2）将弧度值 PI()/4 转换为角度值。
（3）计算 9 的 4 次方值。
（4）保留浮点值 3.14159 小数点后面 2 位。

2．使用字符串函数进行如下运算：

（1）分别计算字符串"Hello World!"和"University"的长度。
（2）从字符串"Nice to meet you!"中获取子字符串"meet"。
（3）重复输出 3 次字符串"Cheer!"。
（4）将字符串"voodoo"逆序输出。
（5）按顺序排列"PostgreSQL""not""is""great"4 个字符串，并将 1、3 和 4 位置处的字符串组成新的字符串。

3．使用日期和时间函数进行如下运算：

（1）计算当前日期是一年的第几周。
（2）计算当前日期是一周中的第几个工作日。
（3）计算"1929-02-14"与当前日期之间相差的年份。
（4）从当前日期时间值中获取时间值，并将其转换为秒值。

第 7 章 插入、更新与删除数据

学习目标 | Objective

存储在系统中的数据是数据库管理系统（DBMS）的核心。数据库被设计用来管理数据的存储、访问和维护数据的完整性。PostgreSQL 中提供了功能丰富的数据库管理语句，包括有效地向数据库中插入数据的 INSERT 语句、更新数据的 UPDATE 语句以及当数据不再使用时删除数据的 DELETE 语句。本章将详细介绍在 PostgreSQL 中如何使用这些语句操作数据。

内容导航 | Navigation

- 掌握如何向表中插入数据
- 掌握更新数据的方法
- 熟悉如何删除数据
- 掌握综合案例对数据表基本操作的方法和技巧

7.1 插入数据

在使用数据库之前，数据库中必须要有数据。PostgreSQL 中使用 INSERT 语句向数据库表中插入新的数据记录。可以插入的方式有插入完整的记录、插入记录的一部分、插入多条记录以及插入另一个查询的结果。

7.1.1 为表的所有字段插入数据

使用基本的 INSERT 语句插入数据要求指定表名称和插入到新记录中的值，基本语法格式为：

```
INSERT INTO table_name (column_list) VALUES (value_list);
```

table_name 指定要插入数据的表名，column_list 指定要插入数据的列，value_list 指定每个列对应的数据。注意，使用该语句时字段列和数据值的数量必须相同。

这里将使用样例表 person，创建如下语句：

```
CREATE TABLE person
(
id    INT  NOT NULL,
name  CHAR(40) NOT NULL DEFAULT '',
age   INT NOT NULL DEFAULT 0,
```

```
info    CHAR(50) NULL,
PRIMARY KEY (id)
);
```

向表中所有字段插入值的方法有两种：一种是指定所有字段名，另一种是完全不指定字段名。

【例 7.1】在 person 表中插入一条新记录：id 值为 1，name 值为 Green，age 值为 21，info 值为 lawyer。

执行插入操作之前，使用 SELECT 语句查看表中的数据：

```
SELECT * FROM person;
```

执行语句后的结果如图 7-1 所示。

结果显示当前表为空，没有数据，接下来执行插入操作：

```
INSERT INTO person (id ,name, age , info)
    VALUES (1,'Green', 21, 'Lawyer');
```

查看执行结果：

```
SELECT * FROM person;
```

执行语句后的结果如图 7-2 所示。

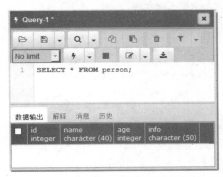 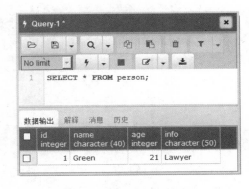

图 7-1 SQL 语句执行结果　　　　　图 7-2 SQL 语句执行结果

可以看到插入记录成功。在插入数据时，指定了 person 表的所有字段，因此将为每一个字段插入新的值。

INSERT 语句后面的列名称顺序可以不是 person 表定义时的顺序。也就是说，插入数据时，不需要按照表定义的顺序插入，只要保证值的顺序与列字段的顺序相同即可。

【例 7.2】在 person 表中插入一条新记录：id 值为 2，name 值为 Suse，age 值为 22，info 值为 dancer。

```
INSERT INTO person (age ,name, id , info)
    VALUES (22, 'Suse', 2, 'dancer');
```

查看执行结果：

```
SELECT * FROM person;
```

执行语句后的结果如图 7-3 所示。

由结果可以看出，INSERT 语句成功插入了一条记录。

使用 INSERT 插入数据时，允许列名称列表 column_list 为空。此时，值列表中需要为表的每一个字段指定值，并且值的顺序必须和数据表中字段定义时的顺序相同。

【例 7.3】在 person 表中插入一条新记录，SQL 语句如下：

```
INSERT INTO person
    VALUES (3,'Mary', 24, 'Musician');
```

查看执行结果：

```
SELECT * FROM person;
```

执行语句后的结果如图 7-4 所示。

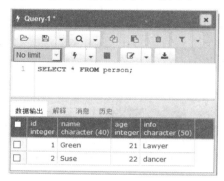

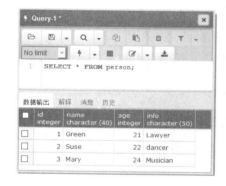

图 7-3　SQL 语句执行结果　　　　　　　图 7-4　SQL 语句执行结果

可以看到插入记录成功。数据库中增加了一条 id 为 3 的记录，其他字段值为指定的插入值。本例的 INSERT 语句中没有指定插入列表，只有一个值列表。在这种情况下，值列表为每一个字段列指定插入值，并且这些值的顺序必须和 person 表中字段定义的顺序相同。

提 示

> 使用 INSERT 插入数据时如果忽略列名称，那么 VALUES 关键字后面的值必须完整而且必须和表定义时列的顺序相同，当表的结构被修改，即对列进行增加、删除或者位置改变操作时插入数据的顺序也必须同时改变。如果指定列名称，就不会受到表结构改变的影响。

7.1.2　为表的指定字段插入数据

为表的指定字段插入数据就是在 INSERT 语句中只向部分字段插入值，其他字段的值为表定义时的默认值。

【例 7.4】在 person 表中插入一条新记录：id 值为 4，name 值为 laura，age 值为 25。SQL 语句如下：

```
INSERT INTO person (id,name, age ) VALUES (4,'Laura', 25);
```

执行语句，查看执行结果：

```
SELECT * FROM person;
```

执行语句后的结果如图7-5所示。

在本例中插入语句时没有指定info字段值，由于info字段在定义时指定默认为 NULL，因此系统自动为该字段插入空值。

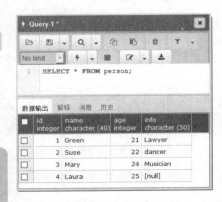

每个插入值的类型必须和对应列的数据类型匹配，若类型不同，则无法插入，并且 PostgreSQL 会产生错误。

提示

图7-5　SQL 语句执行结果

7.1.3　同时插入多条记录

利用 INSERT 语句可以同时向数据表中插入多条记录，插入多个值列表时，每个值列表之间用逗号分隔开，基本语法格式如下：

```
INSERT INTO 表名 (属性列表)
VALUES (取值列表 1),(取值列表 2)
...,
( 取值列表 n);
```

其中，表名为需要插入数据的表的名称；"属性列表"为可选参数，指定向哪些字段插入数据，如果没有指定字段，就默认向所有字段插入数据；"取值列表 n"参数表示要插入的记录，各个记录之间用逗号隔开。

【例 7.5】在 person 表中，在 id、name、age 和 info 字段指定插入值，同时插入 3 条新记录，SQL 语句如下：

```
INSERT INTO person(id,name, age, info)
VALUES (5,'Evans',27, 'secretary'),
(6,'Dale',22, 'cook'),
(7,'Edison',28, 'singer');
```

执行语句，查看执行结果：

```
SELECT * FROM person;
```

执行语句后的结果如图7-6所示。

执行 INSERT 语句后，在 person 表中添加了 3 条记录。

使用 INSERT 同时插入多条记录时，PostgreSQL 会返回一些在执行单行插入时没有的额外信息。这些包含数值的字符串的意思分别是：

- Records　表明插入的记录条数。
- Duplicates　表明插入时被忽略的记录，原因可能是这些记录包含了重复的主键值。
- Warnings　表明有问题的数据值，例如发生数据类型转换。

【例 7.6】在 person 表中，不指定插入列表，同时插入两条新记录。SQL 语句如下：

```
INSERT INTO person
VALUES (8,'Harry',21, 'magician'),
(9,'Harriet',19, 'pianist');
```

语句执行完毕，查看执行结果：

```
SELECT * FROM person;
```

执行语句后的结果如图 7-7 所示。

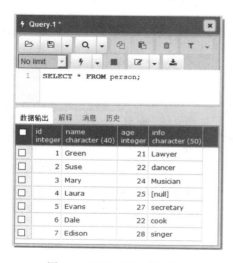

图 7-6　SQL 语句执行结果 　　　　图 7-7　SQL 语句执行结果

执行 INSERT 语句后，在 person 表中添加了两条记录。与前面介绍单个 INSERT 语法不同，person 表名后面没有指定插入字段列表，因此 VALUES 关键字后面的多个值列表都要为每一条记录的每一个字段列指定插入值，并且这些值的顺序必须和 person 表中字段定义的顺序相同。

提示　向 PostgreSQL 表中插入多条记录时，可以使用多个 INSERT 语句逐条插入记录，也可以使用一个 INSERT 语句插入多条记录。相比而言，对于大量的插入记录，使用一个 INSERT 语句的速度比较快，所以在插入多条记录时最好选择使用单条 INSERT 语句的方式。

7.1.4　将查询结果插入表中

INSERT 语句用来为数据表插入记录时指定插入记录的列值。INSERT 还可以将 SELECT 语句查询的结果插入表中。如果想要从另外一个表中合并个人信息到 person 表，不需要把每一条记录的值一个一个输入，只需要使用一条 INSERT 语句和一条 SELECT 语句组成的组合语句即可快速地从一个或多个表中向一个表中插入多行。基本语法格式如下：

```
INSERT INTO table_name1 (column_list1)
SELECT (column_list2) FROM table_name2 WHERE (condition)
```

table_name1 指定待插入数据的表；column_list1 指定待插入表中要插入数据的那些列；table_name2 指定插入数据是从哪个表中查询出来的；column_list2 指定数据来源表的查询列，该列表必须和 column_list1 列表中的字段个数相同、数据类型相同；condition 指定 SELECT 语句的查询条件。

【例 7.7】从 person_old 表中查询所有的记录，并将其插入 person 表中。

首先，创建一个名为 person_old 的数据表，其表结构与 person 结构相同，SQL 语句如下：

```
CREATE TABLE person_old
(
id     INT NOT NULL,
name   CHAR(40) NOT NULL DEFAULT '',
age    INT NOT NULL DEFAULT 0,
info   CHAR(50) NULL,
PRIMARY KEY (id)
);
```

向 person_old 表中添加两条记录：

```
INSERT INTO person_old
VALUES (10,'Harry',20, 'student'),
(11,'Beckham',31, 'police');
```

查询插入的记录：

```
SELECT * FROM person_old;
```

执行语句后的结果如图 7-8 所示。

从中可以看到，插入记录成功，person_old 表中现在有两条记录。接下来将 person_old 表中所有的记录插入 person 表中，SQL 语句如下：

```
INSERT INTO person(id, name, age, info)
SELECT id, name, age, info FROM person_old;
```

语句执行完毕，查看执行结果：

```
SELECT * FROM person;
```

执行语句后的结果如图 7-9 所示。

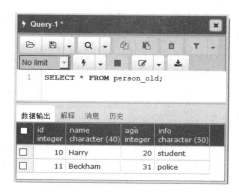

图 7-8　SQL 语句执行结果　　　　　　　图 7-9　SQL 语句执行结果

由结果可以看出，执行 INSERT 语句后，person 表中多了两条记录。这两条记录和 person_old 表中的记录完全相同，数据转移成功。这里的 id 字段为主键，在插入的时候要保证该字段值的唯一性。

 使用上述方法时，必须保证两个表的字段类型相同，否则系统会报错，不能完成插入操作。

提示

7.2　更新数据

表中有数据之后，接下来可以对数据进行更新操作，PostgreSQL 中使用 UPDATE 语句更新表中的记录，可以更新特定的行或者同时更新所有行。基本语法结构如下：

```
UPDATE table_name
SET column_name1 = value1,column_name2=value2,……,column_namen=valuen
WHERE (condition);
```

column_name1,column_name2,…,column_namen 为指定更新的字段名；value1,value2,…,valuen 为相对应的指定字段的更新值；condition 指定更新的记录需要满足的条件。更新多列时，每个"列 -值"对之间用逗号隔开，最后一列之后不需要逗号。

【例 7.8】在 person 表中，更新 id 值为 10 的记录，将 age 字段值改为 15，将 name 字段值改为 LiMing。

更新操作执行前可以使用 SELECT 语句查看当前的数据：

```
SELECT * FROM person WHERE id=10;
```

执行语句后的结果如图 7-10 所示。

更新之前，id 等于 10 的记录的 name 字段值为 harry、age 字段值为 20。下面使用 UPDATE 语句更新数据：

```
UPDATE person SET age = 15, name='LiMing' WHERE id = 10;
```

语句执行完毕，查看执行结果：

```
SELECT * FROM person WHERE id=10;
```

执行语句后的结果如图 7-11 所示。

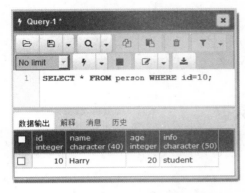

图 7-10　SQL 语句执行结果

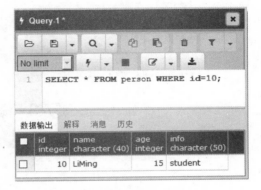

图 7-11　SQL 语句执行结果

id 等于 10 的记录中的 name 和 age 字段值已经成功被修改为指定值。

> 保证 UPDATE 以 WHERE 子句结束，通过 WHERE 子句指定被更新的记录所需要满足的条件，如果忽略 WHERE 子句，PostgreSQL 将更新表中所有的行。

【例 7.9】在 person 表中，更新 age 值为 19 到 22 的记录，将 info 字段值都改为 student。

更新操作执行前可以使用 SELECT 语句查看当前的数据：

```
SELECT * FROM person WHERE age BETWEEN 19 AND 22;
```

执行语句后的结果如图 7-12 所示。

这些 age 字段值在 19 到 22 之间的记录的 info 字段值各不相同。下面使用 UPDATE 语句更新数据：

```
UPDATE person SET info='student' WHERE age BETWEEN 19 AND 22;
```

语句执行完毕，查看执行结果：

```
SELECT * FROM person WHERE age BETWEEN 19 AND 22;
```

执行语句后的结果如图 7-13 所示。

执行 UPDATE 语句后，成功将表中符合条件的记录的 info 字段值改为了 student。

图 7-12　SQL 语句执行结果

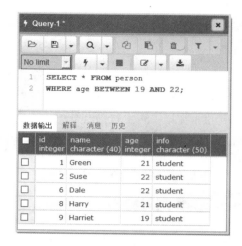

图 7-13　SQL 语句执行结果

7.3　删除数据

从数据表中删除数据使用 DELETE 语句。DELETE 语句允许 WHERE 子句指定删除条件。DELETE 语句的基本语法格式如下：

```
DELETE FROM table_name [WHERE <condition>];
```

table_name 指定要执行删除操作的表；"[WHERE <condition>]"为可选参数，指定删除条件。如果没有 WHERE 子句，DELETE 语句将删除表中的所有记录。

【例 7.10】在 person 表中删除 id 等于 10 的记录。

执行删除操作前使用 SELECT 语句查看当前 id=10 的记录：

```
SELECT * FROM person WHERE id=10;
```

执行语句后的结果如图 7-14 所示。

现在表中有 id=10 的记录，下面使用 DELETE 语句删除记录：

```
DELETE FROM person WHERE id = 10;
```

语句执行完毕，查看执行结果：

```
SELECT * FROM person WHERE id=10;
```

执行语句后的结果如图 7-15 所示。

查询结果为空，说明删除操作成功。

提示　在执行删除记录操作时并没有任何提示，所以用户在删除记录时要特别小心，最好先用 SELECT 语句查看需要删除的记录，以确认这些记录是否真的需要删除。

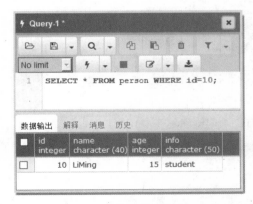

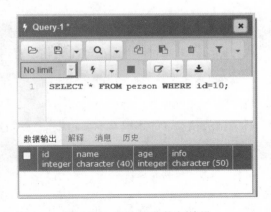

图 7-14　SQL 语句执行结果　　　　　　图 7-15　SQL 语句执行结果

【例 7.11】在 person 表中使用 DELETE 语句同时删除多条记录。在前面 UPDATE 语句中将 age 字段值在 19 到 22 之间的记录的 info 字段值修改为了 student，这里就删除这些记录。

执行删除操作前使用 SELECT 语句查看当前的数据：

```
SELECT * FROM person WHERE age BETWEEN 19 AND 22;
```

执行语句后的结果如图 7-16 所示。

确认 age 字段值在 19 到 22 之间的记录存在表中，下面使用 DELETE 删除这些记录：

```
DELETE FROM person WHERE age BETWEEN 19 AND 22;
```

语句执行完毕，查看执行结果：

```
SELECT * FROM person WHERE age BETWEEN 19 AND 22;
```

执行语句后的结果如图 7-17 所示。

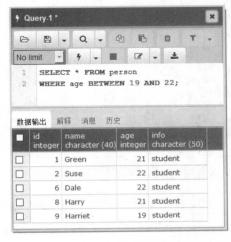

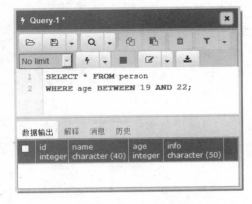

图 7-16　SQL 语句执行结果　　　　　　图 7-17　SQL 语句执行结果

查询结果为空，说明成功删除多条记录。

【例 7.12】删除 person 表中所有记录。

执行删除操作前先使用 SELECT 语句查看当前的数据：

```
SELECT * FROM person;  .
```

执行语句后的结果如图 7-18 所示。

结果显示 person 表中还有 5 条记录，执行 DELETE 语句删除这 5 条记录：

```
DELETE FROM person;
```

语句执行完毕，查看执行结果：

```
SELECT * FROM person;
```

执行语句后的结果如图 7-19 所示。

图 7-18　SQL 语句执行结果

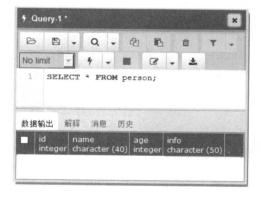

图 7-19　SQL 语句执行结果

查询结果为空，说明成功删除表中所有记录。现在 person 表中已经没有任何数据记录了。

如果想删除表中的所有记录，还可以使用 TRUNCATE TABLE 语句。TRUNCATE 将直接删除原来的表并重新创建一个表，其语法结构为 TRUNCATE TABLE 表名。TRUNCATE 直接删除表，而不是删除记录，因此执行速度比 DELETE 快。

7.4　综合案例——记录的插入、更新和删除

本章前面重点介绍了数据表中数据的插入、更新和删除操作。在 PostgreSQL 中可以灵活地对数据进行插入与更新。由于在 PostgreSQL 中对数据进行操作没有任何提示，因此在更新和删除数据时一定要谨慎小心，查询条件一定要准确，以免造成数据的丢失。本节的综合案例包含对数据表中数据的基本操作，即记录的插入、更新和删除。

1. 案例目的

创建表，对数据表进行插入、更新和删除操作，掌握表数据基本操作。

2. 案例操作过程

01 创建数据表 books，并按表 7.1 所示的结构定义各个字段。

```
CREATE TABLE books
(
id        INT NOT NULL PRIMARY KEY UNIQUE,
name      VARCHAR(40) NOT NULL,
authors   VARCHAR(200) NOT NULL,
price     INT NOT NULL,
pubdate   DATE NOT NULL,
note      VARCHAR(255) NULL,
num       INT NOT NULL DEFAULT 0
);
```

02 分别使用不同的方法将表 7.2 中的记录插入 books 表中。

表 7.1　books 表结构

字段名	字段说明	数据类型	主键	外键	非空	唯一	自增
id	书编号	INT	是	否	是	是	否
name	书名	VARCHAR(40)	否	否	是	否	否
authors	作者	VARCHAR(200)	否	否	是	否	否
price	价格	INT	否	否	是	否	否
pubdate	出版日期	DATE	否	否	是	否	否
note	说明	VARCHAR(255)	否	否	否	否	否
num	库存	INT	否	否	是	否	否

表 7.2　books 表中的记录

id	name	authors	price	pubdate	note	num
1	Tale of AAA	Dickes	23	1995-09-10	novel	11
2	EmmaT	Jane lura	35	1993-08-10	joke	22
3	Story of Jane	Jane Tim	40	2001-07-10	novel	0
4	Lovey Day	George Byron	20	2005-06-10	novel	30
5	Old Land	Honore Blade	30	2010-05-10	law	0
6	The Battle	Upton Sara	33	1999-04-10	medicine	40
7	Rose Hood	Richard Kale	28	2008-03-10	cartoon	28

表创建好之后，使用 SELECT 语句查看表中的数据：

```
SELECT * FROM books;
```

执行语句后的结果如图 7-20 所示。

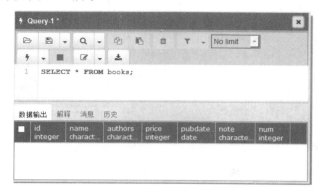

图 7-20　SQL 语句执行结果

当前表中没有任何数据，下面向表中插入记录。

（1）指定所有字段名称插入记录，SQL 语句如下：

```
INSERT INTO books
    (id, name, authors, price, pubdate,note,num)
    VALUES(1, 'Tale of AAA', 'Dickes',23, '1995-09-10', 'novel',11);
```

语句执行成功，插入了一条记录。

（2）不指定字段名称插入记录，SQL 语句如下：

```
INSERT INTO books
    VALUES (2,'EmmaT','Jane lura',35,'1993-08-10', 'joke',22);
```

语句执行成功，插入了一条记录。使用 SELECT 语句查看当前表中的数据：

```
SELECT * FROM books;
```

执行语句后的结果如图 7-21 所示。

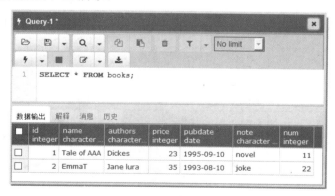

图 7-21　SQL 语句执行结果

上述两条语句分别成功插入了两条记录。

（3）同时插入多条记录。

使用 INSERT 语句将剩下的多条记录插入表中，SQL 语句如下：

```
INSERT INTO books
    VALUES(3, 'Story of Jane', 'Jane Tim', 40, '2001-07-10', 'novel', 0),
    (4, 'Lovey Day', 'George Byron', 20, '2005-06-10', 'novel', 30),
    (5, 'Old Land', 'Honore Blade', 30, '2010-05-10', 'law',0),
    (6,'The Battle','Upton Sara',33,'1999-04-10', 'medicine',40),
    (7,'Rose Hood','Richard Kale',28,'2008-03-10', 'cartoon',28);
```

上述执行语句总共插入 5 条记录。

使用 SELECT 语句查看表中所有的记录：

```
SELECT * FROM books;
```

执行语句后的结果如图 7-22 所示。

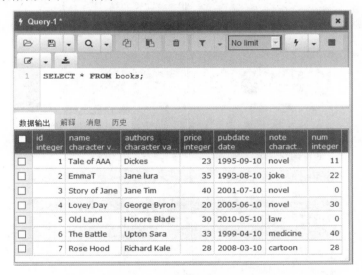

图 7-22　SQL 语句执行结果

由结果可以看出，所有记录成功插入表中。

03 将小说类型（novel）的书的价格都增加 5。

执行前先使用 SELECT 语句查看符合条件的记录：

```
SELECT id, name, price, note FROM books WHERE note = 'novel';
```

执行语句后的结果如图 7-23 所示。

使用 UPDATE 语句执行更新操作：

```
UPDATE books SET price = price + 5 WHERE note = 'novel';
```

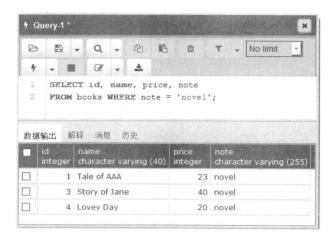

图 7-23　SQL 语句执行结果

利用 UPDATE 语句对 3 条记录进行了更新，下面使用 SELECT 语句查看更新结果：

```
SELECT id, name, price, note FROM books WHERE note = 'novel';
```

执行语句后的结果如图 7-24 所示。

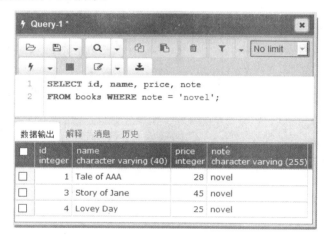

图 7-24　SQL 语句执行结果

对比可知，price 的值都在原来的价格上增加了 5。

04 将名称为 EmmaT 的书的价格改为 40，并将说明改为 drama。

执行修改前，使用 SELECT 语句查看当前记录：

```
SELECT name, price, note FROM books WHERE name='EmmaT';
```

执行语句后的结果如图 7-25 所示。

下面执行修改操作：

```
UPDATE books SET price=40,note='drama' WHERE name='EmmaT';
```

使用 SELECT 查看执行结果：

```
SELECT name, price, note FROM books WHERE name='EmmaT';
```

执行语句后的结果如图 7-26 所示。

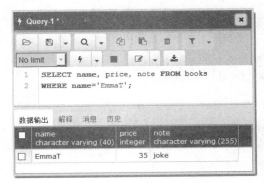

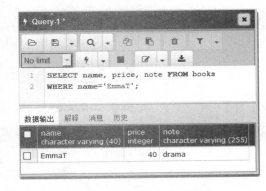

图 7-25　SQL 语句执行结果　　　　　　　图 7-26　SQL 语句执行结果

price 和 note 字段的值已经改变，说明修改操作成功了。

05 删除库存为 0 的记录。

删除之前使用 SELECT 语句查看当前记录：

```
SELECT * FROM books WHERE num=0;
```

执行语句后的结果如图 7-27 所示。

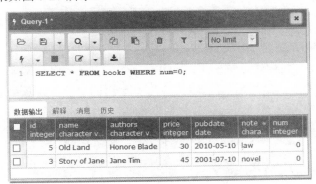

图 7-27　SQL 语句执行结果

当前有两条记录的 num 值为 0，下面使用 DELETE 语句删除这两条记录：

```
DELETE FROM books WHERE num=0;
```

语句执行成功，查看操作结果：

```
SELECT * FROM books WHERE num=0;
```

执行语句后的结果如图 7-28 所示。

查询结果为空，说明表中已经没有库存量为 0 的记录。

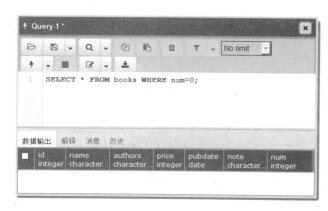

图 7-28　SQL 语句执行结果

7.5　常见问题及解答

疑问 1：插入记录时可以不指定字段名称吗？

不管使用哪种 INSERT 语法，都必须给出 VALUES 的正确数目。如果不提供字段名，就必须给每个字段提供一个值。如果提供字段名，必须对每个字段给出一个值，否则将产生一条错误消息。如果要在 INSERT 操作中省略某些字段，这些字段需要满足一定条件：该列定义为允许空值或者表定义时给出默认值（省略字段使用默认值）。

疑问 2：更新或者删除表时必须指定 WHERE 子句吗？

从前面可以看到，所有 UPDATE 和 DELETE 语句都在 WHERE 子句中指定了条件。如果省略 WHERE 子句，那么 UPDATE 或 DELETE 将被应用到表中所有的行。因此，除非确实打算更新或者删除所有记录，否则绝对要使用带有 WHERE 子句的 UPDATE 或 DELETE 语句。建议在对表进行更新和删除操作之前先使用 SELECT 语句确认需要更新和删除的记录，以免造成无法挽回的结局。

7.6　经典习题

创建数据表 pet 并对表进行插入、更新与删除操作。pet 表结构如表 7.3 所示。

表 7.3　pet 表结构

字段名	字段说明	数据类型	主键	外键	非空	唯一	自增
name	宠物名称	VARCHAR(20)	否	否	是	否	否
owner	宠物主人	VARCHAR(20)	否	否	否	否	否
species	种类	VARCHAR(20)	否	否	是	否	否
sex	性别	CHAR(1)	否	否	是	否	否
birth	出生日期	DATE	否	否	是	否	否
death	死亡日期	DATE	否	否	否	否	否

（1）创建数据表 pet，使用不同的方法将表 7.4 中的记录插入 pet 表中。

（2）使用 UPDATE 语句将名称为 Fang 的狗的主人改为 Kevin。

（3）将没有主人的宠物的 owner 字段值都改为 Duck。

（4）删除已经死亡的宠物记录。

（5）删除所有表中的记录。

表 7.4　pet 表中的记录

name	owner	species	sex	birth	death
Fluffy	Harold	cat	f	2003-10-1	2010
Claws	Gwen	cat	m	2004-12-10	NULL
Buffy	NULL	dog	f	2009-5-6	NULL
Fang	Benny	dog	m	2000-7-6	NULL
Bowser	Diane	dog	m	2003-9-10	2009
Chirpy	NULL	bird	f	2008-11-10	NULL

第 8 章　查询数据

学习目标┃Objective

数据库管理系统最重要的功能就是提供数据查询。数据查询不只是简单返回数据库中存储的数据，而且应该根据需要对数据进行筛选、按照指定格式显示。在 PostgreSQL 中，可以用非常灵活的语句来实现这些操作。本章将介绍如何使用 SELECT 语句查询数据表中的一列或多列数据、使用集合函数显示查询结果、连接查询、子查询以及使用正则表达式进行查询等。

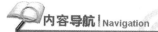
内容导航┃Navigation

- 了解基本查询语句
- 掌握表单查询的方法
- 掌握如何使用几何函数查询
- 掌握连接查询的方法
- 掌握如何进行子查询
- 熟悉合并查询结果
- 熟悉如何为表和字段取别名
- 掌握如何使用正则表达式查询
- 掌握综合案例中数据表的查询操作技巧和方法

8.1　基本查询语句

PostgreSQL 从数据表中查询数据的基本语句为 SELECT 语句。SELECT 语句的基本格式是：

```
SELECT
    {* | <字段列表>}
    [
        FROM <表 1>,<表 2>...
        [WHERE <表达式>]
        [GROUP BY <group by definition>]
        [HAVING <expression> [{<operator> <expression>}...]]
        [ORDER BY <order by definition>]
        [LIMIT [<offset>,] <row count>]
    ]
SELECT [字段 1,字段 2,…,字段 n]
```

```
FROM  [表或视图]
WHERE  [查询条件];
```

- {*|<字段列表>}包含星号通配符和选字段列表，'*'表示查询所有的字段，'字段列表'表示查询指定的字段，字段列至少包含一个字段名称，如果要查询多个字段，多个字段之间用逗号隔开，最后一个字段后不要加逗号。
- FROM <表 1>,<表 2>… 表 1 和表 2 表示查询数据的来源，可以是单个或者多个。
- WHERE 子句是可选项，如果选择该项，[查询条件]将限定查询行必须满足的查询条件。
- GROUP BY <字段>，该子句告诉 PostgreSQL 如何显示查询出来的数据，并按照指定的字段分组。
- [ORDER BY <字段 >]，该子句告诉 PostgreSQL 按什么样的顺序显示查询出来的数据，可以进行的排序有升序(ASC)、降序（DESC）。
- [LIMIT [<offset>,] <row count>]，该子句告诉 PostgreSQL 每次显示查询出来的数据条数。

SELECT 的可选参数比较多。读者可能无法一下子完全理解。不要紧，接下来从最简单的开始，逐步深入学习。

下面创建数据表 fruits（该表中包含了本章中需要用到的数据）。

定义数据表：

```
CREATE TABLE fruits
(
f_id    char(10)     NOT NULL,
s_id    INT          NOT NULL,
f_name  char(255)    NOT NULL,
f_price decimal(8,2) NOT NULL,
PRIMARY KEY(f_id)
);
```

为了演示如何使用 SELECT 语句，需要插入如下数据：

```
INSERT INTO fruits (f_id, s_id, f_name, f_price)
    VALUES('a1', 101,'apple',5.2),
    ('b1',101,'blackberry', 10.2),
    ('bs1',102,'orange', 11.2),
    ('bs2',105,'melon',8.2),
    ('t1',102,'banana', 10.3),
    ('t2',102,'grape', 5.3),
    ('o2',103,'coconut', 9.2),
    ('c0',101,'cherry', 3.2),
    ('a2',103, 'apricot',2.2),
    ('l2',104,'lemon', 6.4),
    ('b2',104,'berry', 8.6),
    ('m1',106,'mango', 15.6),
```

```
('m2',105,'xbabay', 2.6),
('t4',107,'xbababa', 3.6),
('m3',105,'xxtt', 11.6),
('b5',107,'xxxx', 3.6);
```

使用 SELECT 语句查询 f_id 和 f_name 字段的数据。SQL 语句如下：

```
SELECT f_id, f_name FROM fruits;
```

执行语句后的结果如图 8-1 所示。

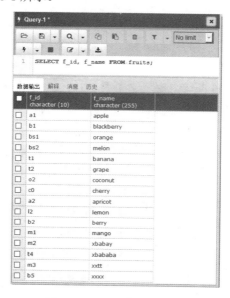

图 8-1　SQL 语句执行结果

SELECT 语句决定了要查询的列值，在这里查询 f_id 和 f_name 两个字段的值；FROM 子句指定了数据的来源，这里指定数据表 fruits，因此返回结果为 fruits 表中 f_id 和 f_name 两个字段下所有的数据。其显示顺序为添加到表中的顺序。

8.2　单表查询

单表查询是指从一张数据表中查询所需的数据。本节将介绍单表查询中各种基本的查询方式，主要有查询所有字段、查询指定字段、查询指定记录、查询空值、多条件的查询以及对查询结果进行排序等。

8.2.1　查询所有字段

1. 在 SELECT 语句中使用星号"*"通配符查询所有字段

SELECT 查询记录最简单的形式是从一个表中检索所有记录，实现的方法是使用星号（*）通配符指定查找所有的列的名称。语法格式如下：

```
SELECT * FROM 表名;
```

【例 8.1】从 fruits 表中检索所有字段的数据。SQL 语句如下：

```
SELECT * FROM fruits;
```

执行语句后的结果如图 8-2 所示。

使用星号（*）通配符时将返回所有列，并按照定义表时的顺序显示。

2．在 SELECT 语句中指定所有字段

另外一种查询所有字段值的方法是将表中所有字段的名称跟在 SELECT 子句右面。有时表中的字段比较多，不一定能记得所有字段的名称，因此该方法并不是很方便，不建议使用。例如，查询 fruits 表中的所有数据，也可以使用如下 SQL 语句：

```
SELECT f_id, s_id ,f_name, f_price FROM fruits;
```

执行语句后的结果如图 8-3 所示，与【例 8.1】相同。

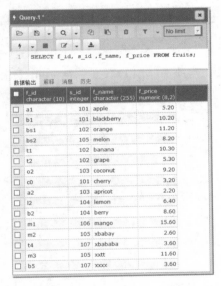

图 8-2　SQL 语句执行结果　　　　　　图 8-3　SQL 语句执行结果

提　示　一般情况下，除非需要使用表中所有的字段数据，最好不要使用通配符 '*'。使用通配符虽然可以节省输入查询语句的时间，但是获取不需要的列数据通常会降低查询的效率和所使用应用程序的效率。通配符的优势是，当不知道所需要的列的名称时，同样可以获取所需内容。

8.2.2　查询指定字段

1．查询单个字段

查询表中的某一个字段，语法格式为：

```
SELECT 列名 FROM 表名;
```

【例 8.2】查询当前表中 f_name 列所有水果名称。SQL 语句如下：

```
SELECT f_name FROM fruits;
```

该语句使用 SELECT 声明从 fruits 表中获取名称为 f_name 字段下的所有水果名称，指定字段的名称紧跟在 SELECT 关键字之后，执行语句后的结果如图 8-4 所示。

输出结果显示了 fruits 表中 f_name 字段下的所有数据。

2. 查询多个字段

使用 SELECT 语句可以获取多个字段下的数据，只需要在关键字 SELECT 后面指定要查找的字段的名称即可。不同字段名称之间用逗号（，）分隔开，最后一个字段后面不需要加逗号，语法格式如下：

```
SELECT 字段名 1,字段名 2,…,字段名 n  FROM 表名;
```

【例 8.3】从 fruits 表中获取 f_name 和 f_price 两列。SQL 语句如下：

```
SELECT f_name, f_price FROM fruits;
```

该语句使用 SELECT 声明从 fruits 表中获取 f_name 和 f_price 两个字段下的所有水果名称和价格，两个字段之间用逗号分隔开，执行语句后的结果如图 8-5 所示。

图 8-4　SQL 语句执行结果

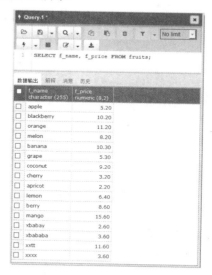

图 8-5　SQL 语句执行结果

输出结果显示了 fruits 表中 f_name 和 f_price 两个字段下的所有数据。

PostgreSQL 中的 SQL 语句是不区分大小写的，因此 SELECT 和 select 作用相同。许多开发人员习惯将关键字大写、数据列和表名小写，因此建议读者养成一个良好的编程习惯，以便使程序更易阅读和维护。

8.2.3 查询指定记录

数据库中包含大量的数据，根据特殊要求，可能只需查询表中的指定数据，即对数据进行过滤。在 SELECT 语句中通过 WHERE 子句对数据进行过滤，语法格式为：

```
SELECT 字段名1,字段名2,…,字段名n
FROM 表名
WHERE 查询条件
```

在 WHERE 子句中，PostgreSQL 提供了一系列的条件判断符，具体含义如表 8.1 所示。

表 8.1　WHERE 字节判断符

操作符	说明
=	相等
<> , !=	不相等
<	小于
<=	小于或者等于
>	大于
>=	大于或者等于
BETWEEN	位于两值之间

【例 8.4】查询价格为 10.2 元的水果名称。SQL 语句如下：

```
SELECT f_name, f_price
FROM fruits
WHERE f_price = 10.2;
```

该语句使用 SELECT 声明从 fruits 表中获取价格等于 10.2 元的水果的数据。从查询结果可以看出价格是 10.2 元的水果名称为 blackberry，其他的均不满足查询条件，查询结果如图 8-6 所示。

本例采用了简单的相等过滤，查询一个指定列 f_price 具有值 10.20。

相等还可以用来比较字符串，例如下面的例子。

【例 8.5】查找名称为 "apple" 的水果价格。SQL 语句如下：

```
SELECT f_name, f_price
FROM fruits
WHERE f_name = 'apple';
```

执行语句后的结果如图 8-7 所示。

该语句使用 SELECT 声明从 fruits 表中获取名称为 "apple" 的水果价格。从查询结果可以看出只有名称为 "apple" 的行被返回，其他的均不满足查询条件。

【例 8.6】查询价格小于 10 元的水果名称。SQL 语句如下：

```
SELECT f_name, f_price
FROM fruits
WHERE f_price < 10;
```

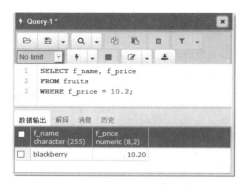

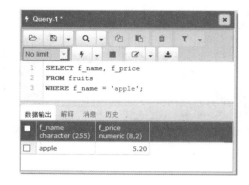

图 8-6　SQL 语句执行结果　　　　　　　　　　图 8-7　SQL 语句执行结果

该语句使用 SELECT 声明从 fruits 表中获取价格低于 10 元的水果名称，即 f_price 小于 10 的水果信息被返回，执行语句后的结果如图 8-8 所示。

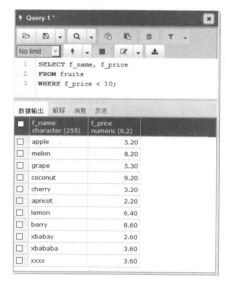

图 8-8　SQL 语句执行结果

查询结果中所有记录的 f_price 字段的值均小于 10.00 元。大于 10.00 元的记录没有被返回。

8.2.4　带 IN 关键字的查询

IN 操作符用来查询满足指定条件范围内的记录。使用 IN 操作符时，将所有检索条件用括号括起来。检索条件用逗号分隔开，只要满足条件范围内的一个值即为匹配项。

【例 8.7】查询 s_id 为 101 和 102 的记录，SQL 语句如下：

```
SELECT s_id,f_name, f_price
FROM fruits
WHERE s_id IN (101,102)
ORDER BY f_name;
```

执行语句后的结果如图 8-9 所示。

相反的，可以使用关键字 NOT 来检索不在条件范围内的记录。

【例 8.8】查询所有 s_id 既不等于 101 也不等于 102 的记录，SQL 语句如下：

```
SELECT s_id,f_name, f_price
FROM fruits
WHERE s_id NOT IN (101,102)
ORDER BY f_name;
```

执行语句后的结果如图 8-10 所示。

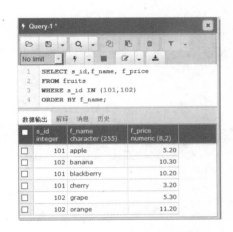

图 8-9　SQL 语句执行结果

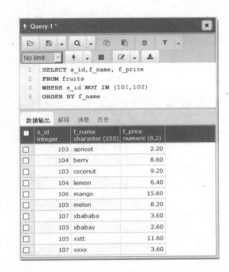

图 8-10　SQL 语句执行结果

该语句在 IN 关键字前面加上了 NOT 关键字，与【例 8.7】的结果正好相反。【例 8.7】检索了 s_id 等于 101 和 102 的记录，【例 8.8】则要求查询记录中的 s_id 字段值不等于 101 和 102 中的任意一个。

8.2.5　带 BETWEEN AND 的范围查询

BETWEEN AND 用来查询某个范围内的值，需要两个参数，即范围的开始值和结束值，如果记录的字段值满足指定的范围查询条件，就返回这些记录。

【例 8.9】查询价格在 2.00 元到 10.5 元之间的水果名称和价格。SQL 语句如下：

```
SELECT f_name, f_price
FROM fruits
WHERE f_price BETWEEN 2.00 AND 10.20;
```

执行语句后的结果如图 8-11 所示。

返回结果包含了价格从 2.00 元到 10.20 元之间的字段值，并且端点值 10.20 也包括在内，即 BETWEEN 匹配范围中的所有值，包括开始值和结束值。

BETWEEN AND 操作符前可以加关键字 NOT，表示指定范围之外的值。如果字段值不满足指定范围内的值，就被返回。

【例 8.10】查询价格在 2.00 元到 10.2 元之外的水果名称和价格。SQL 语句如下：

```
SELECT f_name, f_price
FROM fruits
WHERE f_price NOT BETWEEN 2.00 AND 10.20;
```

执行语句后的结果如图 8-12 所示。

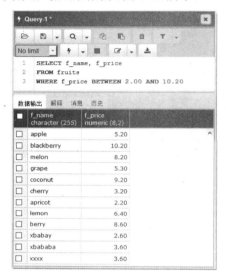

图 8-11　SQL 语句执行结果

图 8-12　SQL 语句执行结果

返回的记录中只有 f_price 字段大于 10.20。实际上，f_price 字段小于 2.00 的记录也满足查询条件，因此如果表中有 f_price 字段小于 2.00 的记录，也应当作为查询结果。

8.2.6　带 LIKE 的字符匹配查询

在前面的检索操作中讲述了如何查询多个字段的记录、如何进行比较查询或者是查询一个条件范围内的记录，如果要查找所有包含字符"ge"的水果名称，该如何查找呢？简单的比较操作在这里已经行不通了，需要使用通配符进行匹配查找、通过创建查找模式对表中的数据进行比较。执行这个任务的关键字是 LIKE。

通配符是在 SQL 的 WHERE 条件子句中拥有特殊意思的字符。在 SQL 语句中，可以和 LIKE 一起使用的通配符是'%'。

【例 8.11】查找所有以'b'字母开头的水果。SQL 语句如下：

```
SELECT f_id, f_name
FROM fruits
WHERE f_name LIKE 'b%';
```

执行语句后的结果如图 8-13 所示。

该语句查询的结果返回所有以'b'开头的水果的 id 和 name。'%'告诉 PostgreSQL 返回所有 f_name 字段以字母'b'开头的记录，不管'b'后面有多少个字符。

在搜索匹配时通配符'%'可以放在不同位置，如【例 8.12】。

【例 8.12】在 fruits 表中查询 f_name 中包含字母'g'的记录。SQL 语句如下：

```
SELECT f_id, f_name
FROM fruits
WHERE f_name LIKE '%g%';
```

执行语句后的结果如图 8-14 所示。

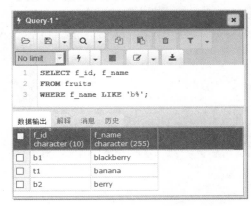

图 8-13　SQL 语句执行结果

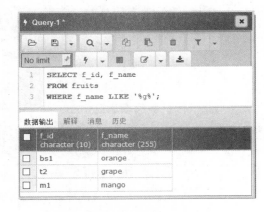

图 8-14　SQL 语句执行结果

该语句查询包含字母'g'的水果名称，只要名字中有字符'g'即可，不管前面、后面有多少个字符都满足查询条件。

8.2.7　空值查询

创建数据表的时候，设计者可以指定某列是否可以包含空值（NULL）。空值不同于 0，也不同于空字符串。空值一般表示数据未知、不适用或将在以后添加数据。在 SELECT 语句中可以使用 IS NULL 子句查询某字段内容为空记录。

下面在数据库中创建数据表 customers。该表中包含了本章需要用到的数据。

```
CREATE TABLE customers
(
c_id    char(10)   PRIMARY KEY,
c_name  varchar(255)   NOT NULL,
c_email varchar(50)    NULL
);
```

为了演示方便，需要插入数据，可以执行以下插入语句。

```
INSERT INTO customers (c_id, c_name, c_email)
```

```
VALUES('10001','RedHook', 'LMing@163.com'),
 ('10002','Stars', 'Jerry@hotmail.com'),
('10003','RedHook',NULL),
('10004','JOTO', ' sam@hotmail.com ');
```

【例 8.13】查询 customers 表中 c_email 为空的记录的 c_id、c_name 和 c_email 字段值。SQL
语句如下：

```
SELECT c_id, c_name,c_email FROM customers WHERE c_email IS NULL;
```

执行语句后的结果如图 8-15 所示。

返回结果显示 customers 表中字段 c_email 的值为 NULL 的记录，满足查询条件。

与 IS NULL 相反的是 NOT IS NULL，该关键字查找字段不为空的记录。

【例 8.14】查询 customers 表中 c_email 不为空的记录的 c_id、c_name 和 c_email 字段值。SQL
语句如下：

```
SELECT c_id, c_name,c_email FROM customers WHERE c_email IS NOT NULL;
```

执行语句后的结果如图 8-16 所示。

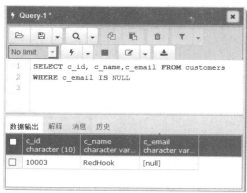

图 8-15　SQL 语句执行结果

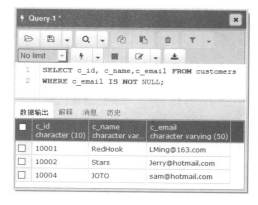

图 8-16　SQL 语句执行结果

可以看到，查询出来的记录的 c_email 字段都不为空值。

8.2.8　带 AND 的多条件查询

使用 SELECT 查询时，可以增加查询的限制条件，使查询的结果更加精确。PostgreSQL 在
WHERE 子句中使用 AND 操作符限定只有必须满足所有查询条件的记录才会被返回。可以使用
AND 连接两个甚至多个查询条件，多个条件表达式之间用 AND 分开。

【例 8.15】在 fruits 表中查询 s_id = 101，并且 f_price 大于等于 5 的记录价格和名称。SQL 语
句如下：

```
SELECT s_id, f_price, f_name
FROM fruits
```

```
WHERE s_id = '101' AND f_price >=5;
```

执行语句后的结果如图 8-17 所示。

前面的语句检索了 s_id=101 的水果供应商所有价格大于等于 5 元的水果名称和价格。WHERE 子句中的条件分为两部分，AND 关键字指示 PostgreSQL 返回所有同时满足两个条件的行。s_id 等于 101 的水果供应商提供的水果（价格小于 5）或者 s_id 不等于'101'的水果供应商提供的水果（不管其价格为多少）均不是要查询的结果。

 提 示　上述例子的 WHERE 子句中只包含了一个 AND 语句，把两个过滤条件组合在一起。实际上，可以添加多个 AND 过滤条件，增加条件的同时增加一个 AND 关键字。

【例 8.16】在 fruits 表中查询 s_id 等于 101 或者 102、f_price 大于等于 5 并且 f_name 为'apple'的记录的价格和名称。SQL 语句如下：

```
SELECT f_id, f_price, f_name FROM fruits
WHERE s_id IN('101', '102') AND f_price >= 5 AND f_name = 'apple';
```

执行语句后的结果如图 8-18 所示。

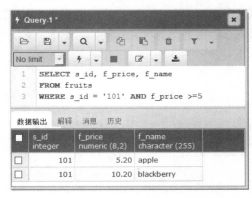

图 8-17　SQL 语句执行结果

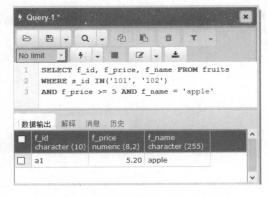

图 8-18　SQL 语句执行结果

可以看到符合查询条件的记录只有一条。

8.2.9　带 OR 的多条件查询

与 AND 相反，在 WHERE 声明中使用 OR 操作符表示只需要满足其中一个条件的记录即可返回。OR 也可以连接两个甚至多个查询条件，多个条件表达式之间用 OR 分开。

【例 8.17】查询 s_id=101 或者 s_id=102 的水果供应商的 f_price 和 f_name。SQL 语句如下：

```
SELECT s_id,f_name, f_price
FROM fruits
WHERE s_id = 101 OR s_id = 102;
```

执行语句后的结果如图 8-19 所示。

结果显示查询了 s_id=101 和 s_id=102 的供应商提供的水果名称和价格。OR 操作符告诉 PostgreSQL，检索的时候只需要满足其中的一个条件，不需要全部满足。如果这里使用 AND，就检索不到符合条件的数据。

也可以使用 IN 操作符实现与 OR 相同的功能，以下面的例子进行说明。

【例 8.18】查询 s_id=101 或者 s_id=102 的水果供应商的 s_id、f_price 和 f_name。SQL 如下语句：

```
SELECT s_id,f_name, f_price FROM fruits WHERE s_id IN(101,102);
```

执行语句后的结果如图 8-20 所示。

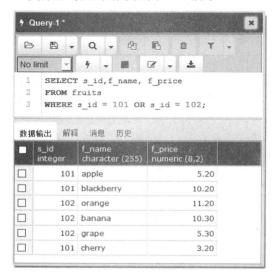

图 8-19　SQL 语句执行结果　　　　　　　　　图 8-20　SQL 语句执行结果

使用 OR 和 IN 操作符的结果是一样的，可以用于实现相同的功能。使用 IN 操作符可使检索语句更简洁明了，并且 IN 的执行速度要快于 OR。更重要的是，使用 IN 操作符后可以执行更加复杂的嵌套查询（后面章节将会讲述）。

OR 可以和 AND 一起使用，但是在使用时要注意两者的优先级。由于 AND 的优先级高于 OR，因此要先对 AND 两边的操作数进行操作，再与 OR 中的操作数结合。

提示

8.2.10　查询结果不重复

SELECT 查询返回所有匹配的行，假如查询 fruits 表中所有的 s_id，结果如图 8-21 所示。

查询结果中包含 16 条记录，其中有一些重复的 s_id 值。有时出于对数据分析的要求，需要消除重复的记录值，该如何处理呢？在 SELECT 语句中可以使用 DISTINCT 关键字指示 PostgreSQL 消除重复的记录值。语法格式为：

```
SELECT DISTINCT 字段名 FROM 表名;
```

【例 8.19】查询 fruits 表中 s_id 字段的值，并返回不重复的 s_id 字段值。SQL 语句如下：

```
SELECT DISTINCT s_id FROM fruits;
```

执行语句后的结果如图 8-22 所示。

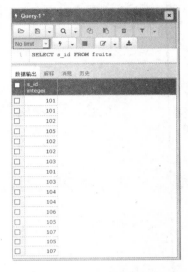

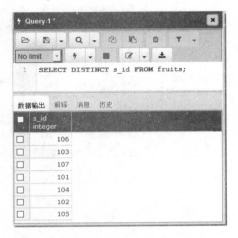

图 8-21　SQL 语句执行结果　　　　图 8-22　SQL 语句执行结果

这次查询结果只返回了 7 个 s_id 值，并没有重复值。SELECT DISTINCE s_id 告诉 PostgreSQL 只返回不同的 s_id 值。

8.2.11　对查询结果排序

从前面的查询结果可以发现有些字段的值是没有任何顺序的。实际上，在 PostgreSQL 中可以通过 ORDER BY 子句对查询的结果进行排序。

1. 单列排序

例如，查询 f_name 字段，执行语句后的结果如图 8-23 所示。

```
SELECT f_name FROM fruits;
```

查询的数据并没有以一种特定的顺序显示。如果没有对数据指出排序要求，将根据插入到数据表中的顺序来显示。

下面使用 ORDER BY 子句对指定的列数据进行排序。

【例 8.20】查询 fruits 表的 f_name 字段值，并对其进行排序。SQL 语句如下：

```
SELECT f_name FROM fruits ORDER BY f_name;
```

执行语句后的结果如图 8-24 所示。

该语句查询的结果和前面的查询结果不同的是，通过 ORDER BY 子句对 f_name 列的数据按字母表的顺序进行了升序排序。

2. 多列排序

有时，需要根据多列值进行排序。例如，显示一个学生列表，可能会有多个学生的姓氏是相同的，因此还需要根据学生的名进行排序。对多列数据进行排序，需要将排序的列之间用逗号隔开。

【例 8.21】查询 fruits 表中的 f_name 和 f_price 字段，先按 f_name 排序，再按 f_price 排序。SQL 语句如下：

```
SELECT f_name, f_price FROM fruits ORDER BY f_name, f_price;
```

执行语句后的结果如图 8-25 所示。

图 8-23　SQL 语句执行结果　　　图 8-24　SQL 语句执行结果　　　图 8-25　SQL 语句执行结果

> **提示**　在对多列进行排序的时候，首先排序的第一列必须有相同的列值才会对第二列进行排序，如果第一列数据中所有值都是唯一的，就不再对第二列进行排序。

3. 指定排序方向

默认情况下，查询数据按字母升序进行排序（从 A 到 Z）。但数据的排序并不仅限于此，还可以通过关键字 DESC 对查询结果进行降序排序（从 Z 到 A）。下面举例说明如何进行降序排列。

【例 8.22】查询 fruits 表中的 f_name 和 f_price 字段，对结果按 f_price 降序方式排序，SQL 语句如下：

```
SELECT f_name, f_price FROM fruits ORDER BY f_price DESC;
```

执行语句后的结果如图 8-26 所示。

> **提示**　与 DESC 相反的是 ASC（升序排序），将字段列中的数据按字母表顺序升序排序，实际上，在排序的时候 ASC 是默认的排序方式，所以加不加都可以。

也可以对多列进行不同的顺序排序，如【例 8.25】所示。

【例 8.23】查询 fruits 表，先按 f_price 降序排序，再按 f_name 字段升序排序。SQL 语句如下：

```
SELECT f_price, f_name FROM fruits ORDER BY f_price DESC, f_name;
```

执行语句后的结果如图 8-27 所示。

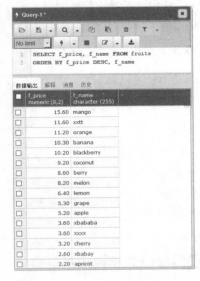

图 8-26　SQL 语句执行结果　　　　图 8-27　SQL 语句执行结果

DESC 排序方式只应用到直接位于其前面的字段上，由结果可以看到。

> 提示
>
> DESC 关键字只对其前面的列降序排列，在这里只对 f_price 排序，并没有对 f_name 进行排序，因此 f_price 按降序排序，而 f_name 列仍按升序排序。如果要对多列都进行降序排序，则必须在每一列的列名后面加 DESC 关键字。

8.2.12　分组查询

分组查询是对数据按照某个或多个字段进行分组。在 PostgreSQL 中使用 GROUP BY 关键字对数据进行分组，基本语法形式为：

```
[GROUP BY 字段] [HAVING <条件表达式>]
```

"字段"表示进行分组时所依据的列名称；"HAVING <条件表达式>"指定 GROUP BY 分组显示时需要满足的限定条件。

1．创建分组

GROUP BY 关键字通常和集合函数一起使用，例如 MAX()、MIN()、COUNT()、SUM()、AVG()。例如，要返回每个水果供应商提供的水果种类，就要在分组过程中用到 COUNT()函数，把数据分为多个逻辑组，并对每个组进行集合计算。

【例 8.24】根据 s_id 对 fruits 表中的数据进行分组，SQL 语句如下：

```
SELECT s_id, COUNT(*) AS Total FROM fruits GROUP BY s_id;
```

执行语句后的结果如图 8-28 所示。

查询结果显示，s_id 表示供应商的 ID，Total 字段使用 COUNT()函数计算得出，GROUP BY 字句按照 s_id 排序并分组数据，可以看到 ID 为 101、102 和 105 的供应商提供 3 种水果，ID 为 103、104 和 107 的供应商分别提供 2 种水果，ID 为 106 的供应商只提供 1 种水果。

2．使用 HAVING 过滤分组

GROUP BY 可以和 HAVING 一起限定显示记录所需满足的条件，只有满足条件的分组才会被显示。

【例 8.25】根据 s_id 对 fruits 表中的数据进行分组，并显示水果种类大于 1 的分组信息。SQL 语句如下：

```
SELECT s_id,COUNT(f_name)
FROM fruits
GROUP BY s_id HAVING COUNT(f_name)>1;
```

执行语句后的结果如图 8-29 所示。

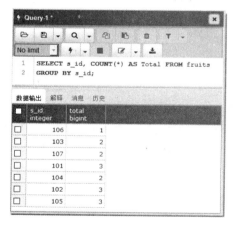

图 8-28　SQL 语句执行结果

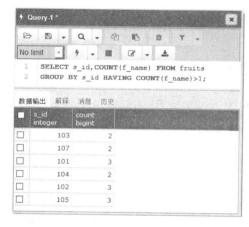

图 8-29　SQL 语句执行结果

由结果可以看到，ID 为 101、102、103、104、105 和 107 的供应商提供水果种类大于 1，满足 HAVING 子句条件，因此出现在返回结果中；而 ID 为 106 的供应商的水果种类等于 1，不满足限定条件，因此不在返回结果中。

提示 | HAVING 关键字与 WHERE 关键字都是用来过滤数据的，两者有什么区别呢？其中重要的一点是，HAVING 用在数据分组之后进行过滤，用来选择分组；WHERE 在分组之前，用来选择记录。另外，WHERE 排除的记录不再包括在分组中。

3．GROUP BY 和 ORDER BY 一起使用

某些情况下需要对分组进行排序，在前面的介绍中 ORDER BY 用来对查询的记录排序，如果和 GROUP BY 一起使用可以完成对分组的排序。

【例 8.26】根据 s_id 对 fruits 表中的数据进行分组，显示水果种类大于 1 的分组信息，并按照水果的种类排序。SQL 语句如下：

```
SELECT s_id,COUNT(f_name)
FROM fruits
GROUP BY s_id HAVING COUNT(f_name)>1
ORDER BY COUNT(f_name);
```

执行语句后的结果如图 8-30 所示。

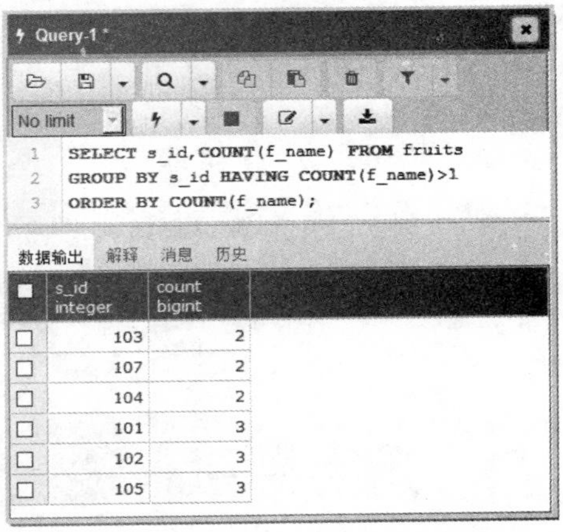

图 8-30 SQL 语句执行结果

8.2.13 用 LIMIT 限制查询结果的数量

SELECT 将返回所有匹配的行，可能是表中所有的行，如果仅仅需要返回第一行或者前几行，可使用 LIMIT 关键字，基本语法格式如下：

```
LIMIT 行数[位置偏移量,]
```

"位置偏移量"参数指示 PostgreSQL 从哪一行开始显示，是一个可选参数，如果不指定"位置偏移量"，将会从表中的第一条记录开始（第一条记录的位置偏移量是 0，第二条记录的位置偏移量是 1……以此类推）；参数"行数"指示返回的记录条数。

【例 8.27】显示 fruits 表查询结果的前 4 行。

在查询前，首先查询 fruits 表中数据的顺序：

```
SELECT * From fruits;
```

执行语句后的结果如图 8-31 所示。

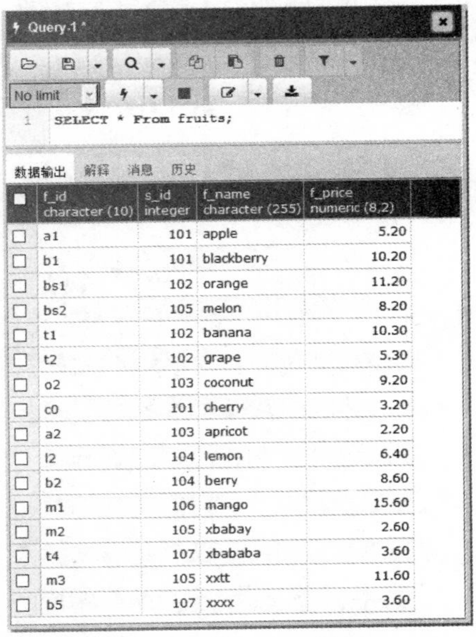

查询 fruits 表的前 4 行：

```
SELECT * From fruits LIMIT 4;
```

执行语句后的结果如图 8-32 所示。

由结果可以看到，该语句没有指定返回记录的"位置偏移量"参数，显示结果从第一行开始，"行数"参数为 4，因此返回的结果为表中的前 4 行记录。

如果指定返回记录的开始位置，那么返回结果为从"位置偏移量"参数开始的指定行数，"行数"参数指定返回的记录条数。

图 8-31 SQL 语句执行结果

【例 8.28】在 fruits 表中，使用 LIMIT 子句，返回从第 5 个记录开始的、行数长度为 3 的记录。SQL 语句如下：

```
SELECT * From fruits LIMIT 3 OFFSET 4;
```

执行语句后的结果如图 8-33 所示。

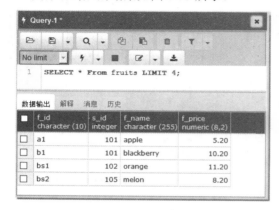

图 8-32　SQL 语句执行结果

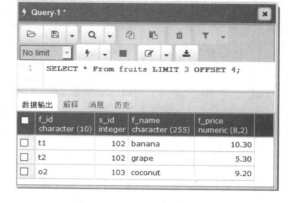

图 8-33　SQL 语句执行结果

由结果可以看到，返回从第 5 条记录行开始之后的 3 条记录。数字 '4' 表示从第 5 行开始（位置偏移量从 0 开始，第 5 行的位置偏移量为 4），数字 3 表示返回的行数。

8.3　使用集合函数查询

有时候并不需要返回实际表中的数据，而只是对数据进行总结。PostgreSQL 提供一些查询功能，可以对获取的数据进行分析和报告。这些函数的功能有计算数据表中总共有的记录行数，计算某个字段列下数据的总和，以及计算表中某个字段下的最大值、最小值或者平均值。本节将介绍这些函数的功能以及使用方法。这些聚合函数的名称和作用如表 8.2 所示。

表 8.2　PostgreSQL 聚合函数

函数	作用
AVG()	返回某列的平均值
COUNT()	返回某列的行数
MAX()	返回某列的最大值
MIN()	返回某列的最小值
SUM()	返回某列值的和

8.3.1　COUNT()函数

COUNT()函数统计数据表中包含的记录行的总数，或者根据查询结果返回的列中包含的数据行数。其使用方法有两种：

- COUNT(*)：计算表中总的行数，不管某列是否有数值或者为空值。
- COUNT(字段名)：计算指定列下总的行数，计算时将忽略字段值为空值的行。

【例 8.29】查询 customers 表中总的行数。SQL 语句如下：

```
SELECT COUNT(*) AS cust_num
    FROM customers;
```

执行语句后的结果如图 8-34 所示。

COUNT(*)返回 customers 表中记录的总行数，不管其值是什么，返回的总数的名称为 cust_num。

【例 8.30】查询 customers 表中有电子邮箱的顾客的总数。SQL 语句如下：

```
SELECT COUNT(c_email) AS email_num FROM customers;
```

执行语句后的结果如图 8-35 所示。

从查询结果可以看出，4 个 customer 只有 3 个有 email，email 为空值（NULL）的记录没有被 COUNT()函数计算进来。

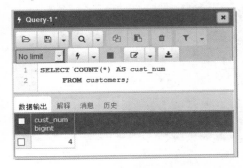

图 8-34　SQL 语句执行结果

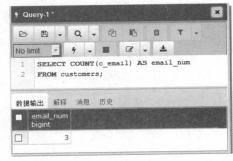

图 8-35　SQL 语句执行结果

提示　两个例子返回了不同的数值，说明在计算总数的时候对待 NULL 值的方式是不同的：指定列的值为空的行被 COUNT()函数忽略；若不指定列，而在 COUNT()函数中使用星号 "*"，则所有记录都不忽略。

前面在介绍分组查询时介绍了 COUNT()函数与 GROUP BY 关键字一起使用可以用来计算不同分组中的记录总数，下面举例说明。

【例 8.31】在 fruits 表中，使用 COUNT()函数统计不同 s_id 的水果种类，然后计算每个分组中的总记录数。

```
SELECT s_id,COUNT(f_name)
FROM fruits
GROUP BY s_id;
```

执行语句后的结果如图 8-36 所示。

从查询结果可以看出，GROUP BY 关键字先按照 s_id 进行分组，然后计算每个分组中的总记录数。

8.3.2 SUM()函数

SUM()是一个求总和的函数，返回指定列值的总和。

【例 8.32】在 fruits 表中查询 s_id=101 的水果价格总和。SQL 语句如下：

```
SELECT SUM(f_price) AS price_total
    FROM fruits
    WHERE s_id=101;
```

执行语句后的结果如图 8-37 所示。

从查询结果可以看出，SUM(f_price)函数返回水果价格之和，WHERE 子句指定查询的 s_id 为 101。

SUM()可以与 GROUP BY 一起使用，计算每个分组的总和。

【例 8.33】在 fruits 表中查询不同 s_id 的水果价格总和。SQL 语句如下：

```
SELECT s_id,SUM(f_price) AS price_total
    FROM fruits
    GROUP BY s_id;
```

执行语句后的结果如图 8-38 所示。

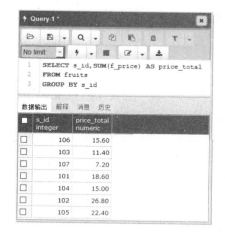

图 8-36　SQL 语句执行结果

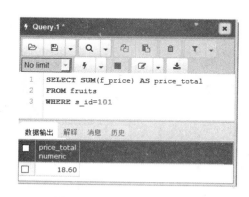

图 8-37　SQL 语句执行结果

图 8-38　SQL 语句执行结果

从查询结果可以看出，GROUP BY 按照 s_id 进行分组，SUM()函数计算每个分组中的价格总量。

SUM()函数在计算时会忽略列值为 NULL 的行。

8.3.3　AVG()函数

AVG()函数通过计算返回的行数和每一行数据的和求得指定列数据的平均值。

【例8.34】在fruits表中，查询s_id=103的供应商的水果价格平均值。SQL语句如下：

```
SELECT AVG(f_price) AS avg_price
    FROM fruits
    WHERE s_id = 103;
```

执行语句后的结果如图8-39所示。

该例中的查询语句增加了一个WHERE子句，并且添加了查询过滤条件，只查询s_id = 103的记录中的f_price，因此通过AVG()函数计算的结果只是指定供应商的水果价格平均值，而不是所有市场上水果价格的平均值。

AVG()可以与GROUP BY一起使用，计算每个分组的平均值。

【例8.35】在fruits表中，查询每一个供应商的水果价格平均值。SQL语句如下：

```
SELECT s_id,AVG(f_price) AS avg_price
    FROM fruits
    GROUP BY s_id;
```

执行语句后的结果如图8-40所示。

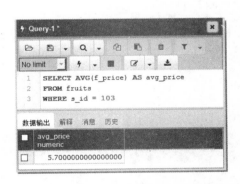

图8-39　SQL语句执行结果

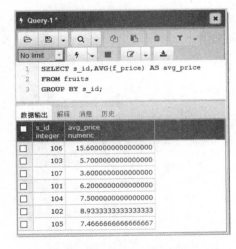

图8-40　SQL语句执行结果

GROUP BY 关键字根据s_id字段对记录进行分组，然后计算出每个分组的平均值。这种分组求平均值的方法非常有用，例如求不同班级学生成绩的平均值、求不同部门工人的平均工资、求各地的年平均气温等。

提示　　使用AVG()函数时，其参数为要计算的列名称。如果要得到多个列的多个平均值，就需要在每一列上都使用AVG()函数。

8.3.4 MAX()函数

MAX()返回指定列中的最大值。

【例 8.36】在 fruits 表中查找市场上价格最高的水果。
SQL 语句如下：

```
SELECT MAX(f_price) AS max_price FROM fruits;
```

执行语句后的结果如图 8-41 所示。

由结果可以看到，MAX()函数查询出了 f_price 字段的
最大值 15.60。

MAX()函数也可以和 GROUP BY 关键字一起使用，
求每个分组中的最大值。

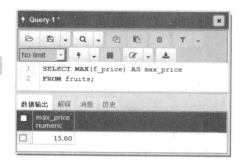

图 8-41　SQL 语句执行结果

【例 8.37】在 fruits 表中查找不同供应商提供的价格最高的水果，SQL 语句如下：

```
SELECT s_id, MAX(f_price) AS max_price
    FROM fruits
GROUP BY s_id;
```

执行语句后的结果如图 8-42 所示。

由结果可以看到，GROUP BY 关键字根据 s_id 字段对记录进行分组，然后计算出每个分组中
的最大值。

MAX()函数不仅适用于查找数值类型，也可以用于字符类型。

【例 8.38】在 fruits 表中查找 f_name 的最大值。SQL 语句如下：

```
SELECT MAX(f_name) FROM fruits;
```

执行语句后的结果如图 8-43 所示。

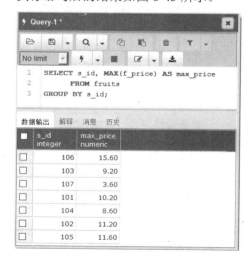

图 8-42　SQL 语句执行结果

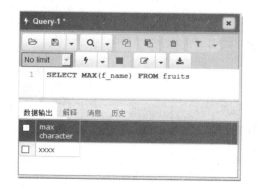

图 8-43　SQL 语句执行结果

由结果可以看到，MAX()函数可以对字母进行大小判断，并返回最大的字符或者字符串值。

提示 MAX()函数除了用来找出最大的列值或日期值之外，还可以返回任意列中的最大值，包括返回字符类型的最大值。在对字符类型数据进行比较时，按照字符的 ASCII 码值大小比较，从 a 到 z，a 的 ASCII 码最小，z 的最大。在比较时，先比较第一个字母，如果相等，继续比较下一个字符，一直到两个字符不相等或者字符结束为止。例如，'b' 与 't' 比较时 't' 为最大值；"bcd" 与 "bca" 比较时 "bcd" 为最大值。

8.3.5　MIN()函数

MIN()返回查询列中的最小值。

【例 8.39】在 fruits 表中查找市场上水果的最低价格。SQL 语句如下：

```
SELECT MIN(f_price) AS min_price FROM fruits;
```

执行语句后的结果如图 8-44 所示。

由结果可以看出，MIN ()函数查询出了 f_price 字段的最小值 2.20。

MIN()函数也可以和 GROUP BY 关键字一起使用，求每个分组中的最小值。

【例 8.40】在 fruits 表中查找不同供应商提供的价格最低的水果，SQL 语句如下：

```
SELECT s_id, MIN(f_price) AS min_price
     FROM fruits
     GROUP BY s_id;
```

执行语句后的结果如图 8-45 所示。

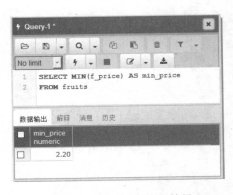

图 8-44　SQL 语句执行结果

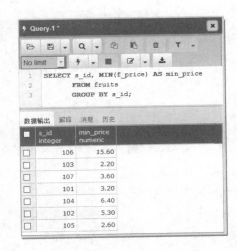

图 8-45　SQL 语句执行结果

由结果可以看出，GROUP BY 关键字根据 s_id 字段对记录进行分组，然后计算出每个分组中的最小值。

MIN()函数与 MAX()函数类似，不仅适用于查找数值类型，也可以用于字符类型。

8.4　连接查询

连接是关系数据库模型的主要特点。连接查询是关系数据库中最主要的查询，包括内连接、外连接等。通过连接运算符可以实现多个表查询。在关系数据库管理系统中，建立表时各数据之间的关系不必确定，常把一个实体的所有信息存放在一个表中。当查询数据时，通过连接操作查询出存放在多个表中不同实体的信息。当两个或多个表中存在相同意义的字段时，便可以通过这些字段对不同的表进行连接查询。本节将介绍多表之间的内连接查询、外连接查询以及复合条件连接查询。

8.4.1　内连接查询

内连接（INNER JOIN）使用比较运算符进行表间某（些）列数据的比较操作，并列出这些表中与连接条件相匹配的数据行，组合成新的记录，也就是说，在内连接查询中，只有满足条件的记录才能出现在结果列表中。

【例 8.41】在 fruits 表和 suppliers 表之间使用内连接查询。

查询之前，在数据库中创建数据表 suppliers，SQL 语句如下：

```
CREATE TABLE suppliers
(
s_id    INT   PRIMARY KEY,
s_name  varchar(50)   NOT NULL,
s_city  varchar(50)    NOT NULL);
```

为了演示方便，需要插入数据，可执行以下语句：

```
INSERT INTO suppliers (s_id, s_name, s_city)
VALUES(101,'FastFruit Inc', 'Tianjin'),
 (102,'LT Supplies', 'shanghai'),
(103,'ACME', 'beijing'),
(104,'FNK Inc', 'zhengzhou'),
(105,'Good Set', 'xinjiang'),
(106,'Just Eat Ours', 'yunnan'),
(107,'JOTO meoukou', 'guangdong');
```

fruits 表和 suppliers 表中都有相同数据类型的字段 s_id，两个表通过 s_id 字段建立联系。接下来从 fruits 表中查询 f_name、f_price 字段，从 suppliers 表中查询 s_id、s_name，SQL 语句如下：

```
SELECT suppliers.s_id, s_name,f_name, f_price
    FROM fruits ,suppliers
    WHERE fruits.s_id = suppliers.s_id;
```

执行语句后的结果如图 8-46 所示。

在这里 SELECT 语句与前面所介绍的一个最大的差别是，SELECT 后面指定的列分别属于两个不同的表，（f_name，f_price）在表 fruits 中，而另外两个在表 suppliers 中；同时 FROM 子句列出了两个表 fruits 和 suppliers；WHERE 子句作为过滤条件，在这里指明只有两个表中的 s_id 字段值相等的时候才符合连接查询的条件。从返回的结果可以看出，显示的记录是由两个表中的不同列值组成的新记录。

 注意　因为 fruits 表和 suppliers 表中有相同的字段 s_id，所以在比较的时候需要完全限定表名（格式为"表名.列名"）。如果只给出 s_id，PostgreSQL 将不知道指的是哪一个，并返回错误信息。

下面的内连接查询语句返回与前面完全相同的结果。

【例 8.42】在 fruits 表和 suppliers 表之间使用 INNER JOIN 语法进行内连接查询。SQL 语句如下：

```
SELECT suppliers.s_id, s_name,f_name, f_price
    FROM fruits INNER JOIN suppliers
    ON fruits.s_id = suppliers.s_id;
```

执行语句后的结果如图 8-47 所示。

图 8-46　SQL 语句执行结果

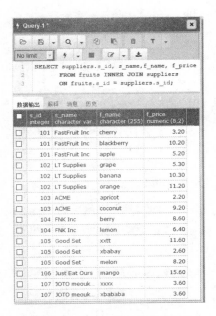

图 8-47　SQL 语句执行结果

两个表之间的关系通过 INNER JOIN 指定。在使用这种语法时，连接的条件使用 ON 子句而不是 WHERE。ON 和 WHERE 后面指定的条件相同。

 提示　使用 WHERE 子句定义连接条件比较简单明了；而 INNER JOIN 语法是 ANSI SQL 的标准规范，使用 INNER JOIN 连接语法能够确保不会忘记连接条件，而且在某些时候会影响查询的性能。

在一个连接查询中涉及的两个表是同一个表时，这种查询称为自连接查询。自连接是一种特殊的内连接，是指相互连接的表在物理上为同一张表，但可以在逻辑上分为两张表。

【例 8.43】查询 f_id='a1'的水果供应商提供的其他水果种类。SQL 语句如下：

```
SELECT f1.f_id, f1.f_name
       FROM fruits AS f1, fruits AS f2
       WHERE f1.s_id = f2.s_id AND f2.f_id
= 'a1';
```

执行语句后的结果如图 8-48 所示。

此处查询的两个表是相同的表，为了防止产生二义性，对表使用了别名：fruits 表第一次出现的别名为 f1、第二次出现的别名为 f2。使用 SELECT 语句返回列时明确指出返回以 f1 为前缀的列的全名，并用 WHERE 连接两个表，按照第二个表的 f_id 对数据进行过滤，返回所需数据。

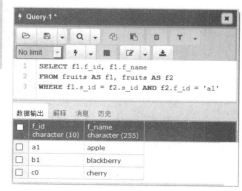

图 8-48　SQL 语句执行结果

8.4.2　外连接查询

连接查询将查询多个表中相关联的行，内连接时，返回查询结果集合中的仅是符合查询条件和连接条件的行，但有时需要包含没有关联的行中数据，即返回到查询结果集合中的不仅包含符合连接条件的行，还包括左表（左外连接或左连接）、右表（右外连接或右连接）或两个边接表（全外连接）中的所有数据行。外连接分为左外连接和右外连接：

- LEFT JOIN（左连接）：返回包括左表中的所有记录和右表中连接字段相等的记录。
- RIGHT JOIN（右连接）：返回包括右表中的所有记录和左表中连接字段相等的记录。

1．LEFT JOIN 左连接

左连接的结果包括 LEFT OUTER JOIN 关键字左边连接表的所有行，而不仅仅是连接列所匹配的行。如果左表的某行在右表中没有匹配行，那么在相关联的结果集行中右表的所有选择表字段均为空值。

在做外连接查询的案例之前，在数据库中创建数据表 orders，SQL 语句如下：

```
CREATE TABLE orders
(
o_num    INT   NULL,
o_date   DATE   NOT NULL,
c_id   varchar(50)    NOT NULL);
```

为了演示方例，需要插入数据，可执行以下语句：

```
INSERT INTO orders (o_num, o_date, c_id)
VALUES
```

```
(30001,'2008-09-01 00:00:00', '10001'),
(30002,'2008-09-12 00:00:00', '10003'),
(30003,'2008-09-30 00:00:00', '10004'),
(NULL,'2008-10-03 00:00:00', '10002'),
(30004,'2008-10-03 00:00:00', 'NULL'),
(30005,'2008-10-08 00:00:00', '10001');
```

【例 8.44】在 customers 表和 orders 表中查询所有客户，包括没有订单的客户。SQL 语句如下：

```
SELECT customers.c_id, orders.o_num
    FROM customers LEFT OUTER JOIN orders
    ON customers.c_id = orders.c_id;
```

执行语句后的结果如图 8-49 所示。

结果显示了 5 条记录，ID 等于 10002 的客户目前并没有下订单，对应的 orders 表中没有该客户的订单信息，所以该条记录只取出了 customers 表中相应的值，而从 orders 表中取出的值为空值。

2．RIGHT JOIN 右连接

右连接是左连接的反向连接，将返回 RIGHT OUTER JOIN 关键字右边表中的所有行。如果右表的某行在左表中没有匹配行，左表将返回空值。

【例 8.45】在 customers 表和 orders 表中，查询所有订单，包括没有客户的订单。SQL 语句如下：

```
SELECT customers.c_id, orders.o_num
    FROM customers RIGHT OUTER JOIN orders
    ON customers.c_id = orders.c_id;
```

执行语句后的结果如图 8-50 所示。

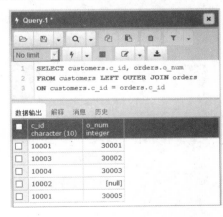

图 8-49　SQL 语句执行结果

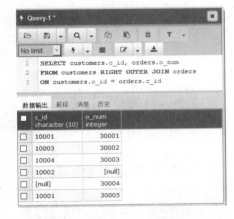

图 8-50　SQL 语句执行结果

结果显示了 6 条记录，订单号等于 30004 的订单的客户对应的 customers 表中并没有该客户的信息，所以该条记录只取出了 orders 表中相应的值，而从 customers 表中取出的值为空值。

8.4.3 复合条件连接查询

复合条件连接查询是在连接查询的过程中，通过添加过滤条件，限制查询的结果，使查询的结果更加准确。

【例8.46】在customers表和orders表中，使用INNER JOIN语法查询customers表中ID为10001的客户的订单信息，SQL语句如下：

```
SELECT customers.c_id, orders.o_num
    FROM customers INNER JOIN orders
    ON customers.c_id = orders.c_id AND customers.c_id ='10001';
```

执行语句后的结果如图8-51所示。

结果显示，在连接查询时指定查询客户ID为10001的订单信息，添加了过滤条件之后返回的结果将会变少，因此返回结果只有两条记录。

使用连接查询，也可以对查询的结果进行排序。

【例8.47】在fruits表和suppliers表之间使用INNER JOIN语法进行内连接查询，并对查询结果排序。SQL语句如下：

```
SELECT suppliers.s_id, s_name,f_name, f_price
    FROM fruits INNER JOIN suppliers
    ON fruits.s_id = suppliers.s_id
    ORDER BY fruits.s_id;
```

执行语句后的结果如图8-52所示。

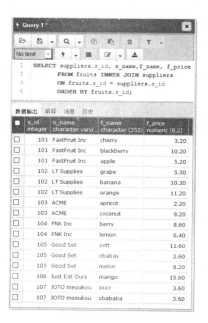

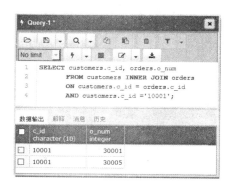

图 8-51　SQL 语句执行结果

图 8-52　SQL 语句执行结果

由结果可以看出，内连接查询的结果按照 suppliers.s_id 字段进行了升序排列。

8.5 子 查 询

子查询是指一个查询语句嵌套在另一个查询语句内部的查询，这个特性从 PostgreSQL 4.1 开始引入。在 SELECT 子句中先计算子查询，子查询结果作为外层另一个查询的过滤条件，查询可以基于一个表或者多个表。子查询中常用的操作符有 ANY(SOME)、ALL、IN、EXISTS。子查询可以添加到 SELECT、UPDATE 和 DELETE 语句中，而且可以进行多层嵌套。子查询中也可以使用比较运算符，如 "<" "<=" ">" ">=" 和 "!=" 等。本节将介绍如何在 SELECT 语句中嵌套子查询。

8.5.1 带 ANY、SOME 关键字的子查询

ANY 和 SOME 关键字是同义词，表示满足其中任一条件。它们允许创建一个表达式对子查询的返回值列表进行比较，只要满足内层子查询中的任何一个比较条件，就返回一个结果作为外层查询的条件。

下面定义两个表 tbl1 和 tbl2：

```
CREATE table tbl1 ( num1 INT NOT NULL);
CREATE table tbl2 ( num2 INT NOT NULL);
```

分别向两个表中插入数据，

```
INSERT INTO tbl1 values(1), (5), (13), (27);
INSERT INTO tbl2 values(6), (14), (11), (20);
```

ANY 关键字接在一个比较操作符的后面，表示与子查询返回的任何值比较为 TRUE 就返回 TRUE。

【例 8.48】返回 tbl2 表的所有 num2 列，然后将 tbl1 中 num1 的值与之进行比较，大于 num2 的任何值均为符合查询条件的结果。

```
SELECT num1 FROM tbl1 WHERE num1 > ANY (SELECT num2 FROM tbl2);
```

执行语句后的结果如图 8-53 所示。

在子查询中，返回的是 tbl2 表的所有 num2 列结果（6,14,11,20），然后将 tbl1 中 num1 列的值与之进行比较，只要大于 num2 列的任意一个数即为符合条件的结果。

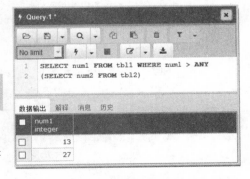

图 8-53 SQL 语句执行结果

8.5.2 带 ALL 关键字的子查询

ALL 关键字与 ANY 和 SOME 不同，使用 ALL 时需要同时满足所有内层查询的条件。例如，修改前面的例子，用 ALL 操作符替换 ANY 操作符。

ALL 关键字接在一个比较操作符的后面，表示与子查询返回的所有值比较为 TRUE 就返回 TRUE。

【例 8.49】返回 tbl1 表中比 tbl2 表中 num2 列所有值都大的值。SQL 语句如下：

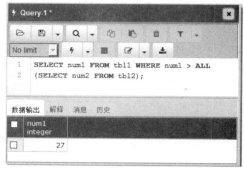

```
SELECT num1 FROM tbl1 WHERE num1 > ALL
(SELECT num2 FROM tbl2);
```

执行语句后的结果如图 8-54 所示。

在子查询中，返回的是 tbl2 的所有 num2 列结果（6,14,11,20），然后将 tbl1 中 num1 列的值与之进行比较，大于所有 num2 列值的 num1 值只有 27，因此返回结果为 27。

图 8-54　SQL 语句执行结果

8.5.3　带 EXISTS 关键字的子查询

EXISTS 关键字后面的参数是一个任意的子查询，系统对子查询进行运算以判断它是否返回行，如果至少返回一行，那么 EXISTS 的结果为 TRUE，此时外层查询语句将进行查询；如果子查询没有返回任何行，那么 EXISTS 返回的结果是 FALSE，此时外层语句将不进行查询。

【例 8.50】查询 suppliers 表中是否存在 s_id=107 的供应商，如果存在就查询 fruits 表中的记录。SQL 语句如下：

```
SELECT * FROM fruits
    WHERE EXISTS
    (SELECT s_name FROM suppliers WHERE s_id = 107);
```

执行语句后的结果如图 8-55 所示。

内层查询结果表明 suppliers 表中存在 s_id=107 的记录，因此 EXISTS 表达式返回 TRUE；外层查询语句接收 TRUE 之后对表 fruits 进行查询，返回所有的记录。

EXISTS 关键字可以和条件表达式一起使用。

【例 8.51】查询表 suppliers 表中是否存在 s_id=107 的供应商，如果存在就查询 fruits 表中 f_price 大于 10.20 的记录。SQL 语句如下：

```
SELECT * FROM fruits
    WHERE f_price>10.20 AND EXISTS
    (SELECT s_name FROM suppliers WHERE s_id = 107);
```

执行语句后的结果如图 8-56 所示。

内层查询结果表明 suppliers 表中存在 s_id=107 的记录，因此 EXISTS 表达式返回 TRUE；外层查询语句接收 TRUE 之后根据查询条件 f_price > 10.20 对 fruits 表进行查询，返回结果为 4 条 f_price 大于 10.20 的记录。

图 8-55　SQL 语句执行结果

图 8-56　SQL 语句执行结果

NOT EXISTS 与 EXISTS 使用方法相同，返回的结果相反。子查询如果至少返回一行，那么 NOT EXISTS 的结果为 FALSE，此时外层查询语句将不进行查询；如果子查询没有返回任何行，那么 NOT EXISTS 返回的结果是 TRUE，此时外层语句将进行查询。

【例 8.52】查询 suppliers 表中是否存在 s_id=107 的供应商，如果不存在就查询 fruits 表中的记录。SQL 语句如下：

```
SELECT * FROM fruits
    WHERE NOT EXISTS
    (SELECT s_name FROM suppliers WHERE s_id = 107);
```

执行语句后的结果如图 8-57 所示。

查询语句 SELECT s_name FROM suppliers WHERE s_id = 107 对 suppliers 表查询返回了一条记录，NOT EXISTS 表达式返回 FALSE，外层表达式接收 FALSE，将不再查询 fruits 表中的记录。

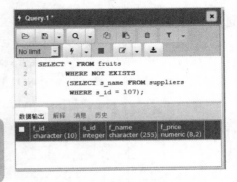

提 示　EXISTS 和 NOT EXISTS 的结果只取决于是否会返回行，而不取决于这些行的内容，所以这个子查询输入列表通常是无关紧要的。

图 8-57　SQL 语句执行结果

8.5.4 带 IN 关键字的子查询

利用 IN 关键字进行子查询时，内层查询语句仅仅返回一个数据列，这个数据列里的值将提供给外层查询语句进行比较操作。

【例 8.53】在 customers 表中查询 c_name="RedHook" 的客户 ID（c_id），并根据 c_id 查询订单号 o_num。SQL 语句如下：

```
SELECT o_num FROM orders WHERE c_id IN
    (SELECT c_id  FROM customers WHERE c_name='RedHook');
```

执行语句后的结果如图 8-58 所示。

查询结果的 o_num 有 3 个值，分别为 30001、30002 和 30005。上述查询过程可以分步执行，首先内层子查询查出 customers 表中符合条件的客户 ID（c_id），单独执行内查询：

```
SELECT c_id  FROM customers WHERE c_name='RedHook'
```

执行语句后的结果如图 8-59 所示。

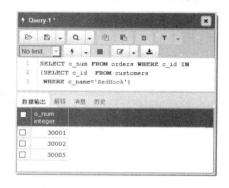

图 8-58　SQL 语句执行结果

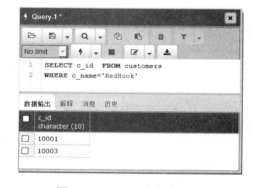

图 8-59　SQL 语句执行结果

符合条件的 c_id 列的值有两个：10001 和 10003。然后执行外层查询，在 orders 表中查询 c_id 等于 10001 或 10003 的 o_num。嵌套子查询语句可以写为如下形式：

```
SELECT o_num FROM orders WHERE c_id IN ('10001', '10003');
```

执行语句后可以实现相同的效果，如图 8-60 所示。

这个例子说明在处理 SELECT 语句时，PostgreSQL 实际上执行了两个操作过程，即先执行内层子查询，再执行外层查询，内层子查询的结果作为外部查询的比较条件。

在 SELECT 语句中可以使用 NOT IN 关键字，其作用与 IN 正好相反。

【例 8.54】与【例 8.53】语句类似，只是在 SELECT 语句中使用 NOT IN 操作符。SQL 语句如下：

```
SELECT o_num FROM orders WHERE c_id NOT IN
    (SELECT c_id  FROM customers WHERE c_name='RedHook');
```

执行语句后的结果如图 8-61 所示。

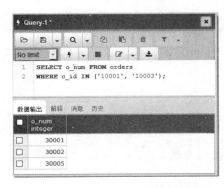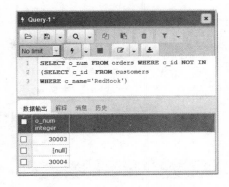

图 8-60　SQL 语句执行结果　　　　　　　图 8-61　SQL 语句执行结果

这里返回的结果中有 3 条记录，在前面可知子查询返回的 c_id 值有两个，即 10001 和 10003，排除这两个值后，c_id 为 10004、10002 和空值，在 orders 表中对应的 o_num 值为 30003、空值和 30004。

子查询的功能也可以通过连接查询完成，但是子查询使得 PostgreSQL 代码更容易阅读和编写。

8.5.5　带比较运算符的子查询

在前面介绍的带 ANY、ALL 关键字的子查询时使用了>比较运算符，子查询时还可以使用其他的比较运算符，如<、<=、=、>=和!=等。

【例 8.55】在 suppliers 表中查询 s_city 等于"Tianjin"的供应商 s_id，然后在 fruits 表中查询所有该供应商提供的水果种类，SQL 语句如下：

```
SELECT s_id, f_name FROM fruits
WHERE s_id =
(SELECT s1.s_id FROM suppliers AS s1 WHERE s1.s_city = 'Tianjin');
```

该嵌套查询首先在 suppliers 表中查找 s_city 等于 Tianjin 的供应商的 s_id，单独执行子查询查看 s_id 的值，执行下面的操作过程：

```
SELECT s1.s_id FROM suppliers AS s1 WHERE s1.s_city = 'Tianjin';
```

执行语句后的结果如图 8-62 所示。

然后在外层查询时，在 fruits 表中查找 s_id 等于 101 的供应商提供的水果种类，SQL 语句如下：

```
SELECT s_id, f_name FROM fruits
    WHERE s_id =
    (SELECT s1.s_id FROM suppliers AS s1 WHERE s1.s_city = 'Tianjin');
```

执行语句后的结果如图 8-63 所示。

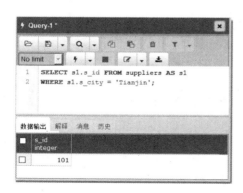

图 8-62　SQL 语句执行结果

图 8-63　SQL 语句执行结果

结果表明，"Tianjin"地区的供应商提供的水果种类有 3 种，分别为"apple""blackberry"和"cherry"。

【例 8.56】在 suppliers 表中查询 s_city 等于"Tianjin"的供应商 s_id，然后在 fruits 表中查询所有非该供应商提供的水果种类，SQL 语句如下：

```
SELECT s_id, f_name FROM fruits
      WHERE s_id <>
      (SELECT s1.s_id FROM suppliers AS s1
WHERE s1.s_city = 'Tianjin');
```

执行语句后的结果如图 8-64 所示。

该嵌套查询执行过程与前面相同，在这里使用了不等于"<>"运算符，因此返回的结果和前面正好相反。

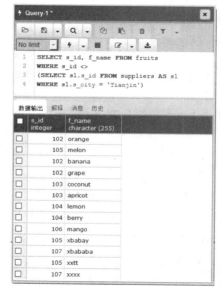

图 8-64　SQL 语句执行结果

8.6　合并查询结果

利用 UNION 关键字，可以给出多条 SELECT 语句，并将它们的结果组合成单个结果集。合并时，两个表对应的列数和数据类型必须相同。各个 SELECT 语句之间使用 UNION 或 UNION ALL 关键字分隔。UNION 不使用关键字 ALL，执行的时候删除重复的记录，所有返回的行都是唯一的；使用关键字 ALL 的作用是不删除重复行也不对结果进行自动排序。基本语法格式如下：

```
SELECT column,... FROM table1
UNION [ALL]
SELECT column,... FROM table2
```

【例 8.57】先查询所有价格小于 9 元的水果信息，再查询 s_id 等于 101 和 103 的水果信息，最后使用 UNION 连接查询结果，SQL 语句如下：

```
SELECT s_id, f_name, f_price
FROM fruits
WHERE f_price < 9.0
UNION
SELECT s_id, f_name, f_price
FROM fruits
WHERE s_id IN(101,103);
```

合并执行语句后的结果如图 8-65 所示。

如前所述，UNION 将多个 SELECT 语句的结果组合成一个结果集合，也可以分开查看每个 SELECT 语句的结果。第 1 个 SELECT 如下语句：

```
SELECT s_id, f_name, f_price
    FROM fruits
    WHERE f_price < 9.0;
```

执行语句后的结果如图 8-66 所示。

第 2 个 SELECT 如下语句：

```
SELECT s_id, f_name, f_price
    FROM fruits
    WHERE s_id IN(101,103);
```

执行语句后的结果如图 8-67 所示。

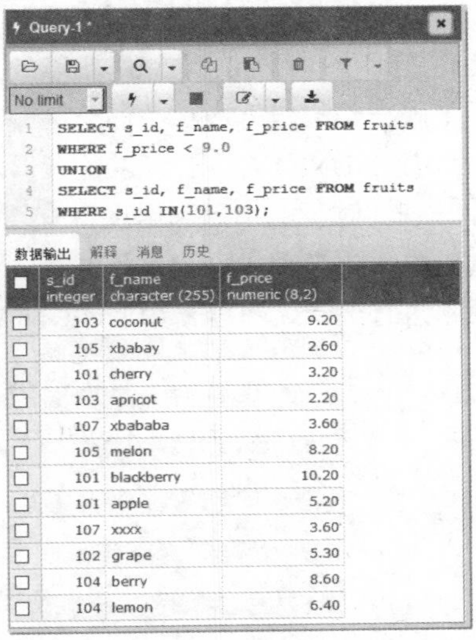

图 8-65 SQL 语句执行结果

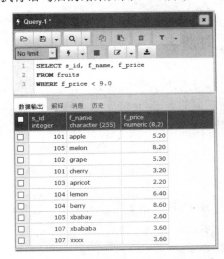

图 8-66 SQL 语句执行结果

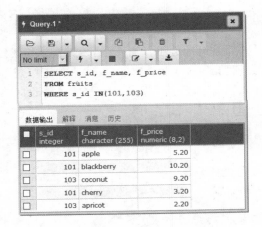

图 8-67 SQL 语句执行结果

由分开查询的结果可以看出，第 1 条 SELECT 语句查询价格小于 9 的水果，第 2 条 SELECT 语句查询供应商 101 和 103 提供的水果。使用 UNION 将两条 SELECT 语句连接起来，执行完毕之后把输出结果组合成单个的结果集，并删除重复的记录。

使用 UNION ALL 可以包含重复的行。在前面的例子中，分开查询时，两个返回结果中有相同的记录，UNION 从查询结果集中自动去除了重复的行。如果要返回所有匹配行，而不进行删除，可以使用 UNION ALL。

【例 8.58】先查询所有价格小于 9 元的水果信息，再查询 s_id 等于 101 和 103 的水果信息，最后使用 UNION ALL 连接查询结果，SQL 语句如下：

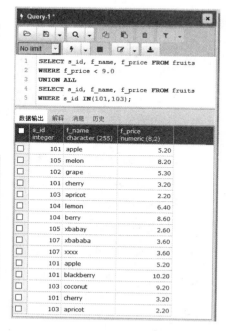

```
SELECT s_id, f_name, f_price
FROM fruits
WHERE f_price < 9.0
UNION ALL
SELECT s_id, f_name, f_price
FROM fruits
WHERE s_id IN(101,103);
```

执行语句后的结果如图 8-68 所示。

这里总的记录数等于两条 SELECT 语句返回的记录数之和，连接查询结果并没有去除重复的行。

图 8-68　SQL 语句执行结果

提示　使用 UNION ALL 时不删除重复行。加上 ALL 关键字语句执行时所需要的资源少，因此知道有重复行但是想保留这些行以及确定查询结果中不会有重复数据或者不需要去掉重复数据的时候应当使用 UNION ALL，以提高查询效率。

8.7　为表和字段取别名

在前面介绍分组查询、集合函数查询和嵌套子查询时，有的地方使用 AS 关键字为查询结果中的某一列指定了一个特定的名字。在内连接查询时，则对相同的表 fruits 分别指定两个不同的名字。这里可以为字段或者表取一个别名，在查询时使用别名替代指定的内容。本节将介绍如何为字段和表创建别名以及如何使用别名。

8.7.1　为表取别名

当表名字很长或者执行一些特殊查询时，为了方便操作或者需要多次使用相同的表时，可以为表指定别名，用这个别名替代表原来的名称。为表取别名的基本语法格式为：

表名 [AS] 表别名

"表名"为数据库中存储的数据表的名称，"表别名"为查询时指定的表的新名称，AS 关键字为可选参数。

【例8.59】为 orders 表取别名 o，查询30001 订单的下单日期，SQL 语句如下：

```
SELECT * FROM orders AS o
WHERE o.o_num=30001;
```

orders AS o 代码表示为 orders 表取别名为 o，指定过滤条件时直接使用 o 代替 orders。执行语句后的结果如图 8-69 所示。

【例8.60】分别为 customers 和 orders 表取别名，并进行连接查询。SQL 语句如下：

```
SELECT c.c_id, o.o_num
      FROM customers AS c LEFT OUTER JOIN orders AS o
      ON c.c_id = o.c_id;
```

执行语句后的结果如图 8-70 所示。

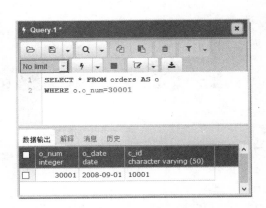

图 8-69 SQL 语句执行结果

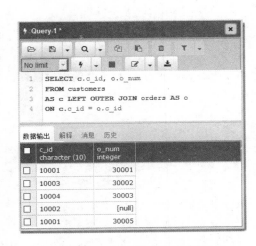

图 8-70 SQL 语句执行结果

由结果看出，PostgreSQL 可以同时为多个表取别名，而且表别名可以放在不同的位置，如 WHERE 子句、SELECT 列表、ON 子句以及 ORDER BY 子句等。

在前面介绍内连接查询时指出自连接是一种特殊的内连接，在连接查询中的两个表都是同一个表，其查询如下语句：

```
SELECT f1.f_id, f1.f_name
      FROM fruits AS f1, fruits AS f2
      WHERE f1.s_id = f2.s_id AND f2.f_id
= 'a1';
```

执行语句后的结果如图 8-71 所示。

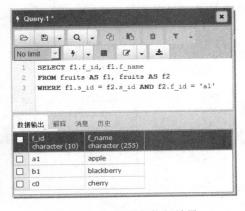

图 8-71 SQL 语句执行结果

如果不使用表别名，PostgreSQL 将不知道引用的是哪个 fruits 表实例。这是表别名非常有用的地方。

> 在为表取别名时，要保证不能与数据库中的其他表的名称冲突。

提 示

8.7.2 为字段取别名

使用 SELECT 语句显示查询结果时，PostgreSQL 会显示每个 SELECT 后面指定的输出列，在有些情况下，显示的列的名称会很长或者名称不够直观，PostgreSQL 可以指定列别名，替换字段或表达式。为字段取别名的基本语法格式为：

```
列名 [AS] 列别名
```

"列名"为表中字段定义的名称，"列别名"为字段新的名称，AS 关键字为可选参数。

【例 8.61】查询 fruits 表，为 f_name 取别名 fruit_name，为 f_price 取别名 fruit_price，为 fruits 表取别名 f1，查询表中 f_price 小于 8 的水果名称。SQL 语句如下：

```
SELECT f1.f_name AS fruit_name,
f1.f_price AS fruit_price
        FROM fruits AS f1
        WHERE f1.f_price < 8;
```

执行语句后的结果如图 8-72 所示。

也可以为 SELECT 子句中计算字段取别名。例如，对使用 COUNT 聚合函数或者 CONCAT 等系统函数执行的结果字段取别名。

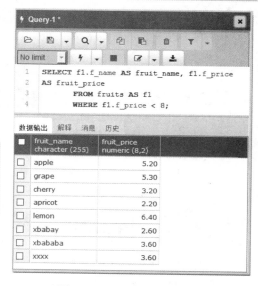

图 8-72　SQL 语句执行结果

【例 8.62】查询 suppliers 表中字段 s_name 和 s_city，使用 CONCAT 函数连接这两个字段值，并取列别名为 suppliers_title。

如果没有对连接后的值取别名，其显示列名称将不够直观，SQL 语句如下：

```
SELECT CONCAT(RTRIM(s_name) , ' (', RTRIM(s_city), ')')
        FROM suppliers
        ORDER BY s_name;
```

执行语句后的结果如图 8-73 所示。

显示结果的列名称为 SELECT 子句后面的计算字段。实际上，计算之后的列是没有名字的，这样的结果让人很不理解。如果为字段取一个别名，将会使结果更加清晰，SQL 语句如下：

```
SELECT CONCAT(RTRIM(s_name) , ' (', RTRIM(s_city), ')')
       AS suppliers_title
       FROM suppliers
       ORDER BY s_name;
```

执行语句后的结果如图 8-74 所示。

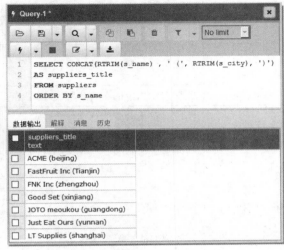

图 8-73　SQL 语句执行结果　　　　　图 8-74　SQL 语句执行结果

SELECT 子句计算字段值之后增加了 AS suppliers_title，指示 PostgreSQL 为计算字段创建一个别名 suppliers_title。显示结果为指定的列别名，增强了查询结果的可读性。

表别名只在执行查询的时候使用，并不在返回结果中显示。列别名在定义之后将返回给客户端显示，显示的结果字段为字段列的别名。

8.8　使用正则表达式查询

正则表达式通常被用来检索或替换那些符合某个模式的文本内容，根据指定的匹配模式匹配文本中符合要求的特殊字符串。例如，从一个文本文件中提取电话号码、查找一篇文章中重复的单词或者替换用户输入的某些敏感词语等，都可以使用正则表达式。正则表达式强大而且灵活，可以应用于非常复杂的查询。

PostgreSQL 中正则表达式的操作符使用方法如下：

- ～：匹配正则表达式，区分大小写。
- ～*：匹配正则表达式，不区分大小写。
- !～：不匹配正则表达式，区分大小写。
- !～*：不匹配正则表达式，不区分大小写。

PostgreSQL 中使用指定正则表达式的字符匹配模式。表 8.3 列出了常用字符匹配列表。

表8.3　正则表达式常用字符匹配列表

选项	说明	例子	匹配值示例
^	匹配文本的开始字符	'^b'匹配以字母 b 开头的字符串	book, big, banana, bike
.	匹配任何单个字符	'b.t'匹配任何 b 和 t 之间有一个字符的字符串	bit, bat, but,bite
*	匹配零个或多个在它前面的字符	'f*n'匹配字符 n 前面有任意个 f 的字符串，包括零个	fn, fan,faan, abcn
+	匹配前面的字符 1 次或多次	'ba+ '匹配以 b 开头后面至少紧跟一个 a 的字符串	ba, bay, bare, battle
<字符串>	匹配包含指定的字符串的文本	'fa'匹配包含'fa'的字符串	fan,afa,faad
[字符集合]	匹配字符集合中的任何一个字符	'[xz]'匹配包含 x 或者 z 的字符串	dizzy, zebra, x-ray, extra
[^]	匹配不在括号中的任何字符	'[^abc]'匹配任何不包含 a、b 或 c 的字符串	desk, fox, f8ke
字符串 {n,}	匹配前面的字符串至少 n 次	b{2}匹配包含两个或更多的 b 的字符串	bbb,bbbb,bbbbbbb
字符串 {n,m}	匹配前面的字符串至少 n 次，至多 m 次。如果 n 为 0，此参数为可选参数	b{2,4}匹配包含最少 2 个、最多 4 个 b 的字符串	bb,bbb,bbbb

8.8.1　查询以特定字符或字符串开头的记录

字符 '^' 匹配以特定字符或者字符串开头的文本。

【例 8.63】在 fruits 表中，查询 f_name 字段以字母 'b' 开头的记录，SQL 语句如下：

```
SELECT * FROM fruits WHERE f_name ~ '^b';
```

执行语句后的结果如图 8-75 所示。

fruits 表中有 3 条记录的 f_name 字段值是以字母 b 开头的，返回结果有 3 条记录。

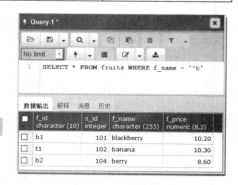

图 8-75　SQL 语句执行结果

【例 8.64】在 fruits 表中，查询 f_name 字段以 "be" 开头的记录，SQL 语句如下：

```
SELECT * FROM fruits WHERE f_name ~ '^be';
```

执行语句后的结果如图 8-76 所示。

只有 berry 是以 "be" 开头的，所以查询结果中只有一条记录。

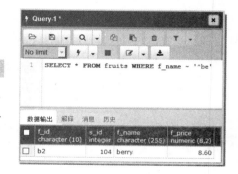

图 8-76　SQL 语句执行结果

8.8.2 查询以特定字符或字符串结尾的记录

本节介绍如何查询以特定字符或字符串结尾的记录。

【例 8.65】在 fruits 表中，查询 f_name 字段以字母 't' 结尾的记录，SQL 语句如下：

```
SELECT * FROM fruits WHERE f_name ~ 't';
```

执行语句后的结果如图 8-77 所示。

fruits 表中有 3 条记录的 f_name 字段值是以字母 't' 结尾，所以返回结果中有 3 条记录。

【例 8.66】在 fruits 表中，查询 f_name 字段以字符串 "rry" 结尾的记录，SQL 语句如下：

```
SELECT * FROM fruits WHERE f_name ~ 'rry';
```

执行语句后的结果如图 8-78 所示。

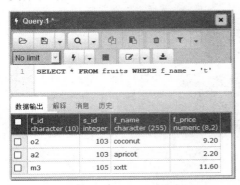

图 8-77　SQL 语句执行结果

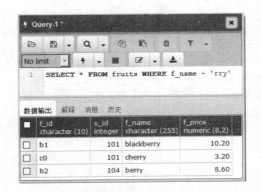

图 8-78　SQL 语句执行结果

fruits 表中有 3 条记录的 f_name 字段值是以字符串 "rry" 结尾，所以返回结果中有 3 条记录。

8.8.3 用 "." 符号替代字符串中的任意一个字符

字符 '.' 匹配任意一个字符。

【例 8.67】在 fruits 表中，查询 f_name 字段值包含字母 'a' 与 'g' 且两个字母之间只有一个字母的记录，SQL 语句如下：

```
SELECT * FROM fruits WHERE f_name ~ 'a.g';
```

执行语句后的结果如图 8-79 所示。

查询语句中 'a.g' 指定匹配字符中要有字母 a 和 g，且两个字母之间包含单个字母，并不限定匹配的字符位置和所在查询字符串的总长度，因此 orange 和 mango 都符合匹配条件。

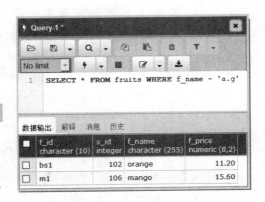

图 8-79　SQL 语句执行结果

8.8.4　使用"*"和"+"匹配多个字符

星号'*'匹配前面的字符任意次，包括 0 次。加号'+'匹配前面的字符至少一次。

【例 8.68】在 fruits 表中，查询 f_name 字段值以字母'b'开头且'b'后面出现字母'a'的记录，SQL 语句如下：

```
SELECT * FROM fruits WHERE f_name ~ '^ba*';
```

执行语句后的结果如图 8-80 所示。

星号'*'可以匹配任意多个字符，blackberry 和 berry 中字母 b 后面并没有出现字母 a，但是也满足匹配条件。

【例 8.69】在 fruits 表中，查询 f_name 字段值以字母'b'开头且'b'后面出现字母'a'至少一次的记录，SQL 语句如下：

```
SELECT * FROM fruits WHERE f_name ~ '^ba+';
```

执行语句后的结果如图 8-81 所示。

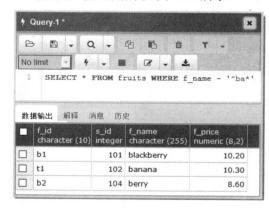

图 8-80　SQL 语句执行结果

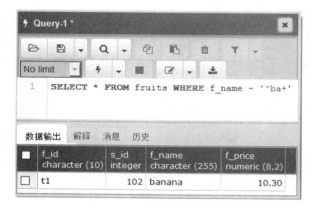

图 8-81　SQL 语句执行结果

'a+'匹配字母'a'至少一次，只有 banana 满足匹配条件。

8.8.5　匹配指定字符串

正则表达式可以匹配指定字符串，只要这个字符串在查询文本中即可。匹配多个字符串时，多个字符串之间使用分隔符'|'隔开。

【例 8.70】在 fruits 表中，查询 f_name 字段值包含字符串"on"的记录，SQL 语句如下：

```
SELECT * FROM fruits WHERE f_name ~ 'on';
```

执行语句后的结果如图 8-82 所示。

f_name 字段的 melon、lemon 和 coconut 三个值中都包含有字符串"on"，满足匹配条件。

【例 8.71】在 fruits 表中，查询 f_name 字段值包含字符串"on"或者"ap"的记录，SQL 语句如下：

```
SELECT * FROM fruits WHERE f_name ~ 'on|ap';
```

执行语句后的结果如图 8-83 所示。

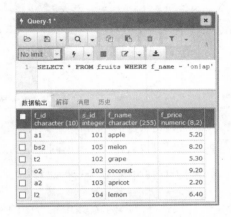

图 8-82 SQL 语句执行结果　　　　　　图 8-83 SQL 语句执行结果

f_name 字段的 melon、lemon 和 coconut 三个值中都包含有字符串"on"，apple 和 apricot 值中包含字符串"ap"，满足匹配条件。

> **提 示**　LIKE 运算符也可以匹配指定的字符串。~在文本内进行匹配，如果被匹配的字符串在文本中出现，~将会找到这个字符串，相应的行也会被返回。与~不同，LIKE 匹配的字符串若在文本中间出现则找不到，相应的行也不会返回。

【例 8.72】在 fruits 表中，使用 LIKE 运算符查询 f_name 字段值为"on"的记录，SQL 语句如下：

```
SELECT * FROM fruits WHERE f_name LIKE 'on';
```

执行语句后的结果如图 8-84 所示。

f_name 字段没有值为"on"的记录，返回结果为空。读者可以用实例来体会一下两者的区别。

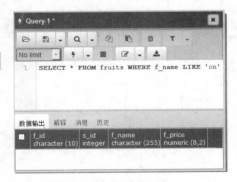

8.8.6　匹配指定字符中的任意一个

方括号"[]"指定一个字符集合，只匹配其中任意一个字符即为所查找的文本。

图 8-84 SQL 语句执行结果

【例 8.73】在 fruits 表中，查找 f_name 字段中包含字母'o'或者't'的记录，SQL 语句如下：

```
SELECT * FROM fruits WHERE f_name ~ '[ot]';
```

执行语句后的结果如图 8-85 所示。

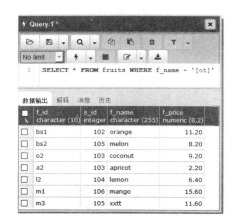

图 8-85　SQL 语句执行结果

从查询结果可以看出，所有返回记录的 f_name 字段值中都包含有字母 o 或者 t，或者两个都有。

8.8.7　匹配指定字符以外的字符

"[字符集合]"匹配不在指定集合中的任何字符。

【例 8.74】在 fruits 表中，查询 f_id 字段不包含字母 a 到 e 或数字 1 到 2 的记录，SQL 语句如下：

```
SELECT * FROM fruits WHERE f_id !~ '[a-e1-2]';
```

执行语句后的结果如图 8-86 所示。

返回记录中的 f_id 字段值中不包含指定的字母和数字。例如，m 和 t 字母均不在 a 至 e 之间，数字 3 和 4 也不在数字 1 至 2 中。

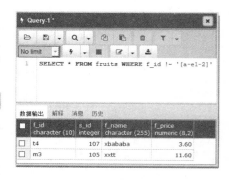

图 8-86　SQL 语句执行结果

8.8.8　使用{M}或者{M,N}指定字符串连续出现的次数

"字符串{n,}"表示至少匹配 n 次前面的字符。"字符串{n,m}"表示匹配前面的字符串不少于 n 次，不多于 m 次。例如，a{2,}表示字母 a 连续出现至少 2 次，也可以大于 2 次；a{2,4}表示字母 a 连续出现最少 2 次，最多不能超过 4 次。

【例 8.75】在 fruits 表中，查询 f_name 字段值出现字母 'x' 至少 2 次的记录，SQL 语句如下：

```
SELECT * FROM fruits WHERE f_name ~ 'x{2,}';
```

执行语句后的结果如图 8-87 所示。

可以看到，f_name 字段的"xxxx"包含了 4 个字母 'x'，"xxtt"包含两个字母 'x'，均为满足匹配条件的记录。

【例 8.76】在 fruits 表中，查询 f_name 字段值出现字符串"ba"最少 1 次、最多 3 次的记录，SQL 语句如下：

```
SELECT * FROM fruits WHERE f_name ~ 'ba{1,3}';
```

执行语句后的结果如图 8-88 所示。

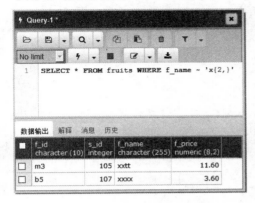

图 8-87　SQL 语句执行结果

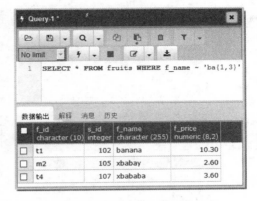

图 8-88　SQL 语句执行结果

可以看到，f_name 字段的 xbabay 值中 ba 出现了 2 次，banana 中出现了 1 次，xbababa 中出现了 3 次，都是满足匹配条件的记录。

8.9　综合案例——数据表查询操作

SQL 语句可以分为两部分，一部分用来创建数据库对象；另一部分用来操作这些对象。本章前面详细介绍了操作数据库对象的数据表查询语句。本节的综合案例将回顾这些查询语句。

1. 案例目的

根据不同条件对表（见表 8.4～表 8.7）进行查询操作，以掌握数据表的查询语句。

表 8.4　employee 表结构

字段名	字段说明	数据类型	主键	外键	非空	唯一	自增
e_no	员工编号	INT	是	否	是	是	否
e_name	员工姓名	VARCHAR(50)	否	否	是	否	否
e_gender	员工性别	CHAR(2)	否	否	是	否	否
dept_no	部门编号	INT	否	否	是	否	否
e_job	职位	VARCHAR(100)	否	否	是	否	否
e_salary	薪水	SMALLINT	否	否	是	否	否
hireDate	入职日期	DATE	否	否	是	否	否

表 8.5　dept 表结构

字段名	字段说明	数据类型	主键	外键	非空	唯一	自增
d_no	部门编号	INT	是	是	是	是	是
d_name	部门名称	VARCHAR(50)	否	否	否	否	否
d_location	部门地址	VARCHAR(100)	否	否	否	否	否

表 8.6　employee 表中的记录

e_no	e_name	e_gender	dept_no	e_job	e_salary	hireDate
1001	SMITH	m	20	CLERK	800	2005-11-12
1002	ALLEN	f	30	SALESMAN	1600	2003-05-12
1003	WARD	f	30	SALESMAN	1250	2003-05-12
1004	JONES	m	20	MANAGER	2975	1998-05-18
1005	MARTIN	m	30	SALESMAN	1250	2001-06-12
1006	BLAKE	f	30	MANAGER	2850	1997-02-15
1007	CLARK	m	10	MANAGER	2450	2002-09-12
1008	SCOTT	m	20	ANALYST	3000	2003-05-12
1009	KING	f	10	PRESIDENT	5000	1995-01-01
1010	TURNER	f	30	SALESMAN	1500	1997-10-12
1011	ADAMS	m	20	CLERK	1100	1999-10-05
1012	JAMES	m	30	CLERK	950	2008-06-15

表 8.7　dept 表中的记录

d_no	d_name	d_location
10	ACCOUNTING	ShangHai
20	RESEARCH	BeiJing
30	SALES	ShenZhen
40	OPERATIONS	FuJian

2. 案例操作过程

01 创建数据表 employee 和 dept。

```
CREATE TABLE dept
(
d_no        INT NOT NULL PRIMARY KEY,
d_name      VARCHAR(50),
d_location  VARCHAR(100)
);
```

由于 employee 表中的 dept_no 依赖于父表 dept 的主键 d_no，因此需要先创建 dept 表，再创建 employee 表。

```
CREATE TABLE employee
(
e_no        INT NOT NULL PRIMARY KEY,
e_name      VARCHAR(100) NOT NULL,
e_gender    CHAR(2) NOT NULL,
dept_no     INT NOT NULL,
e_job       VARCHAR(100) NOT NULL,
e_salary    SMALLINT NOT NULL,
hireDate    DATE,
```

```
CONSTRAINT dno_fk FOREIGN KEY(dept_no)
REFERENCES dept(d_no)
);
```

02 将指定记录分别插入两个表中。

向 dept 表中插入数据，SQL 语句如下：

```
INSERT INTO dept
VALUES (10, 'ACCOUNTING', 'ShangHai'),
(20, 'RESEARCH ', 'BeiJing '),
(30, 'SALES ', 'ShenZhen '),
(40, 'OPERATIONS ', 'FuJian ');
```

向 employee 表中插入数据，SQL 语句如下：

```
INSERT INTO employee
VALUES (1001, 'SMITH', 'm',20, 'CLERK',800,'2005-11-12'),
(1002, 'ALLEN', 'f',30, 'SALESMAN', 1600,'2003-05-12'),
(1003, 'WARD', 'f',30, 'SALESMAN', 1250,'2003-05-12'),
(1004, 'JONES', 'm',20, 'MANAGER', 2975,'1998-05-18'),
(1005, 'MARTIN', 'm',30, 'SALESMAN', 1250,'2001-06-12'),
(1006, 'BLAKE', 'f',30, 'MANAGER', 2850,'1997-02-15'),
(1007, 'CLARK', 'm',10, 'MANAGER', 2450,'2002-09-12'),
(1008, 'SCOTT', 'm',20, 'ANALYST', 3000,'2003-05-12'),
(1009, 'KING', 'f',10, 'PRESIDENT', 5000,'1995-01-01'),
(1010, 'TURNER', 'f',30, 'SALESMAN', 1500,'1997-10-12'),
(1011, 'ADAMS', 'm',20, 'CLERK', 1100,'1999-10-05'),
(1012, 'JAMES', 'm',30, 'CLERK', 950,'2008-06-15');
```

03 在 employee 表中，查询所有记录的 e_no、e_name 和 e_salary 字段值。

```
SELECT e_no, e_name, e_salary FROM employee;
```

执行语句后的结果如图 8-89 所示。

04 在 employee 表中，查询 dept_no 等于 10 和 20 的所有记录。

```
SELECT * FROM employee WHERE dept_no IN (10, 20);
```

执行语句后的结果如图 8-90 所示。

05 在 employee 表中，查询工资范围在 800～2500 之间的员工信息。

```
SELECT * FROM employee WHERE e_salary BETWEEN 800 AND 2500;
```

执行语句后的结果如图 8-91 所示。

06 在 employee 表中，查询部门编号为 20 的部门中的员工信息。

```
SELECT * FROM employee WHERE dept_no = 20;
```

执行语句后的结果如图 8-92 所示。

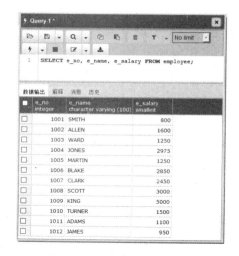

图 8-89　SQL 语句执行结果

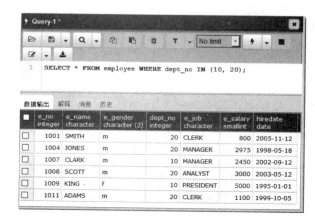

图 8-90　SQL 语句执行结果

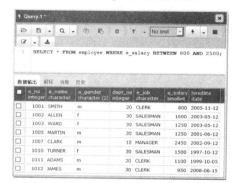

图 8-91　SQL 语句执行结果

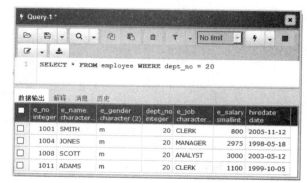

图 8-92　SQL 语句执行结果

07 在 employee 表中，查询每个部门最高工资的员工信息。

```
SELECT dept_no, MAX(e_salary) FROM employee GROUP BY dept_no;
```

执行语句后的结果如图 8-93 所示。

08 查询员工 BLAKE 所在部门和部门所在地。

```
SELECT d_no, d_location  FROM dept WHERE d_no=
(SELECT dept_no FROM employee WHERE e_name='BLAKE');
```

执行语句后的结果如图 8-94 所示。

09 使用连接查询，查出所有员工的部门和部门信息。

```
SELECT e_no, e_name, dept_no, d_name,d_location
FROM employee, dept WHERE dept.d_no=employee.dept_no;
```

执行语句后的结果如图 8-95 所示。

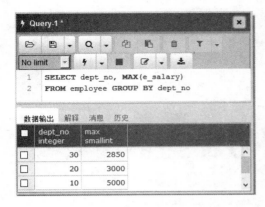

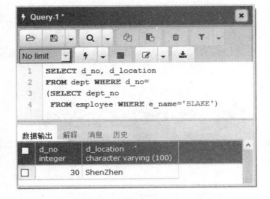

图 8-93　SQL 语句执行结果　　　　　　　图 8-94　SQL 语句执行结果

10　在 employee 表中，计算每个部门各有多少名员工。

```
SELECT dept_no, COUNT(*) FROM employee GROUP BY dept_no;
```

执行语句后的结果如图 8-96 所示。

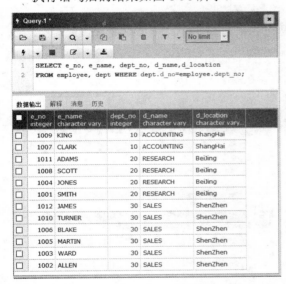

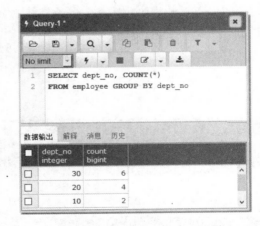

图 8-95　SQL 语句执行结果　　　　　　　图 8-96　SQL 语句执行结果

11　在 employee 表中，计算不同类型职工的总工资数。

```
SELECT e_job, SUM(e_salary) FROM employee GROUP BY e_job;
```

执行语句后的结果如图 8-97 所示。

12　在 employee 表中，计算不同部门的平均工资。

```
SELECT dept_no, AVG(e_salary) FROM employee GROUP BY dept_no;
```

执行语句后的结果如图 8-98 所示。

图 8-97　SQL 语句执行结果

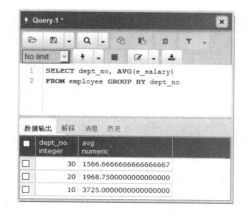

图 8-98　SQL 语句执行结果

13 在 employee 表中，查询工资低于 1500 的员工信息。

```
SELECT * FROM employee WHERE e_salary < 1500;
```

执行语句后的结果如图 8-99 所示。

14 在 employee 表中，将查询记录先按部门编号由高到低排列，再按员工工资由高到低排列。

```
SELECT e_name,dept_no, e_salary
FROM employee ORDER BY dept_no DESC, e_salary DESC;
```

执行语句后的结果如图 8-100 所示。

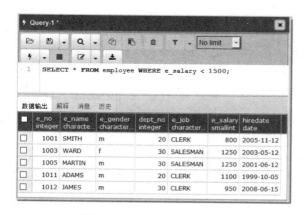

图 8-99　SQL 语句执行结果

图 8-100　SQL 语句执行结果

15 在 employee 表中，查询员工姓名以字母 A 或 S 开头的员工的信息。

```
SELECT * FROM employee WHERE e_name ~ '^[AS]';
```

执行语句后的结果如图 8-101 所示。

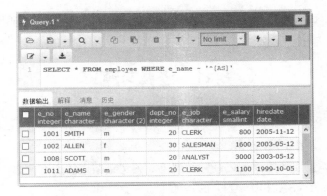

图 8-101　SQL 语句执行结果

8.10　常见问题及解答

疑问 1：DISTINCT 可以应用于所有列吗？

在查询结果中，如果需要对列进行降序排列，可以使用 DESC。这个关键字只能对其前面的列降序排列。例如，要对多列都进行降序排列，就必须在每一列的列名后面都加 DESC 关键字。DISTINCT 不同，DISTINCT 不能部分使用。换句话说，DISTINCT 关键字应用于所有列而不仅是它后面的第一个指定列。例如，查询 3 个字段 s_id、f_name、f_price，如果不同记录的这 3 个字段的组合值都不同，那么所有记录都会被查询出来。

疑问 2：ORDER BY 可以和 LIMIT 混合使用吗？

在使用 ORDER BY 子句时，应保证其位于 FROM 子句之后。在使用 LIMIT 时，LIMIT 必须位于 ORDER BY 之后，如果顺序不正确，那么 PostgreSQL 将产生错误消息。

疑问 3：什么时候使用单引号？

在 WHERE 子句中使用条件时，有的值加上了单引号，有的值未加。单引号用来限定字符串，如果将值与字符串类型列进行比较，就需要加上引号，用来与数值进行比较的值不需要加引号。

疑问 4：在 WHERE 子句中必须使用圆括号吗？

任何时候使用具有 AND 和 OR 操作符的 WHERE 子句都应该使用圆括号标明操作顺序。当条件较多时，即使能确定计算次序，默认的计算次序可能也会使 SQL 语句不易理解，因此使用括号明确操作符的次序是一个很好的习惯。

疑问 5：为什么通配符格式正确却没有查找出符合条件的记录？

在 PostgreSQL 中存储字符串数据时，可能会不小心把两端带有空格的字符串保存到记录中；而在查看表中记录时，PostgreSQL 却不能明确地显示空格，会导致数据库操作者不能直观地确定字符串两端是否有空格。例如，使用 LIKE '%e' 匹配以字母 e 结尾的水果名称。如果字母 e 后面多了一个空格，那么 LIKE 语句把不能将该记录查找出来。解决的方法是先使用 TRIM 函数将字符串两端的空格删除再进行匹配。

8.11　经典习题

在已经创建的 employee 表中进行如下操作。

（1）计算所有女员工（'F'）的年龄。

（2）使用 LIMIT 查询从第 3 条记录开始到第 6 条记录结束的所有信息。

（3）查询销售人员（SALSEMAN）的最低工资。

（4）查询名字以字母 N 或者 S 结尾的记录。

（5）查询在 BeiJing 工作的员工的姓名和职务。

（6）使用左连接方式查询 employee 和 dept 表。

（7）先查询所有 2001～2005 年入职的员工信息，再查询部门编号为 20 和 30 的员工信息，然后使用 UNION 合并两个查询结果。

（8）使用 LIKE 查询员工姓名中包含字母 a 的记录。

（9）使用~查询员工姓名中包含 T、C 或者 M 三个字母中任意一个的记录。

第9章 索 引

学习目标！Objective

索引用于快速找出在某列中有某一特定值的行。不使用索引，PostgreSQL 必须从第 1 条记录开始读完整个表，直到找出相关的行。表越大，查询数据所花费的时间越多。如果表中查询的列有一个索引，PostgreSQL 就能快速到达一个位置去搜寻数据，而不必查看所有数据。本章将介绍与索引相关的内容，包括索引的含义和特点、索引的分类、索引的设计原则以及如何创建和删除索引。

内容导航！Navigation

- 了解什么是索引
- 掌握创建索引的方法和技巧
- 熟悉如何删除索引
- 掌握综合案例中索引创建的方法和技巧
- 熟悉操作索引的常见问题

9.1 索引简介

索引是对数据库表中一列或多列值进行排序的一种结构，使用索引可提高数据库中特定数据的查询速度。本节将介绍索引的含义、分类和设计原则。

9.1.1 索引的含义和特点

索引是一个单独的、存储在磁盘上的数据库结构，它们包含着对数据表里所有记录的引用指针。索引用于快速找出在某个或多个列中有一特定值的行，所有 PostgreSQL 列类型都可以被索引，对相关列使用索引是提高查询操作时间的最佳途径。

例如，数据库中现在有 2 万条记录，现在要执行这样一个查询：SELECT * FROM table where num=10000。如果没有索引，必须遍历整个表，直到 num 等于 10000 的这一行被找到为止；如果在 num 列上创建索引，PostgreSQL 不需要任何扫描，直接在索引里面找 10000，就可以得知这一行的位置。可见，索引的建立可以加快数据库的查询速度。

索引是在存储引擎中实现的，因此，每种存储引擎的索引都不一定完全相同，并且每种存储引擎也不一定支持所有索引类型。根据存储引擎定义每个表的最大索引数和最大索引长度。所有存储引擎支持每个表至少 16 个索引，总索引长度至少为 256 字节。大多数存储引擎有更高的限制。

索引的优点主要有以下几条。

（1）通过创建唯一索引，可以保证数据库表中每一行数据的唯一性。

（2）可以大大加快数据的查询速度，这也是创建索引最主要的原因。

（3）在实现数据的参考完整性方面，可以加速表和表之间的连接。

（4）在使用分组和排序子句进行数据查询时，也可以显著减少查询中分组和排序的时间。

增加索引也有许多不利的方面，主要表现在如下几方面。

（1）创建索引和维护索引要耗费时间，并且随着数据量的增加所耗费的时间也会增加。

（2）索引需要占磁盘空间，除了数据表占数据空间之外，每一个索引还要占一定的物理空间，如果有大量的索引，索引文件可能比数据文件更快达到最大文件尺寸。

（3）当对表中的数据进行增加、删除和修改的时候，索引也要动态维护，这样就降低了数据的维护速度。

9.1.2　索引的分类

PostgreSQL 提供的索引类型有 B-tree、Hash、GiST 和 GIN。因为它们各自的算法不同，所以适用情况也不相同。大多情况下，B-tree 索引比较常用，用户可以使用 CREATE INDEX 命令创建一个 B-tree 索引。

1. B-tree 索引

B-tree 适合处理那些能够按顺序存储的数据，比如对于一些字段涉及使用<、<=、= 、>=或>操作符之一进行比较的时候，可以建立一个索引。

2. Hash 索引

Hash 索引只能处理简单的等于比较。当一个索引了的列涉及使用=操作符进行比较的时候，查询规划器会考虑使用 Hash 索引。

下面的命令用于创建 Hash 索引：

```
CREATE INDEX name ON table USING hash (column);
```

提　示　PostgreSQL 中 Hash 索引的性能比 B-tree 索引弱，而且 Hash 索引操作目前没有记录 WAL 日志，因此如果发生了数据库崩溃，可能需要用 REINDEX 重建 Hash 索引。为此，不建议用户使用 Hash 索引。

3. GiST 索引

GiST 索引不是单独一种索引类型，而是一种架构，可以在这种架构上实现很多不同的索引策略。因此，可以使用 GiST 索引的特定操作符类型高度依赖于索引策略（操作符类）。

4. GIN 索引

GIN 索引是反转索引，可以处理包含多个键的值（比如数组）。与 GiST 类似，GIN 支持用户定义的索引策略，可以使用 GIN 索引的特定操作符类型根据索引策略的不同而不同。

9.1.3　索引的设计原则

索引设计不合理或者缺少索引都会对数据库和应用程序的性能造成障碍。高效的索引对于获得良好的性能非常重要。设计索引时，应该考虑以下准则：

（1）索引并非越多越好。如果一个表中有大量的索引，那么不仅会占用大量磁盘空间，还会影响 INSERT、DELETE、UPDATE 等语句的性能，因为更改表中的数据时，索引也会进行调整和更新。

（2）避免对经常更新的表进行过多索引，并且索引中的列要尽可能少。对经常用于查询的字段应该创建索引，但要避免添加不必要的字段。

（3）数据量小的表最好不要使用索引。数据较少时，查询花费的时间可能比遍历索引的时间还要短，索引可能不会产生优化效果。

（4）在条件表达式中经常用到的不同值较多的列上建立检索，在不同值少的列上不要建立索引。比如在学生表的"性别"字段上只有"男"与"女"两个不同值，因此就没有必要建立索引。建立索引不但不会提高查询效率，反而会严重降低更新速度。

（5）当唯一性是某种数据本身的特征时，指定唯一索引。使用唯一索引能够确保定义的列的数据完整性，提高查询速度。

（6）在频繁进行排序或分组（进行 group by 或 order by 操作）的列上建立索引。如果待排序的列有多个，可以在这些列上建立组合索引。

9.2　创建索引

PostgreSQL 在单个或多个列创建索引的方式有两种，包括在 pgAdmin 4 管理平台中的对象浏览器中通过图形化工具创建或者使用 SQL 语句创建。

9.2.1　使用 pgAdmin 创建索引

使用 pgAdmin 创建索引的具体操作步骤如下：

01 在对象浏览器中展开需要创建索引的数据表，选择【索引】节点，在弹出的快捷菜单中选择【创建】→【索引】菜单命令，如图 9-1 所示。

02 弹出【创建 - 索引】对话框，默认选择【通常】选项卡，在【名称】文本框中输入索引的名称，在【表空间】下拉列表中设置表空间，如图 9-2 所示。

03 选择【定义】选项卡，用户可以设置访问方法和索引类型等。单击【添加】按钮，在【列】下拉列表中添加字段，即可创建索引字段，如图 9-3 所示。

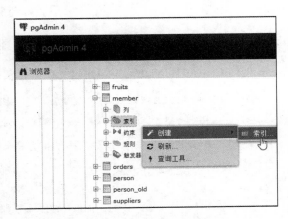

图 9-1　选择【索引】菜单命令

图 9-2 【创建－索引】对话框   图 9-3 【定义】选项卡

04 设置完成后，单击【保存】按钮，即可在对象浏览器中查看新创建的索引，如图 9-4 所示。

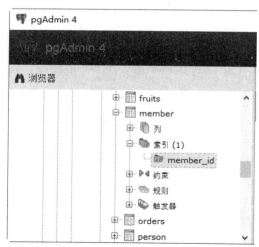

图 9-4 查看创建的索引

9.2.2 使用 SQL 语句创建索引

使用 CREATE INDEX 语句在已经存在的表中创建索引。基本语法结构为：

```
CREATE [UNIQUE|FULLTEXT|SPATIAL] INDEX index_name
ON table_name (col_name[length],…) [ASC | DESC]
```

在创建索引前，首先创建数据表。SQL 语句如下：

```
CREATE TABLE book
(
bookid          INT NOT NULL,
bookname        VARCHAR(255) NOT NULL,
authors         VARCHAR(255) NOT NULL,
```

```
info                VARCHAR(255) NULL,
comment             VARCHAR(255) NULL,
year_publication    DATE NOT NULL
);
```

1. 创建普通索引

最基本的索引类型，没有唯一性之类的限制，其作用只是加快对数据的访问速度。

【例 9.1】在 book 表中的 bookname 字段上建立名为 bknameidx 的普通索引，SQL 语句如下：

```
CREATE INDEX bknameidx ON book(bookname);
```

语句执行完毕之后，将在 book 表中创建名称为 bknameidx 的普通索引。读者可以在对象浏览器中查看 book 表中的索引，如图 9-5 所示。

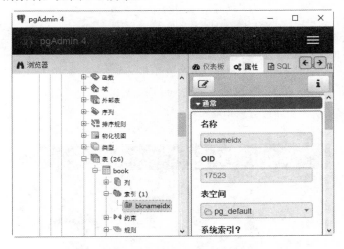

图 9-5 查看创建的索引

2. 创建唯一索引

创建索引的主要原因是减少查询索引列操作的执行时间，尤其是对比较庞大的数据表。它与前面的普通索引类似，不同的就是索引列的值必须唯一，但允许有空值。如果是组合索引，那么列值的组合必须唯一。

【例 9.2】在 book 表的 bookId 字段上建立名称为 uniqididx 的唯一索引，SQL 语句如下：

```
CREATE UNIQUE INDEX uniqididx  ON book ( bookId );
```

语句执行完毕之后，将在 book 表中创建名称为 uniqididx 的唯一索引，如图 9-6 所示。

3. 创建单列索引

单列索引是在数据表中的某一个字段上创建的索引，一个表中可以创建多个单列索引。前面两个例子中创建的索引都为单列索引。

图 9-6　查看创建的索引

【例 9.3】在 book 表的 comment 字段上建立单列索引，SQL 语句如下：

```
CREATE INDEX bkcmtidx ON book(comment);
```

语句执行完毕之后，将在 book 表的 comment 字段上建立一个名为 bkcmtidx 的单列索引，如图 9-7 所示。

图 9-7　查看创建的索引

4. 创建组合索引

组合索引是在多个字段上创建一个索引。

【例 9.4】在 book 表的 authors 和 info 字段上建立组合索引，SQL 语句如下：

```
CREATE INDEX bkauandinfoidx ON book ( authors,info);
```

语句执行完毕之后，将在 book 表的 authors 和 info 字段上建立了一个名为 bkauandinfoidx 的组合索引，如图 9-8 所示。

图 9-8　查看创建的索引

9.3　重命名索引

索引创建之后可以根据需要对数据库中的索引进行重命名操作，常见的方法包括在对象浏览器中修改和使用 SQL 语句修改。

在对象浏览器中修改索引名称的具体操作步骤如下：

01　在对象浏览器中展开【索引】节点，然后选择需要重命名的索引右击，在弹出的快捷菜单中选择【属性】菜单命令，如图 9-9 所示。

02　弹出【索引 - bkauandinfoidx】对话框，在【名称】文本框中输入新的索引名称，这里修改为 bk，如图 9-10 所示。

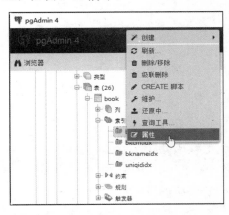

图 9-9　选择【属性】菜单命令

图 9-10　【索引 - bkauandinfoidx】对话框

03　单击【保存】按钮，然后可以在对象浏览器中看到索引的名称被修改，如图 9-11 所示。

【例 9.5】将上面修改的索引名称重新修改过来，SQL 语句如下：

```
ALTER INDEX public.bk RENAME TO bkauandinfoidx;
```

执行语句后，即可看到索引名称被重新修改过来，如图 9-12 所示。

图 9-11　查看索引的名称是否被修改

图 9-12　查看索引的名称是否被修改

9.4　删除索引

对于不需要的索引，可以进行删除操作。删除索引的常见方法包括使用对象浏览器删除索引和使用 SQL 语句删除索引。

使用对象浏览器删除索引的具体操作步骤如下：

01 在对象浏览器中选择需要删除的索引右击，在弹出的快捷菜单中选择【删除/移除】菜单命令，如图 9-13 所示。

02 弹出【删除索引么？】对话框，单击【OK】按钮，即可删除选择的索引，如图 9-14 所示。

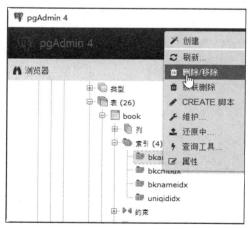

图 9-13　选择【删除/移除】菜单命令

图 9-14　弹出【删除索引么？】对话框

在 PostgreSQL 中删除索引使用 DROP INDEX 语句，基本语法格式如下：

```
DROP INDEX index_name;
```

【例 9.6】删除 book 表中名称为 bkauandinfoidx 的组合索引，SQL 语句如下：

```
DROP INDEX bkauandinfoidx;
```

语句执行完毕，在对象浏览器中查看 book 表的索引，如图 9-15 所示。

可以看到，book 表中已经没有名称为 bkauandinfoidx 的组合索引，删除索引成功。

 提 示

删除表中的列时，如果所删除的列为索引的组成部分，那么该列也会从索引中删除。如果组成索引的所有列都被删除，那么整个索引将被删除。

图 9-15　查看 book 表的索引

9.5　综合案例——创建索引

本节将根据本章前面介绍的知识做一个综合案例。

1. 案例目的

创建数据库 index_test，按照表 9.1 所示的表结构在数据库中创建一个数据表 test_table1，并按照操作过程完成对索引的一些操作。

表 9.1　test_table1 表结构

字段名	数据类型	主键	外键	非空	唯一	自增
id	int	否	否	是	是	是
name	CHAR(100)	否	否	是	否	否
address	CHAR(100)	否	否	是	否	否
description	CHAR(100)	否	否	是	否	否

2. 案例操作过程

01 创建表 test_table1。

创建表 test_table1 的语句如下：

```
CREATE TABLE test_table1
(
id          INT NOT NULL  PRIMARY KEY,
name        CHAR(100) NOT NULL,
address     CHAR(100) NOT NULL,
description CHAR(100) NOT NULL
);
```

02 创建唯一索引 uniqidx。SQL 语句如下：

```
CREATE UNIQUE INDEX uniqidx ON test_table1 (id);
```

执行语句后，在对象浏览器中查看创建的唯一索引，如图 9-16 所示。

03 创建普通索引 comidx。SQL 语句如下：

```
CREATE INDEX comidx ON test_table1 (description);
```

执行语句后，在对象浏览器中查看创建的普通索引，如图 9-17 所示。

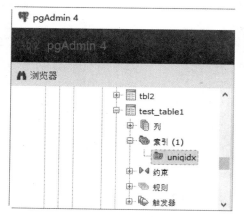

图 9-16　查看创建的唯一索引

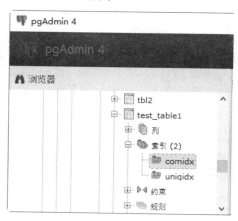

图 9-17　查看创建的普通索引

04 创建组合索引 multicolidx。SQL 语句如下：

```
CREATE INDEX multicolidx ON test_table1 (name,address);
```

执行语句后，在对象浏览器中查看创建的组合索引，如图 9-18 所示。

由结果可以看到，test_table1 表中成功创建了 3 个索引，分别是：在 id 字段上名称为 uniqidx 的唯一索引；在 name 和 address 字段上名称为 multicolidx 的组合索引；在 description 字段上名称为 comidx 的普通索引。

05 将索引 comidx 的名称修改为 comidxion。SQL 语句如下：

```
ALTER INDEX public.comidx RENAME TO comidxion;
```

执行语句后，在对象浏览器中查看索引，可见索引 comidx 的名称已经修改为 comidxion，如图 9-19 所示。

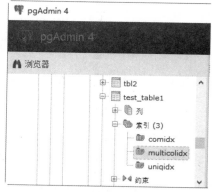

图 9-18　查看创建的组合索引

06 使用 DROP INDEX 语句删除表 test_table1 中名称为 multicolidx 的组合索引。SQL 语句如下：

```
DROP INDEX multicolidx;
```

执行语句后，在对象浏览器中查看索引，可见索引 multicolidx 已经被删除，如图 9-20 所示。

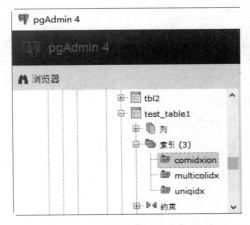

图 9-19　查看索引的名称是否被修改

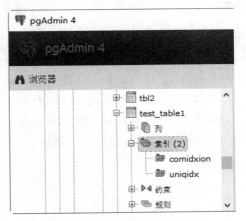

图 9-20　查看索引是否被删除

9.6　常见问题及解答

疑问 1：应该如何正确使用索引？

为数据库选择正确的索引是一项复杂任务。如果索引列较少，那么需要的磁盘空间和维护开销都会较少。如果在一个大表上创建了多种组合索引，索引文件就会膨胀很快。另一方面，索引较多则会覆盖更多的查询。可能需要试验若干不同的设计，才能找到最有效的索引。可以添加、修改和删除索引而不影响数据库架构或应用程序设计。因此，应尝试多个不同的索引，从而建立最优的索引。

疑问 2：为什么尽量使用短索引？

对字符串类型的字段进行索引，如果可能应该指定一个前缀长度。例如，有一个 CHAR(255) 的列，若在前 10 个或 30 个字符内多数值是唯一的，则不需要对整个列进行索引。可见短索引不但可以提高查询速度，而且可以节省磁盘空间和 I/O 操作。

9.7　经典习题

在 index_test 数据库中创建数据表 writers。writers 表结构如表 9.2 所示，按如下要求进行操作。

表 9.2　writers 表结构

字段名	数据类型	主键	外键	非空	唯一	自增
w_id	SMALLINT	是	否	是	是	是
w_name	VARCHAR(255)	否	否	是	否	否
w_address	VARCHAR(255)	否	否	否	否	否

（续表）

字段名	数据类型	主键	外键	非空	唯一	自增
w_age	CHAR(2)	否	否	是	否	否
w_note	VARCHAR(255)	否	否	否	否	否

（1）在数据库 index_test 中创建表 writers，在 w_id 字段上添加名称为 uniqidx 的唯一索引。

（2）在 w_name 字段上建立名称为 nameidx 的普通索引。

（3）在 w_address 和 w_age 字段上建立名称为 multiidx 的组合索引。

（4）删除名称为 nameidx 的索引。

第10章　视　　图

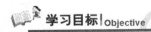学习目标|Objective

　　数据库中的视图是一个虚拟表。同真实的表一样，视图包含一系列带有名称的列和行数据。行和列数据来自由定义视图的查询所引用的表，并且在引用视图时动态生成。本章将通过一些实例介绍视图的含义、视图的作用、创建视图、查看视图和删除视图等 PostgreSQL 的数据库知识。

内容导航|Navigation

- 了解视图的含义和作用
- 掌握创建视图的方法
- 熟悉如何查看视图
- 掌握删除视图的方法
- 掌握综合案例中视图应用的方法和技巧

10.1　视图概述

　　视图的行为与表非常相似，但视图是一个虚拟表。用户可以在视图中使用 SELECT 语句查询数据，以及使用 INSERT、UPDATE 和 DELETE 语句修改记录。在 PostgreSQL 中，也可以使用视图。视图可以使用户操作方便，保障数据库系统的安全。

10.1.1　视图的含义

　　视图是一个虚拟表，是从数据库中一个或多个表中导出来的表，还可以从已经存在的视图的基础上定义。

　　视图一经定义便存储在数据库中，与其相对应的数据并没有像表那样在数据库中再存储一份，通过视图看到的数据只是存放在基本表中的数据。对视图的操作与对表的操作一样，可以对其进行查询、修改和删除。当对通过视图看到的数据进行修改时，相应的基本表的数据也要发生变化。同时，若基本表的数据发生变化，则这种变化可以自动地反映到视图中。

　　下面给出一个 student 表和一个 stu_info 表。student 表中包含学生的 id 号和姓名。stu_info 表包含学生的 id 号、班级和家庭住址。现在要公布分班信息，只需要 id 号、姓名和班级，该如何解决呢？通过学习后面的内容就可以找到完美的解决方案。

　　表 student 设计的 SQL 语句如下：

```
CREATE TABLE student
(
  s_id  INT,
  name  VARCHAR(40)
);
```

表 stu_info 设计的 SQL 语句如下：

```
CREATE TABLE stu_info
(
  s_id   INT,
  glass  VARCHAR(40),
  addr   VARCHAR(90)
);
```

视图提供了一个很好的解决方法。创建一个视图，取两个表中的部分信息（id 号、姓名和班级），其他的信息不取，这样既能满足要求也不破坏表原来的结构。

10.1.2　视图的作用

与直接从数据表中读取相比，视图有以下优点。

1. 简单化

看到的就是需要的。视图不仅可以简化用户对数据的理解，也可以简化操作。那些被经常使用的查询可以被定义为视图，从而使用户不必为以后的操作每次指定全部条件。

2. 安全性

通过视图，用户只能查询和修改他们所能见到的数据。数据库中的其他数据既看不见也取不到。数据库授权命令可以使每个用户对数据库的检索限制到特定的数据库对象上，但不能授权到数据库特定行和特定列上。通过视图，用户可以被限制在数据的不同子集上：

- 使用权限可被限制在基表的行的子集上。
- 使用权限可被限制在基表的列的子集上。
- 使用权限可被限制在基表的行和列的子集上。
- 使用权限可被限制在多个基表的连接所限定的行上。
- 使用权限可被限制在基表中的数据的统计汇总上。
- 使用权限可被限制在另一个视图的子集上，或是一些视图和基表合并后的子集上。

3. 逻辑数据独立性

视图可帮助用户屏蔽真实表结构变化带来的影响。

10.2　创建视图

视图中包含了 SELECT 查询的结果，因此视图的创建基于 SELECT 语句和已存在的数据表。视图既可以建立在一张表上，也可以建立在多张表上。本节主要介绍创建视图的方法。

10.2.1　创建视图的语法形式

创建视图使用 CREATE VIEW 语句，基本语法格式如下：

```
CREATE [OR REPLACE] [ALGORITHM = {UNDEFINED | MERGE | TEMPTABLE}]
VIEW view_name [(column_list)]
AS SELECT_statement
[WITH [CASCADED | LOCAL] CHECK OPTION]
```

其中，CREATE 表示创建新的视图；REPLACE 表示替换已经创建的视图；ALGORITHM 表示视图选择的算法；view_name 表示视图的名称，column_list 表示属性列；SELECT_statement 表示 SELECT 语句；WITH [CASCADED | LOCAL] CHECK OPTION 参数表示视图在更新时保证在视图的权限范围之内。

ALGORITHM 的取值有 3 个，分别是 UNDEFINED、MERGE、TEMPTABLE。UNDEFINED 表示 PostgreSQL 将自动选择算法；MERGE 表示将使用的视图语句与视图定义合并起来，使视图定义的某一部分取代语句对应的部分；TEMPTABLE 将视图的结果存入临时表，然后用临时表来执行语句。

CASCADED 与 LOCAL 为可选参数。CASCADED 为默认值，表示更新视图时要满足所有相关视图和表的条件；LOCAL 表示更新视图时满足该视图本身定义的条件即可。

该语句要求具有针对视图的 CREATE VIEW 权限，以及针对由 SELECT 语句选择的每一列上的某些权限。对于在 SELECT 语句中其他地方使用的列，必须具有 SELECT 权限。如果还有 OR REPLACE 子句，就必须在视图上具有 DROP 权限。

10.2.2　在单表上创建视图

PostgreSQL 可以在单个数据表上创建视图。

【例 10.1】在数据表 t 上创建一个名为 view_t 的视图。

首先创建基本表并插入数据，语句如下：

```
CREATE TABLE t (quantity INT, price INT);
INSERT INTO t VALUES(3, 50);
```

创建视图语句为：

```
CREATE VIEW view_t AS SELECT quantity, price, quantity *price FROM t;
```

查看视图语句如下：

```
SELECT * FROM view_t;
```

执行语句后的结果如图 10-1 所示。

默认情况下创建的视图和基本表的字段是一样的，也可以通过指定视图字段的名称来创建视图。

【例 10.2】在 t 表格上创建一个名为 view_t2 的视图，代码如下：

```
CREATE VIEW view_t2(qty, price, total ) AS SELECT quantity, price, quantity
*price FROM t;
```

查看 view_t2 视图中的数据代码如下：

```
SELECT * FROM view_t2;
```

执行语句后的结果如图 10-2 所示。

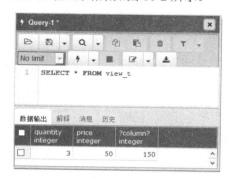

图 10-1　SQL 语句执行结果

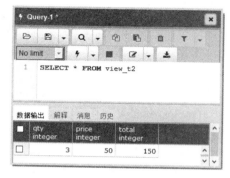

图 10-2　SQL 语句执行结果

可以看到，view_t2 和 view_t 两个视图中的字段名称不同，但数据是相同的。因此，在使用视图的时候，可能用户根本就不需要了解基本表的结构，更接触不到实际表中的数据，以保证数据库的安全。

10.2.3　在多表上创建视图

在 PostgreSQL 中，可以在两个或者两个以上的表上创建视图，使用 CREATE VIEW 语句实现。

【例 10.3】在表 student 和表 stu_info 上创建视图 stu_glass。

首先向两个表中插入数据，语句如下：

```
INSERT INTO student VALUES(1,'wanglin1'),(2,'gaoli'),(3,'zhanghai');
INSERT INTO stu_info VALUES(1,
'wuban','henan'),(2,'liuban','hebei'),(3,'qiban','shandong');
```

创建视图 stu_glass，SQL 语句如下：

```
CREATE VIEW stu_glass (id,name, glass) AS SELECT
student.s_id,student.name ,stu_info.glass
FROM student ,stu_info WHERE student.s_id=stu_info.s_id;
```

查看 stu_glass 视图中的数据代码如下：

```
SELECT * FROM stu_glass;
```

执行语句后的结果如图 10-3 所示。

这个例子就解决了刚开始提出的那个问题。通过这个视图可以很好地保护基本表中的数据。这个视图中的信息很简单，只包含了 id、姓名和班级；id 字段对应 student 表中的 s_id 字段，name 字段对应表 student 中的 name 字段，glass 字段对应表 stu_info 中的 glass 字段。

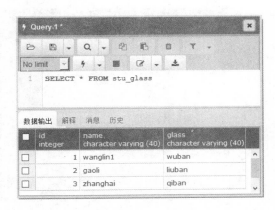

图 10-3 SQL 语句执行结果

10.3 查看视图

查看视图是查看数据库中已存在的视图的定义。查看视图必须要有相应的权限。查看视图的方法包括使用 pgAdmin 查看和使用 SQL 语句查看。

10.3.1 使用 pgAdmin 图形化工具查看视图

使用 pgAdmin 查看视图属性的具体操作步骤如下：

01 在对象浏览器中，选择视图所在的数据库位置，选择要查看的视图，右击并在弹出的快捷菜单中选择【属性】菜单命令，如图 10-4 所示。

02 弹出【视图- stu_glass】对话框，默认选择【通常】选项卡，在其中可查看视图的名称、所有者和注释等信息，如图 10-5 所示。

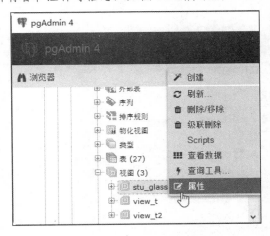

图 10-4 选择【属性】菜单命令

图 10-5 【视图 - stu_glass】对话框

03 选择【Definition】选项卡，在其中可查看定义视图的相关 SQL 语句，如图 10-6 所示。

04 选择【安全】选项卡，在其中可查看不同用户对视图的权限，如图 10-7 所示。

图 10-6 【Definition】选项卡

图 10-7 【安全】选项卡

10.3.2 使用 SQL 语句在 views 表中查看视图详细信息

在 PostgreSQL 中，数据库下的 views 表中存储了所有视图的定义。通过对 views 表的查询，可以查看数据库中所有视图的详细信息，查询语句如下：

```
SELECT * FROM information_schema.views;
```

【例 10.4】在 views 表中查看视图的详细定义，代码如下：

```
SELECT * FROM information_schema.views;
```

执行语句后的结果如图 10-8 所示。

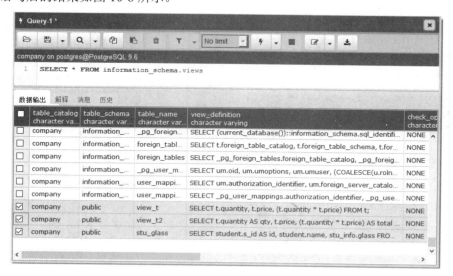

图 10-8 SQL 语句执行结果

查询的结果显示当前以及定义的所有视图的详细信息，在这里也可以看到前面定义的 3 个名称为 view_t、view_t2 和 stu_glass 的视图的详细信息。

10.4　删除视图

当视图不再需要时，可以将其删除。常见的删除方法有两种：使用对象浏览器和 SQL 语句。

10.4.1　使用 pgAdmin 图形化工具删除视图

使用对象浏览器器删除视图，具体操作步骤如下：

01　在对象浏览器窗口中，打开视图所在数据库节点，右击要删除的视图名称，在弹出的快捷菜单中选择【删除/移除】菜单命令，如图 10-9 所示。

02　在弹出的【删除视图么？】对话框中单击【OK】按钮，即可完成视图的删除，如果单击【Cancel】按钮，将不会删除视图，如图 10-10 所示。

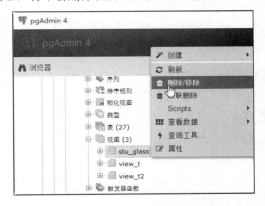

图 10-9　选择【删除/移除】菜单命令　　　　图 10-10　【删除视图么？】对话框

10.4.2　使用 SQL 语句删除视图

删除一个或多个视图可以使用 DROP VIEW 语句，语法如下：

```
DROP VIEW [IF EXISTS]
    view_name [, view_name] ...
    [RESTRICT | CASCADE]
```

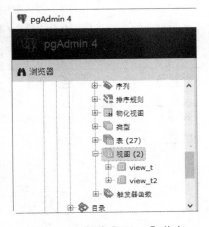

其中，view_name 是要删除的视图名称，可以添加多个需要删除的视图名称，各个名称之间使用逗号分隔开。删除视图必须拥有 DROP 权限。

【例 10.5】删除 stu_glass 视图，代码如下：

```
DROP VIEW IF EXISTS stu_glass;
```

执行语句后，刷新【视图】节点，即可看到 stu_glass 视图已经不存在，如图 10-11 所示，表示成功删除视图。

图 10-11　查看【Views】节点

10.5　综合案例——视图应用

本章前面介绍了 PostgreSQL 数据库中视图的含义和作用，并且讲解了创建视图、修改视图和删除视图的方法。创建视图和修改视图是本章的重点。这两部分的内容比较多，而且比较复杂，希望读者能够认真学习，并在计算机上进行操作。读者在创建视图之后一定要查看视图的结构，确保创建的视图是正确的，修改视图后也要查看视图的结构，以保证修改是正确的。

1. 案例目的

掌握视图的创建、查询、更新和删除操作。

假如 HenanHebei 的三个学生参加 Tsinghua University、Peking University 的自学考试，现在需要用数据库对其考试的结果进行查询和管理，已知 Tsinghua University 的分数线为 40、Peking University 的分数线为 41。学生表包含学生的学号、姓名、家庭地址和电话号码，结构如表 10.1 所示。报名表包含学号、姓名、所在学校和报名的学校，结构如表 10.2 所示。成绩表包含学号、姓名、分数，结构如表 10.3 所示。各表中的数据如表 10.4~表 10.6 所示。

表 10.1　stu 表结构

字段名	数据类型	主键	外键	非空	唯一	自增
s_id	INT	是	否	是	是	否
s_name	VARCHAR(20)	否	否	是	否	否
addr	VARCHAR(50)	否	否	是	否	否
tel	VARCHAR(50)	否	否	是	否	否

表 10.2　sign 表结构

字段名	数据类型	主键	外键	非空	唯一	自增
s_id	INT	是	否	是	是	否
s_name	VARCHAR(20)	否	否	是	否	否
s_sch	VARCHAR(50)	否	否	是	否	否
s_sign_sch	VARCHAR(50)	否	否	是	否	否

表 10.3　stu_mark 表结构

字段名	数据类型	主键	外键	非空	唯一	自增
s_id	INT	是	否	是	是	否
s_name	VARCHAR(20)	否	否	是	否	否
mark	INT	否	否	是	否	否

表 10.4　stu 表内容

s_id	s_name	addr	tel
1	XiaoWang	Henan	0371-1234***6
2	XiaoLi	Hebei	159302****
3	XiaoTian	Henan	0371-1234***7

表 10.5　sign 表内容

s_id	s_name	s_sch	s_sign_sch
1	XiaoWang	Middle School1	Peking University
2	XiaoLi	Middle School2	Tsinghua University
3	XiaoTian	Middle School3	Tsinghua University

表 10.6　stu_mark 表内容

s_id	s_name	mark
1	XiaoWang	80
2	XiaoLi	71
3	XiaoTian	70

2. 案例操作过程

01 创建学生表 stu，SQL 语句如下：

```
CREATE TABLE stu
(
s_id INT PRIMARY KEY,
s_name VARCHAR(20) NOT NULL,
addr VARCHAR(50) NOT NULL,
tel VARCHAR(50) NOT NULL
);
```

02 插入 3 条记录。SQL 语句如下：

```
INSERT INTO stu
VALUES(1,'XiaoWang','Henan','0371-1234***6'),
(2,'XiaoLi','Hebei','159302****'),
(3,'XiaoTian','Henan','0371-1234***7');
```

03 查询学生表 stu 中的数据。SQL 语句如下：

```
SELECT * FROM stu;
```

代码执行后效果如图 10-12 所示。

从结果可以看出，在当前的数据库中创建了一个表 stu，通过插入语句向表 stu 中插入了 3 条记录。stu 表的主键为 s_id。

04 创建报名表 sign，SQL 语句如下：

```
CREATE TABLE sign
(
s_id INT PRIMARY KEY,
s_name VARCHAR(20) NOT NULL,
s_sch VARCHAR(50) NOT NULL,
s_sign_sch VARCHAR(50) NOT NULL
);
```

05 插入 3 条记录。SQL 语句如下：

```
INSERT INTO sign
VALUES(1,'XiaoWang','Middle School1','Peking University'),
(2,'XiaoLi','Middle School2','Tsinghua University'),
(3,'XiaoTian','Middle School3','Tsinghua University');
```

06 查询报名表 sign 中的数据。SQL 语句如下：

```
SELECT * FROM sign;
```

代码执行后效果如图 10-13 所示。

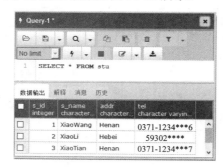

图 10-12　SQL 语句执行结果

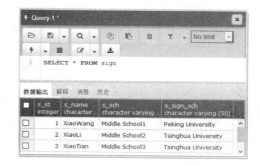

图 10-13　SQL 语句执行结果

从结果可以看出，创建了一个 sign 表，同时向表中插入了 3 条报考记录。

07 创建成绩表 stu_mark，SQL 语句如下：

```
CREATE TABLE stu_mark
(
s_id INT PRIMARY KEY ,
s_name VARCHAR(20) NOT NULL,
mark INT NOT NULL
);
```

08 插入 3 条记录。SQL 语句如下：

```
INSERT INTO stu_mark VALUES(1,'XiaoWang',80),
(2,'XiaoLi',71),
(3,'XiaoTian',70);
```

09 查询成绩表 stu_mark 中的数据。SQL 语句如下：

```
SELECT * FROM stu_mark;
```

代码执行后效果如图 10-14 所示。

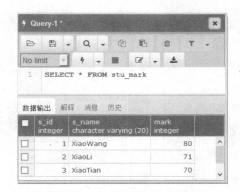

图 10-14　SQL 语句执行结果

从结果可以看出，创建了 stu_mark 表，并向学生的成绩表中插入 3 条成绩记录。

10 创建考上 Peking University 的学生的视图。SQL 语句如下：

```
CREATE VIEW beida (id,name,mark,sch)
AS SELECT stu_mark.s_id,stu_mark.s_name,stu_mark.mark, sign.s_sign_sch
FROM stu_mark ,sign
WHERE stu_mark.s_id=sign.s_id AND stu_mark.mark>=41 AND
sign.s_sign_sch='Peking University';
```

11 查看视图 beida 中的结果。SQL 语句如下：

```
SELECT *FROM beida;
```

代码执行后效果如图 10-15 所示。

从结果可以看出，视图 beida 包含考上 Peking University 的学号、姓名、成绩和报考的学校名称（Peking University）。通过 SELECT 语句进行查看，可以获得成绩在 Peking University 定的分数线之上的学生信息。

12 创建考上 Tsinghua University 的学生的视图。SQL 语句如下：

```
CREATE VIEW qinghua (id,name,mark,sch)
AS SELECT stu_mark.s_id, stu_mark.s_name, stu_mark.mark, sign.s_sign_sch
FROM stu_mark ,sign
WHERE stu_mark.s_id=sign.s_id  AND stu_mark.mark>=40 AND
sign.s_sign_sch='Tsinghua University';
```

13 查看视图 qinghua 中的结果。SQL 语句如下：

```
SELECT * FROM qinghua ;
```

代码执行后效果如图 10-16 所示。

从结果可以看出，视图 qinghua 中只包含了成绩在 Tsinghua University 定的分数线之上的学生信息，包括学号、姓名、成绩和报考学校。

图 10-15　SQL 语句执行结果　　　　　　　　图 10-16　SQL 语句执行结果

14 删除创建的视图。SQL 语句如下：

```
DROP VIEW beida;
DROP VIEW qinghua;
```

语句执行完毕，qinghua 和 beida 这两个视图被成功删除。

10.6　常见问题及解答

疑问 1：PostgreSQL 中视图和表的区别以及联系是什么？

（1）两者的区别

① 视图是已经编译好的 SQL 语句，是基于 SQL 语句结果集的可视化表；而表不是。

② 视图没有实际的物理记录，而基本表有。

③ 表是内容，视图是窗口。

④ 表只用物理空间，而视图不占用物理空间，只是逻辑概念的存在。表可以及时被修改，但视图只能用创建的语句来修改。

⑤ 视图是查看数据表的一种方法，可以查询数据表中某些字段构成的数据，只是一些 SQL 语句的集合。从安全的角度说，视图可以防止用户接触数据表，不让其知道表结构。

⑥ 表属于全局模式中的表，是实表；视图属于局部模式的表，是虚表。

⑦ 视图的建立和删除只影响视图本身，不影响对应的基本表。

（2）两者的联系

视图是在基本表之上建立的表，结构（所定义的列）和内容（所有记录）都来自基本表，依据基本表而存在。一个视图既可以对应一个基本表，也可以对应多个基本表。视图是基本表的抽象和在逻辑意义上建立的新关系。

疑问 2：如何修改视图的属性？

在 pgAdmin 中，用户可以轻松地修改视图的属性，包括名称、注释、所有者和权限等。在对象浏览器中选择需要修改属性的视图，右击并在弹出的快捷菜单中选择【属性】菜单命令，在弹出的对话框中即可修改视图的属性。

10.7　经典习题

（1）如何在一个表上创建视图？

（2）如果在多个表上建立视图？

（3）如何更改视图？

（4）如何查看视图的详细信息？

（5）如何理解视图和基本表之间的关系？

第11章 触 发 器

学习目标！ Objective

PostgreSQL 的触发器是嵌入到 PostgreSQL 的一段程序。触发器是由事件来触发某个操作。这些事件包括 INSERT、UPDATE 和 DELETE 语句。如果定义了触发程序，当数据库执行这些语句的时候就会激活触发器执行相应的操作。触发程序是与表有关的命名数据库对象，当表上出现特定事件时将激活该对象。本章通过实例来介绍触发器的含义以及如何创建、查看、使用以及删除触发器。

内容导航！ Navigation

- 了解什么是触发器
- 掌握创建触发器的方法
- 掌握查看和修改触发器的方法
- 掌握触发器的使用技巧
- 掌握删除触发器的方法
- 熟练掌握综合案例中使用触发器的方法和技巧

11.1 什么是触发器和触发器函数

一个触发器是一种声明，告诉数据库应该在执行特定操作的时候执行特定的函数。触发器的执行不需要使用 CALL 语句来调用，也不需要手工启动，只要当一个预定义的事件发生的时候，就会被 PostgreSQL 自动调用。

触发器可以定义在一个 INSERT、UPDATE 或 DELETE 命令之前或者之后执行。如果定在 INSERT 之前，就表明在数据库插入之前要先调用触发器，执行触发器函数。

所谓触发器函数，是指一个没有参数并且返回 trigger 类型的函数。在创建触发器之前，首先需要创建触发器函数。

创建触发器函数的基本语法格式如下：

```
CREATE  FUNCTION fun_name() RETURNS trigger AS $f fun_name$
    BEGIN
        函数执行代码;
    END;
$ fun_name $ LANGUAGE plpgsql;
```

其中，fun_name 为触发器函数的名称。

触发器函数创建完成后，可以使用 CREATE TRIGGER 创建触发器。触发器还通常分成 BEFORE 触发器和 AFTER 触发器。BEFORE 触发器通常在语句开始做任何事情之前触发，AFTER 触发器在语句结束时触发。同一个触发器函数可以用于多个触发器。

11.2 创建触发器

创建一个触发器的语法如下：

```
CREATE TRIGGER 触发器名 BEFORE|AFTER 触发事件
ON 表名 FOR EACH ROW EXECUTE PROCEDURE 触发器函数;
```

其中，"触发器名"参数用于指定触发器的名字；BEFORE 和 AFTER 指定触发器执行的时间，选择"BEFORE"时是指在触发事件之前执行触发语句，选择"AFTER"时是指在触发器时间之后执行触发语句；"触发事件"参数是指触发的条件，包括 INSERT、UPDATE 和 DELETE；"表名"参数指触发事件操作的表的名称；FOR EACH ROW 表示任何一条记录上的操作满足触发事件都会触发该触发器；"触发器函数"参数是指触发器被触发后执行的函数。

【例 11.1】创建一个触发器，使得每次有新数据插入时，其中的时间字段 uptime 自动变更为当前时间。

首先创建一个用于测试的数据表，SQL 语句如下：

```
CREATE TABLE timedb (uid INTEGER,gid INTEGER,uptime timestamp with time zone);
```

创建一个自定义触发器函数，用于更新当前时间。创建的 SQL 语句如下：

```
CREATE  FUNCTION func_timedb() RETURNS trigger AS $func_timedb$
    BEGIN
        If (TG_OP = 'UPDATE') THEN
            If NEW.uptime = OLD.uptime Then
                return null;
            END IF;
        END IF;
        update timedb set uptime = NOW() where uid = NEW.uid and gid = NEW.gid;
        return null;
    END;
$func_timedb$ LANGUAGE plpgsql;
```

创建触发器，SQL 语句如下：

```
CREATE TRIGGER timedb_updateTime AFTER INSERT ON timedb
    FOR EACH ROW EXECUTE PROCEDURE func_timedb ();
```

下面开始检验触发器是否创建成功。插入数据，SQL
语句如下：

```
INSERT INTO timedb VALUES(1,3);
```

查询表中的数据，SQL 语句如下：

```
SELECT * FROM timedb;
```

命令执行后结果如图 11-1 所示。

从结果可以看出，INSERT 操作触发了触发器，把
当前的时间插入到了 uptime 字段中。

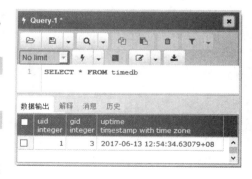

图 11-1　SQL 语句执行结果

11.3　查看和修改触发器

查看和修改触发器是指查看和修改数据库中
已存在的触发器的定义、状态和语法信息等。具
体操作步骤如下：

01 在对象浏览器中选择需要查看和修改
的触发器，右击并在弹出的快捷菜单中选择【属
性】菜单命令，如图 11-2 所示。

02 弹出【触发器 - timedb_updatetime】对
话框，选择【通常】选项卡，即可查看和修改触
发器的名称和注释，例如将名称修改为
timedb_updatetime01，然后单击【保存】按钮即
可修改触发器的名称，如图 11-3 所示。

图 11-2　选择【属性】菜单命令

03 选择【定义】选项卡，即可查看和修改触发器的函数和激发事件等参数，如图 11-4 所示。

图 11-3　【触发器 - timedb_updatetime】对话框

图 11-4　【定义】选项卡

11.4 使用触发器

触发程序是与表有关的命名数据库对象。当表上出现特定事件时，将激活该对象。在某些触发程序的用法中，可以检查插入到表中的值，或对更新涉及的值进行计算。

触发程序与表相关，当对表执行 INSERT、DELETE 或 UPDATE 语句时，将激活触发程序。可以将触发程序设置为在执行语句之前或之后激活。例如，可以在从表中插入每一行之前，或在更新了每一行后激活触发程序。

【例 11.2】创建一个 account 表，然后创建一个触发器，用于检测表 account 的列 name 的插入数据是否为空。如果为空，就无法成功插入数据。

首先创建用于测试的数据库，包含 id 和 name 两个字段，SQL 语句如下：

```
CREATE TABLE account
(
id int,
name char(20)
) ;
```

创建触发器函数，主要用于检测插入的 name 字段数据是否为空，SQL 语句如下：

```
CREATE FUNCTION account_stam() RETURNS trigger AS $account_stam$
    BEGIN
        IF NEW.name IS NULL THEN
            RAISE EXCEPTION 'name 字段不能为空值';
        END IF;
    END;
$account_stam$ LANGUAGE plpgsql;
```

创建一个 BEFORE 触发器，SQL 语句如下：

```
CREATE TRIGGER account_stamp BEFORE INSERT ON account
    FOR EACH ROW EXECUTE PROCEDURE account_stam();
```

触发器创建后，检测是否成功。插入数据，name 字段为空数据，SQL 语句如下：

```
INSERT INTO account VALUES(10);
```

执行语句后，结果如图 11-5 所示。

从执行的结果来看，【消息】窗口中并没有显示出 "INSERT" 字样，表明已经创建了一个名称为 account_stamp 的触发器，并在向 account 插入记录之前触发，执行的操作是检测插入的 name 字段的数据是否为空，当为空时，无法插入数据。

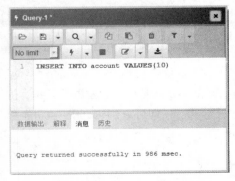

图 11-5 SQL 语句执行结果

11.5　删除触发器

对于不需要的触发器，可以将其删除。常见的方法有两种：使用 pgAdmin 删除触发器和使用 SQL 语句删除触发器。

（1）使用 pgAdmin 删除触发器的具体操作步骤如下：

01 在对象浏览器中展开【触发器】节点，选择需要删除的触发器，右击并在弹出的快捷菜单中选择【删除/移除】菜单命令，如图 11-6 所示。

02 弹出【删除触发器么？】对话框，单击【OK】按钮，即可确认删除选择的触发器，如图 11-7 所示。

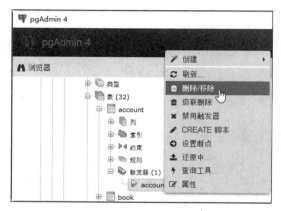

图 11-6　选择【删除/移除】菜单命令

图 11-7　【删除触发器么？】对话框

（2）使用 DROP TRIGGER 语句可以删除 PostgreSQL 中已经定义的触发器。删除触发器语句的基本语法格式如下：

```
DROP TRIGGER trigger_name ON schema_name
```

其中，schema_name 表示数据表名称，trigger_name 表示要删除的触发器的名称。

【例 11.3】删除一个触发器，代码如下：

```
DROP TRIGGER account_stamp ON account;
```

在上面的代码中，account 是触发器所在的数据表，account_stamp 是一个触发器的名称。执行代码以后，刷新【触发器】节点，即可看到 account_stamp 触发器被删除，如图 11-8 所示。

图 11-8　删除 account_stamp 触发器

11.6 综合案例——触发器的使用

本章前面介绍了 PostgreSQL 数据库中触发器的定义和作用以及创建、查看、使用和删除触发器等内容。创建触发器和使用触发器是本章的重点内容。在创建触发器的时候一定要弄清楚触发器的结构，在使用触发器的时候一定要清楚触发器触发的时间（BEFORE 或 AFTER）和触发的条件（INSERT、DELETE 或 UPDATE）。在创建了触发器后，要清楚怎么修改触发器。

1. 案例目的

掌握触发器的创建和调用方法。

下面是创建触发器的实例，每更新一次 student1 表（表结构如表 11.1 所示）的数据，都要更新 student1_stats1 表（表结构如表 11.2 所示）对应的字段。student1 表主要用来存储学生的分数，student1_stats 表主要用来存储专业状态，存储哪个专业有多少学生报名。按照如下操作过程完成操作。

表 11.1 student1 表结构

字段名	数据类型	主键	外键	非空	唯一	含义
sutnum	varchar (30)	否	否	是	否	学生编号
major	varchar (20)	否	否	是	否	专业课程
score	int	否	否	是	否	分数

表 11.2 student1_stats 表结构

字段名	数据类型	主键	外键	非空	唯一	含义
major	varchar (20)	否	否	是	否	专业课程
total_score	int	否	否	是	否	总分
total_students	int	否	否	是	否	学生总数

2. 案例操作过程

01 创建一个学生分数表 student1。

创建一个学生分数表 student1。SQL 代码如下：

```
CREATE TABLE student1
(
  sutnum VARCHAR (30) NOT NULL,
  major VARCHAR (20) NOT NULL,
  score INT  NOT NULL
)
```

02 创建一个学生状态表 student1_stats。SQL 代码如下：

```
CREATE TABLE student1_stats
```

```
(
  major VARCHAR (20) NOT NULL,
  total_score INT NOT NULL,
  total_students INT NOT NULL
)
```

03 创建一个触发器函数。

创建一个触发器函数，在更新过 student1 表的数据后更新 student1_stats 表的数据。SQL 代码如下：

```
CREATE OR REPLACE FUNCTION fun_student_major() RETURNS trigger
AS $BODY$ DECLARE rec record;
  BEGIN
      DELETE FROM student1_stats;--将统计表里面的旧数据清空
FOR rec IN (SELECT major,sum(score) as total_score,count(*) as total_students
FROM student1 GROUP BY major) LOOP
INSERT INTO student1_stats
VALUES(rec.major,rec.total_score,rec.total_students);
  END LOOP;
  return NEW;
END;
$BODY$   LANGUAGE 'plpgsql' VOLATILE
```

04 创建 AFTER 触发器，更新 student1 表的数据后启动。

```
CREATE TRIGGER fun_student_major AFTER INSERT OR UPDATE OR DELETE ON student1
    FOR EACH ROW EXECUTE PROCEDURE fun_student_major();
```

05 向 student1 表中插入记录。SQL 语句如下：

```
INSERT INTO student1 VALUES ('10010', '英语',90),
('10011', '数学',86),
('10012', '物理',70),
('10013', '语文',95);
```

06 查看 student1_stats 表中记录的变化。SQL 语句如下：

```
SELECT * FROM student1_stats;
```

执行语句后的结果如图 11-9 所示。

从执行的结果来看，在 student1 表插入记录之后，触发器计算插入到 student1 表中的数据，并将结果插入到 sstudent1_stats 表中相应的位置。

07 更新 student1 表中的记录，将科目等于语文的分数改为 89 分。SQL 语句如下：

```
UPDATE student1 SET score=89 WHERE major='语文';
```

08 查看 student1_stats 表中记录的变化。SQL 语句如下：

```
SELECT * FROM student1_stats;
```

执行语句后的结果如图 11-10 所示。

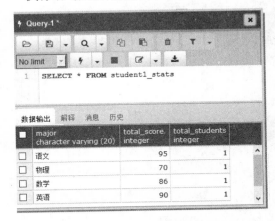

图 11-9　SQL 语句执行结果

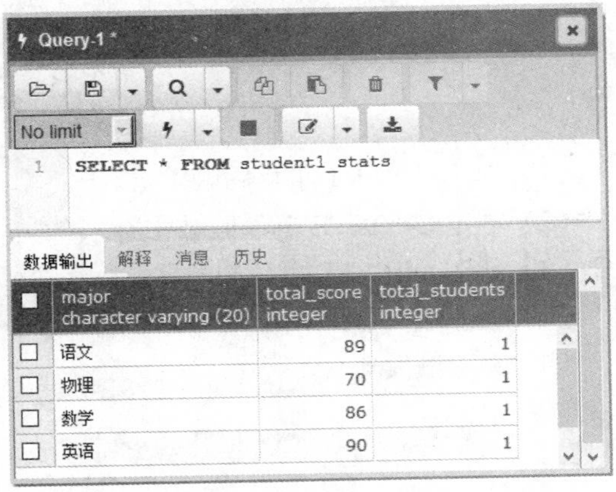

09 删除 student1 表中的记录，将科目等于物理分数的记录删除，SQL 语句如下：

```
DELETE FROM student1 WHERE major='物理';
```

10 查看 student1_stats 表中记录的变化。SQL 语句如下：

```
SELECT * FROM student1_stats;
```

执行语句后的结果如图 11-11 所示。

图 11-10　SQL 语句执行结果

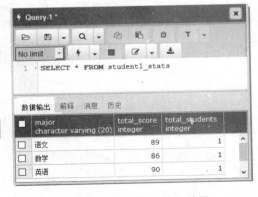

图 11-11　SQL 语句执行结果

11.7　常见问题及解答

疑问 1：使用触发器时应注意什么问题？

对相同的表相同的事件只能创建一个触发器，比如对表 account 创建了一个 BEFORE INSERT 触发器，那么如果要再对表 account 创建一个 BEFORE INSERT 触发器，PostgreSQL 就会报错，此时，只可以在表 account 上创建 AFTER INSERT 或者 BEFORE UPDATE 类型的触发器。灵活地运用触发器将为操作省去很多麻烦。

疑问 2：为什么要及时删除不需要的触发器？

定义触发器之后，每次执行触发事件都会激活触发器并执行触发器中的语句。如果需求发生变化，而触发器没有进行相应的改变或者删除，那么触发器仍然会执行旧的语句，从而会影响新数据的完整性。因此，需要将不再使用的触发器及时删除。

11.8　经典习题

（1）创建 INSERT 事件的触发器。

（2）创建 UPDATE 事件的触发器。

（3）创建 DELETE 事件触发器。

（4）查看触发器。

（5）删除触发器。

第12章 事务处理与并发控制

学习目标 Objective

PostgreSQL 中提供了多种数据完整性的保证机制，如约束、触发器、事务和锁管理等。事务管理主要是为了保证一批相关数据库中数据的操作能全部被完成，从而保证数据的完整性。锁机制主要是执行对多个活动事务的并发控制，可以控制多个用户对同一数据进行的操作。使用锁机制可以解决数据库的并发问题。本章将介绍事务与锁相关的内容，主要有事务的原理与管理常用语句、事务的类型和应用、锁的作用与类型、锁的应用等。

内容导航 Navigation

- 了解什么是事务
- 掌握并发控制的方法
- 掌握锁机制

12.1 事务管理简介

事务是 PostgreSQL 中的基本工作单元，是用户定义的一个数据库操作序列。这些操作要么全做，要么全不做，是一个不可分割的工作单位。下面来进一步了解事务。

12.1.1 事务的含义

事务要有非常明确的开始和结束点。PostgreSQL 中的每一条数据操作语句（例如 SELECT、INSERT、UPDATE 和 DELETE）都是隐式事务的一部分。即使只有一条语句，系统也会把这条语句当作一个事务，要么执行所有语句，要么什么都不执行。

在 PostgreSQL 中，事务管理器负责管理事务运行的模块，主要结构如图 12-1 所示。

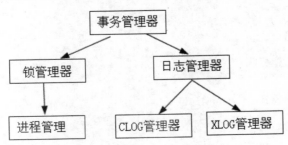

图 12-1　事务管理器图

在图 12-1 中，事务管理器是事务系统的中枢，通过接受的信息，处理下一步的事务操作。锁管理器主要提供在事务的写阶段并发控制所需要的各种锁，从而保证事务的各种隔离级别。日志管理器主要记录事务执行的状态和数据的变化过程。

事务开始之后，事务中所有的操作都会写到事务日志中。写到日志中的事务一般有两种：一是针对数据的操作，例如插入、修改和删除，这些操作的对象是大量的数据；另一种是针对任务的操作，例如创建索引。当取消这些事务操作时，系统自动执行这种操作的反操作，保证系统的一致性。系统自动生成一个检查点机制。这个检查点周期地检查事务日志，如果在事务日志中，事务全部完成，检查点事务日志中的事务就提交到数据库中，并且在事务日志中做一个检查点提交标识。如果在事务日志中，事务没有完成，检查点就不会将事务日志中的事务提交到数据库中，并会在事务日志中做一个检查点未提交的标识。事务的恢复及检查点保证了系统的完整和可恢复。

12.1.2　事务的属性

事务是作为单个逻辑工作单元执行的一系列操作。一个逻辑工作单元必须有 4 个属性，即原子性（Atomic）、一致性（Consistent）、隔离性（Isolated）和持久性（Durable）属性，简称 ACID 属性，只有这样才能成为一个事务。

（1）原子性：事务必须是原子工作单元；对于数据修改，要么全都执行，要么全都不执行。

（2）一致性：事务在完成时，必须使所有的数据都保持一致。在相关数据库中，所有规则都必须应用于事务的修改，以保持所有数据的完整性。事务结束时，所有的内部数据结构都必须是正确的。

（3）隔离性：由并发事务所做的修改必须与任何其他并发事务所做的修改隔离。事务识别数据时数据所处的状态要么是第二个并发事务修改之前的状态，要么是第二个事务修改之后的状态，不会识别中间状态的数据。这称为可串行性，因为它能够重新装载起始数据，并且重播一系列事务，以使数据结束时的状态与原始事务执行的状态相同。

（4）持久性：事务完成之后，对于系统的影响是永久性的。该修改即使出现系统故障也将一直保持。

12.1.3　事务块管理的常用语句

在 PostgreSQL 里，一个事务是通过把 SQL 命令用 BEGIN 和 COMMIT 命令包围实现的。语法格式如下：

```
BEGIN;
SQL 语句 1;
……
COMMIT;
```

事务块是指包围在 BEGIN 和 COMMIT 之间的语句。在 PostgreSQL 9 中，常用的事务块管理语句的含义如下：

（1）START TRANSACTION：表示开始一个新的事务块。

（2）BEGIN：表示初始化一个事务块。在 BEGIN 命令后的语句都将在一个事务里面执行，直到出现 COMMIT 或 ROLLBACK。此命令和 START TRANSACTION 是等价的。

（3）COMMIT：表示提交事务。

（4）ROLLBACK：表示事务失败时执行回滚操作。

（5）SET TRANSACTION：设置当前事务的特性，对后面的事务没有影响。

BEGIN 和 COMMIT 同时使用，用来标识事务的开始和结束。

提 示

12.1.4 事务的应用案例

下面通过实例来理解事务的执行过程。

【例 12.1】向 person 表插入 3 条学生记录，此时发现是不应该插入的，需进行回滚操作。

首先，查看 person 表中当前的记录，查询语句如下：

```sql
SELECT * FROM person;
```

执行语句后的结果如图 12-2 所示。

可以看到当前表中有两条记录，接下来输入下面的事务语句。

```sql
BEGIN;
INSERT INTO person VALUES(1003,'路飞',80,'10456354');
INSERT INTO person VALUES(1004,'张露',85,'56423424');
INSERT INTO person VALUES(1005,'魏波',70, '41242774');
ROLLBACK TRANSACTION;
COMMIT;
```

该段代码使用 INSERT 语句向 person 表中插入 3 条记录。插入完成之后，使用 ROLLBACK TRANSACTION 撤销所有的操作。代码运行结果如图 12-3 所示。

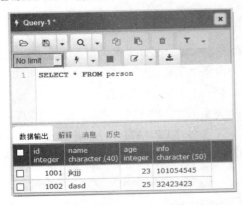

图 12-2　执行事务之前 person 表中的记录

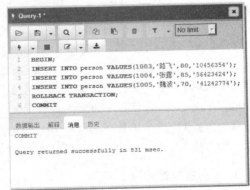

图 12-3　使用事务

执行完事务之后，再次查询 person 表中的内容，验证事务执行结果，运行结果如图 12-4 所示。

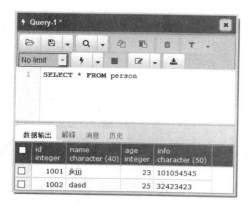

图 12-4　执行事务之后 stu_info 表中的记录

可以看到执行事务前后表中内容没有变化，这是因为事务撤销了对表的插入操作。

12.2　PostgreSQL 的并发控制

　　PostgreSQL 支持多用户共享同一数据库，但是当多个用户对同一个数据库进行修改时会产生并发问题，所以并发控制的目标就是保证所有的会话可以高效地访问，同时还需要维护数据的完整性。

　　数据库中数据的并发操作经常发生。对数据的并发操作会带来一些问题，例如脏读、幻读、非重复性读取等。

1. 脏读

　　当一个事务读取的记录是另一个事务的一部分时，如果第一个事务正常完成，就没有什么问题，如果此时另一个事务未完成，就会产生脏读。例如，员工表中编号为 1001 的员工工资为 1740，如果事务 1 将工资修改为 1900，但还没有提交确认；此时事务 2 读取员工的工资为 1900；事务 1 中的操作因为某种原因执行了 ROLLBACK 回滚，取消了对员工工资的修改，但事务 2 已经把编号为 1001 的员工的数据读走了。此时就发生了脏读。

2. 幻读

　　当某一数据行执行 INSERT 或 DELETE 操作，而该数据行恰好属于某个事务正在读取的范围时，就会发生幻读现象。例如，现在要对员工涨工资，将所有工资低于 1700 的都涨到 1900，事务 1 使用 UPDATE 语句进行更新操作，事务 2 同时读取这一批数据，但是在其中插入了几条工资小于 1900 的记录。此时事务 1 如果查看数据表中的数据，就会发现 UPDATE 之后还有工资小于 1900 的记录！幻读事件是在某个凑巧的环境下发生的。简而言之，在运行 UPDATE 语句的同时执行 INSERT 操作。因为插入了一个新记录行，所以没有被锁定，并且能正常运行。

3. 不可重复性读取

　　如果一个事务不止一次地读取相同的记录，但在两次读取中间有另一个事务刚好修改了数据，则两次读取的数据将出现差异，此时就发生了非重复读取。例如，事务 1 和事务 2 都读取一条工资为 2310 的数据行，如果事务 1 将记录中的工资修改为 2500 并提交，而事务 2 使用的员工的工资仍为 2310。

PostgreSQL 为开发者提供了丰富的对数据并发访问进行管理的工具。PostgreSQL 利用多版本控制（MVCC）来维护数据的一致性。这就意味着当检索数据时每个事务看到的都只是一小段时间之前的数据快照（一个数据库版本），而不是数据的当前状态。这样，如果对每个数据库会话进行事务隔离，就可以避免一个事务看到其他并发事务的更新而导致不一致的数据。

在 PostgreSQL 中，定义了 4 个事务隔离级别，如表 12.1 所示。

表 12.1　事务隔离级别

隔离级别	脏读	幻读	不可重复性读取
读未提交	可能	可能	可能
读已提交	不可能	可能	可能
可重复读	不可能	可能	不可能
可串行读	不可能	不可能	不可能

在 PostgreSQL 里，可以请求 4 种可能的事务隔离级别中的任意一种。但是在内部，实际上只有两种独立的隔离级别，分别对应读已提交和可串行化。如果选择了读未提交的级别，实际上使用的是读已提交，在选择可重复读级别的时候，实际上用的是可串行化，所以实际的隔离级别可能比选择的更严格。这是 SQL 标准允许的：4 种隔离级别只定义了哪种现象不能发生，但是没有定义哪种现象一定发生。PostgreSQL 只提供两种隔离级别的原因是，这是把标准的隔离级别与多版本并发控制架构映射相关的唯一合理方法。

PostgreSQL 中的两种隔离级别如下：

（1）读已提交。读已提交是 PostgreSQL 里的默认隔离级别。当一个事务运行在这个隔离级别时，一个 SELECT 查询只能看到查询开始之前已提交的数据，而无法看到未提交的数据或者在查询执行期间其他事务已提交的数据。

如果两个事务在对同一组数据进行更新操作，那么第二个事务需要等待第一个事务提交或者更新回滚。如果第一个事务进行提交，系统将重新计算查询条件，符合条件后第二个事务继续进行更新操作；如果第一个事务进行更新回滚，那么它的作用将被忽略，第二个事务将继续更新最初发现的行。

（2）可串行化。可串行化级别提供最严格的事务隔离。这个级别模拟串行的事务执行，就好像事务将一个接着一个地串行（而不是并行）执行。不过，使用这个级别的应用必须准备在串行化失败的时候重新启动事务。

如果两个事务在对同一组数据进行更新操作，那么串行化事务就将等待第一个正在更新的事务提交或者回滚。如果第一个事务提交了，那么串行化事务将回滚，从头开始重新进行整个事务；如果第一个事务回滚，那么它的影响将被忽略，这个可串行化的事务就可以在该元组上进行更新操作。

12.3　锁 机 制

PostgreSQL 的多版本控制（MVCC）并不能解决所有的并发控制情况，所以还需要使用传统数据库中的锁机制来保证事务的并发。使用锁可以解决用户存取数据的问题，从而保证数据库的完整性和一致性。

12.3.1 锁的类型

PostgreSQL 中提供了 3 种锁模式，分别为 SpinLock、LWLook 和 RegularLock。

1. SpinLock（自旋锁）

SpinLock 使用互斥信号，与操作系统和硬件环境联系比较密切。SpinLocky 的主要特点是封锁的时间很短，没有等待队列和死锁检测机制。事务结束时，不能自动释放 SpinLock 锁。

2. LWLock（轻量级锁）

LWLock 主要提供对共享存储器的数据结构的互斥访问。LWLock 的主要特点是有等待队列和无死锁检测。事务结束时，可以自动释放 LWLock。LWLock 可分为排他模式和共享模式。

（1）排他模式——用于数据修改操作，例如 INSERT、UPDATE 或 DELETE，确保不会同时对同一资源进行多重更新。

（2）共享模式——用于读取数据操作，允许多个事务读取相同的数据，但不允许其他事务修改当前数据，如 SELECT 语句。当多个事务读取一个资源时，资源上存在共享锁，任何其他事务都不能修改数据，除非将事务隔离级别设置为可重复读或者更高的级别，或者在事务生存周期内用锁定提示对共享锁进行保留，一旦数据完成读取，资源上的共享锁就立即得以释放。

3. RegularLock（常规锁）

RegularLock 为一般数据库事务管理中所指的锁。RegularLock 的主要特点为有等待队列、有死锁检测和能自动释放锁。

RegularLock 支持的锁的模式为 8 种，按排他级别从低到高分别是 ACCESS SHARE、ROW SHARE、ROW EXCLUSIVE、SHARE UPDATE EXCLUSIVE、SHARE、SHARE ROW EXCLUSIVE、EXCLUSIVE、ACCESS EXCLUSIVE：

（1）ACCESS SHARE（访问共享锁）：查询命令（SELECT）将会在查询的表上获取访问共享锁。一般任何一个对表上的只读查询操作都将获取这种类型的锁。此模式的锁和 ACCESS EXCLUSIVE（访问排他锁）是冲突的。

（2）ROW SHARE（行共享锁）：使用 "SELECT FOR UPDATE" 或 "SELECT FOR SHARE" 命令将获得行共享锁。另外，此锁和 EXCLUSIVE（排他锁）和 ACCESS EXCLUSIVE（访问排他锁）是冲突的。

（3）ROW EXCLUSIVE（行排他锁）：使用 UPDATE、DELETE 或 INSERT 命令会在目标表上获得行排他锁，并且在其他被引用的表上加上 ACCESS SHARE 锁。一般，更改表数据的命令都将在这张表上获得 ROW EXCLUSIVE 锁。另外，此锁和 SHARE（共享锁）、SHARE ROW EXCLUSIVE（共享行排他锁）、EXCLUSIVE（排他锁）和 ACCESS EXCLUSIVE（访问排他锁）是冲突的。

（4）SHARE UPDATE EXCLUSIVE（共享更新排他锁）：使用 VACUUM（不带 FULL 选项）ANALYZE 或 CREATE INDEX CONCURRENTLY 语句时使用共享更新排他锁。

（5）SHARE（共享锁）：使用 CREATE INDEX（不带 CONCURRENTLY 选项）语句请求时用共享锁。

（6）SHARE ROW EXCLUSIVE（共享行排他锁）：和排他锁类似，但是允许行共享。

（7）EXCLUSIVE（排他锁）：阻塞行共享和 SELECT FOR UPDATE 时使用排他锁。

（8）ACCESS EXCLUSIVE（访问排他锁）：ALTER TABLE、DROP TABLE、TRUNCATE、REINDEX、CLUSTER 或 VACUUM FULL 命令会获得访问排他锁。在 Lock table 命令中，如果没有声明其他模式，ACCESS EXCLUSIVE 就是默认模式。

12.3.2　死锁

在两个或多个任务中，如果每个任务锁定了其他任务试图锁定的资源，就会造成这些任务永久阻塞，从而出现死锁。此时系统处于死锁状态。

1. 死锁的原因

在多用户环境下，死锁的发生是由于两个事务都锁定了不同的资源，同时又都在申请对方锁定的资源，即一组进程中的各个进程均占有不会释放的资源，但因互相申请其他进程占用的不会释放的资源而处于一种永久等待的状态。形成死锁有以下 4 个必要条件：

（1）请求与保持条件——获取资源的进程可以同时申请新的资源。

（2）非剥夺条件——已经分配的资源不能从该进程中剥夺。

（3）循环等待条件——多个进程构成环路，并且每个进程都在等待相邻进程正占用的资源。

（4）互斥条件——资源只能被一个进程使用。

2. 可能会造成死锁的资源

每个用户会话可能有一个或多个代表它运行的任务，其中每个任务可能获取或等待获取各种资源。以下类型的资源可能会造成阻塞，并最终导致死锁。

（1）锁。等待获取资源（如对象、页、行、元数据和应用程序）的锁可能导致死锁。例如，事务 T1 在行 r1 上有共享锁（S 锁）并等待获取行 r2 的排他锁（X 锁）。事务 T2 在行 r2 上有共享锁（S 锁）并等待获取行 r1 的排他锁（X 锁）。这将导致一个锁循环。其中，T1 和 T2 都在等待对方释放已锁定的资源。

（2）工作线程。排队等待可用工作线程的任务可能导致死锁。如果排队等待的任务拥有阻塞所有工作线程的资源，就将导致死锁。例如，会话 S1 启动事务并获取行 r1 的共享锁（S 锁）后进入睡眠状态。在所有可用工作线程上运行的活动会话正尝试获取行 r1 的排他锁（X 锁）。因为会话 S1 无法获取工作线程，所以无法提交事务并释放行 r1 的锁。这将导致死锁。

（3）内存。当并发请求等待获得内存，而当前的可用内存无法满足其需要时可能发生死锁。例如，两个并发查询（Q1 和 Q2）作为用户定义函数执行，分别获取 10MB 和 20MB 的内存。如果每个查询需要 30MB，而可用总内存为 20MB，则 Q1 和 Q2 必须等待对方释放内存，从而导致死锁。

并行查询执行的相关资源。通常与交换端口关联的处理协调器、发生器或使用者线程至少包含一个不属于并行查询的进程时，可能会相互阻塞，从而导致死锁。此外，当并行查询启动执行时，PostgreSQL 将根据当前的工作负荷确定并行度或工作线程数。如果系统工作负荷发生意外更改，例如新查询开始在服务器中运行或系统用完工作线程，就有可能发生死锁。

3. 减少死锁的策略

在复杂的系统中不可能百分之百地避免死锁。从实际出发，为了减少死锁，可以采用以下策略：

（1）在所有事务中都以相同的次序使用资源。

（2）使事务尽可能简短并在一个批处理中。

（3）为死锁超时参数设置一个合理范围，如 3～30 分钟；超时则自动放弃本次操作，避免进程挂起。

（4）避免在事务内和用户进行交互，减少资源的锁定时间。

（5）使用较低的隔离级别，相比较高的隔离级别能够有效减少持有共享锁的时间，减少锁之间的竞争。

12.3.3 锁的应用案例

在 PostgreSQL 中，使用 LOCK 命令锁定一个表。具体语法如下：

```
LOCK [ TABLE ] name [, ...] [ IN lockmode MODE ] [ NOWAIT ]
```

其中，name 为要锁定的现存表的名字；lockmode 为锁模式，声明这个锁和哪些锁冲突，如果没有声明锁模式，默认为 ACCESS EXCLUSIVE 模式；NOWAIT 声明 LOCK TABLE 不会等待任何冲突的锁释放，如果不得不等待获取所要求的锁，就会退出事务。

 命令 LOCK TABLE a, b; 等效于 LOCK TABLE a; LOCK TABLE b;。表会按照 LOCK TABLE 命令中声明的顺序一个接一个地上锁。

【例 12.2】有一个现成的表 person，如果此表有外键，就在插入数据时使用 SHARE（共享锁）。事务如下：

```
BEGIN;
LOCK TABLE person IN SHARE MODE;
SELECT id FROM person
    WHERE name = 'Star Wars: Episode I - The Phantom Menace';
-- 如果记录没有返回则 ROLLBACK
INSERT INTO person_user_comments VALUES
    (_id_, 'GREAT! I was waiting for it for so long!');
COMMIT;
```

【例 12.3】如果一个表（person）含有主键，就在删除时进行 SHARE ROW EXCLUSIVE（共享行排他锁）操作。事务如下：

```
BEGIN;
LOCK TABLE person IN SHARE ROW EXCLUSIVE MODE;
DELETE FROM person_user_comments WHERE id IN
    (SELECT id FROM films WHERE rating < 5);
DELETE FROM person WHERE rating < 5;
COMMIT
```

12.4　常见问题及解答

疑问1：事务和锁在应用上的区别是什么？

　　事务将一段 SQL 语句作为一个单元来处理。这些操作要么全部成功，要么全部失败。事务包含 4 个特性：原子性、一致性、隔离性和持久性。事务以"BEGIN"语句开始，并以"COMMIT"或"ROLLBACK"语句结束。

　　锁是一个和事务紧密联系的概念。对于多用户系统，使用锁来保护指定的资源。在事务中使用锁，可以防止其他用户修改另外一个事务中还没有完成的数据。PostgreSQL 中有多种类型的锁，允许事务锁定不同的资源。

疑问2：事务和锁有什么关系？

　　PostgreSQL 中可以使用多种机制来确保数据的完整性，例如约束、触发器以及事务和锁等。事务和锁的关系非常紧密。事务包含一系列的操作，要么全部成功，要么全部失败。可以通过事务机制管理多个事务，以保证事务的一致性。在事务中使用锁保护指定的资源，可以防止其他用户修改另外一个还没有完成的事务中的数据。

12.5　经典习题

　　（1）简述事务的原理。
　　（2）事务的 4 个特性是什么？
　　（3）为什么会产生死锁？
　　（4）常用的锁类型有哪些？

第13章 PostgreSQL用户管理

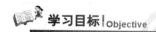**学习目标**|Objective

PostgreSQL 是一个多用户数据库，具有功能强大的访问控制系统，可以为不同用户指定允许的权限。一个数据库用户可以有一系列属性，用于定义权限以及与客户认证系统的交互。本章将向读者介绍 PostgreSQL 用户管理中的相关知识点，包括组角色管理、账户管理和权限管理。

**内容导航**|Navigation

- 掌握角色的用法
- 掌握账户管理的方法
- 掌握权限管理的方法
- 熟练掌握综合案例中新建用户的方法和技巧

13.1　组角色管理

在 PostgreSQL 9.6 中，使用组角色的概念管理数据库访问权限。本节主要讲述组角色的管理操作。

13.1.1　创建组角色

一个组角色可以看作一组数据库用户。组角色可以拥有数据库对象（比如表），并可以把这些对象上的权限赋予其他角色，以控制谁拥有访问哪些对象的权限。

创建组角色的常见方法有两种：使用 pgAdmin 客户端和使用 SQL 语句创建组角色。

1. 使用 pgAdmin 创建组角色

具体操作步骤如下：

01 在对象浏览器中选择【登录/组角色】节点，右击并在弹出的快捷菜单中选择【创建】→【登录/组角色】菜单命令，如图 13-1 所示。

02 弹出【创建 - 登录/组角色】对话框，默认选择【通常】选项卡，在【名称】文本框中输入组角色的名称，例如本实例中输入"post1"，如图 13-2 所示。

03 选择【定义】选项卡，输入组角色的密码和连接数限制，例如本实例输入数目为 10，表示最大连接数为 10，如果为-1，就代表不限制连接的数目。另外，用户还可以设置账户过期的时间，如图 13-3 所示。

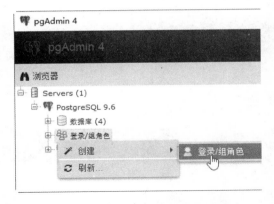

图 13-1 选择【登录/组角色】菜单命令

图 13-2 【创建 - 登录/组角色】对话框

04 选择【权限】选项卡，用户可以设置组角色的属性，包括超级用户、创建数据库对象、创建角色和修改目录等，如图 13-4 所示。

图 13-3 【定义】选项卡

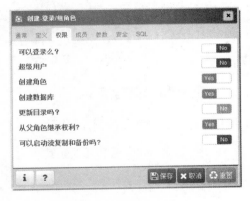

图 13-4 【权限】选项卡

05 选择【成员】选项卡，在【角色】下拉列表中选择成员，如图 13-5 所示。

06 设置完成后，单击【保存】按钮。在对象浏览器中刷新【登录/组角色】节点，然后展开该节点，即可看到新添加的组角色，如图 13-6 所示。

图 13-5 【成员】选项卡

图 13-6 查看创建的组角色

提 示 选择【变量】选项卡，可以添加组角色的相关变量；选择【SQL】选项卡，即可查看新建组角色的相关 SQL 语句。

2. 使用 SQL 语句创建角色

创建角色的 SQL 语句命令如下：

```
CREATE ROLE name;
```

其中，name 为角色的名字。

【例 13.1】创建一个名称为 post2 的角色，SQL 代码如下：

```
CREATE ROLE post2;
```

执行语句后，在对象浏览器中刷新【登录/组角色】节点，即可看到新创建的组角色，如图 13-7 所示。

提 示 默认情况下，新建立的数据库总是包含一个预定义的"超级用户"角色，并且默认为 postgres。

图 13-7　查看创建的组角色

13.1.2　查看和修改组角色

用户还可以查看和修改创建好的组角色，常见的方法有两种：使用 pgAdmin 和使用 SQL 语句。

1. 使用 pgAdmin 查看和修改组角色

具体操作步骤如下：

01 在对象浏览器中，展开【登录/组角色】节点，选择需要查看和修改的组角色，右击并在弹出的快捷菜单中选择【属性】菜单命令，如图 13-8 所示。

02 弹出【组角色 – post2】对话框，可以查看和修改组角色的属性，如图 13-9 所示。

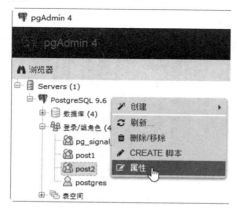

图 13-8　选择【属性】菜单命令

图 13-9　【组角色 – post2】对话框

选择不同的选项卡，用户可以查看和修改组角色的权限、成员、变量和 SQL 语句等。

提 示

2. 使用 SQL 语句查看和修改组角色

角色存在 pg_roles 系统表中，用户可以通过此表来查看系统中的角色。

【例 13.2】查看系统中的角色，SQL 代码如下：

```
SELECT rolname FROM pg_roles;
```

执行语句后，结果如图 13-10 所示。

修改组角色名称的 SQL 语法格式如下：

```
ALTER ROLE 组角色名称 RENAME TO 新的组角色名称;
```

【例 13.3】修改角色 post1 的名称为 post3。SQL 语句如下：

```
ALTER ROLE post1 RENAME TO post3;
```

执行语句后，在对象浏览器中刷新【登录/组角色】节点，即可看到角色的名称发生了变化，如图 13-11 所示。

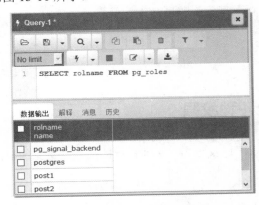

图 13-10　SQL 语句执行结果

图 13-11　查看组角色的名称

13.1.3　删除组角色

对于不需要的组角色，可以将其删除。常见的删除组角色方法是使用 pgAdmin 和使用 SQL 语言。

1. 使用 pgAdmin 删除组角色

具体操作步骤如下：

01 在对象浏览器中选择需要删除的组角色，右击并在弹出的快捷菜单中选择【删除/移除】菜单命令，如图 13-12 所示。

02 弹出【删除登录/组角色么？】对话框，单击【OK】按钮，即可确认删除组角色，单击【Cancle】按钮，将不删除所选的组角色，如图 13-13 所示。

图 13-12 选择【删除/移除】菜单命令

图 13-13 【删除登录/组角色么？】对话框

2. 使用 SQL 语句删除组角色

删除组角色的 SQL 语法格式如下：

```
DROP ROLE 组角色的名称;
```

【例 13.4】删除角色 post3。SQL 语句如下：

```
DROP ROLE post3;
```

执行语句后，在对象浏览器中刷新【登录/组角色】节点，即可
看到角色 post3 已经被删除，如图 13-14 所示。

图 13-14 SQL 语句执行结果

13.2 角色的各种权限

一个数据库角色可以有一系列属性，用于定义权限以及与客户认证系统的交互。常见的权限
有如下几种。

1. LOGIN（登录）

默认情况下，创建的组角色没有登录权限。只有具有 LOGIN 权限的组角色才可以用作数据库
连接的初始角色名。一旦组角色拥有了登录权限，即可当作用户名一样来使用。

创建具有登录权限的组角色，SQL 语法如下：

```
CREATE ROLE name LOGIN;
```

【例 13.5】创建角色 post4，此角色具有登录权限。SQL 语句如下：

```
CREATE ROLE post4 LOGIN;
```

2. SUPERUSER（超级用户）

SUPERUSER（超级用户）拥有对数据库操作的最高权限，可以完成对数据库的所有权限检查。
为了保证 PostgreSQL 的安全，建议用户谨慎使用 SUPERUSER（超级用户）。不要轻易创建超级

用户，最好使用非超级用户完成大多数工作。

创建数据库超级用户，SQL 语法如下：

```
CREATE ROLE name SUPERUSER;
```

【例 13.6】创建角色 post5，此角色具有超级用户权限。SQL 语句如下：

```
CREATE ROLE post5 SUPERUSER;
```

只有超级用户才能有权限创建超级用户。

提 示

3. CREATEDB（创建数据库）

角色要想创建数据库，必须明确给出该权限。当然超级用户除外，因为超级用户已经具有所有的权限。

创建具有创建数据库权限的组角色，SQL 语法如下：

```
CREATE ROLE name CREATEDB;
```

【例 13.7】创建角色 post6，此角色具有创建数据库权限。SQL 语句如下：

```
CREATE ROLE post6 CREATEDB;
```

4. CREATEROLE(创建角色)

角色要想创建角色，必须明确给出该权限（除了超级用户以外）。一旦角色具有 CREATEROLE 权限，即可更改和删除其他角色，还可以为其他角色赋予或者撤销成员关系。当然，如果想对超级用户进行操作，仅有此权限还不够，必须拥有 SUPERUSER 权限。

创建具有创建角色权限的角色，SQL 语法如下：

```
CREATE ROLE name CREATEROLE;
```

【例 13.8】创建角色 post7，此角色具有创建角色权限。SQL 语句如下：

```
CREATE ROLE post7 CREATEROLE;
```

5. 口令

在客户认证方法要求与数据库建立连接时，需要口令权限。常见的认证方法包括 password、md5 和 crypt。

创建具有口令权限的角色，SQL 语法如下：

```
CREATE ROLE name 口令认证方法  具体口令
```

【例 13.9】创建角色 post8，此角色具有口令权限。SQL 语句如下：

```
CREATE ROLE post8 PASSWORD '123456';
```

其中，"123456"为连接数据库的口令。

提 示 只有在必须使用口令的时候，口令才比较重要。另外，数据库口令与操作系统口令是无关的。

13.3 账户管理

在 PostgreSQL 中可以管理用户账号，包括创建用户、删除用户、密码管理等内容。PostgreSQL 数据库的安全需要通过账户管理来保证。本节将介绍在 PostgreSQL 中如何对账户进行管理。

13.3.1 创建用户

用户是具有登录权限的组角色。常见的创建用户的方法包括使用 pgAdmin 和使用 SQL 语句。

1. 使用 pgAdmin 创建用户

具体操作步骤如下：

01 在对象浏览器中，选择【登录/组角色】节点，右击并在弹出的快捷菜单中选择【创建】→【登录/组角色】菜单命令，如图 13-15 所示。

02 弹出【创建 - 登录/组角色】对话框，在【名称】文本框中输入用户的名称，如图 13-16 所示。

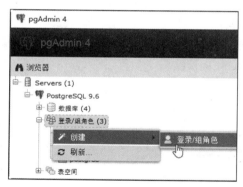

图 13-15　选择【登录/组角色】菜单命令

图 13-16　【创建 - 登录/组角色】对话框

03 选择【定义】选项卡，用户可以设置密码、账户过期时间和连接数限制，如图 13-17 所示。

04 选择【权限】选项卡，将【可以登录么?】设置为【Yes】，然后根据需要设置其他的权限，如图 13-18 所示。

提 示 在 pgAdmin 中创建用户和创建组角色的步骤类似，不同的是在创建用户时需要将【可以登录么？】选项设置为【Yes】。

05 选择【成员】选项卡，即可设置登录角色中的成员，如图 13-19 所示。

图 13-17 【定义】选项卡

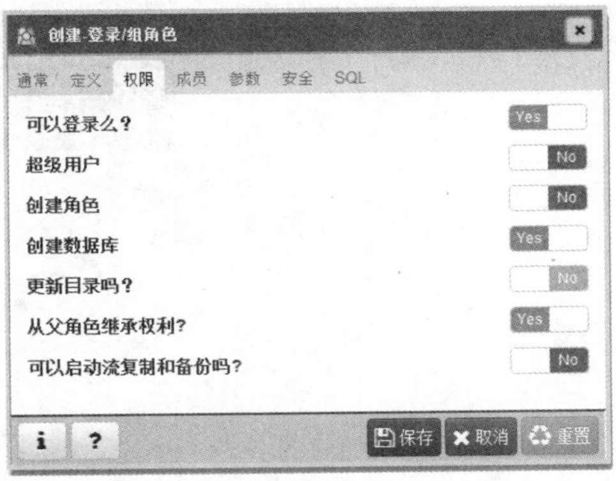

图 13-18 【权限】选项卡

06 设置完成后，单击【保存】按钮。在对象浏览器中刷新【登录/组角色】节点，即可看到新添加的登录用户，如图 13-20 所示。

图 13-19 【成员】选项卡

图 13-20 查看新添加的登录用户

2. 使用 SQL 语句创建用户

创建用户的 SQL 语法如下：

```
CREATE USER name;
```

这和下面的 SQL 语句作用是等价的：

```
CREATE ROLE name LOGIN
```

【例 13.10】创建用户，设置名称为 postgre02，并具有创建数据库和创建角色的权限，同时将登录密码设为"123456789"。SQL 语句如下：

```
CREATE USER postgre02 PASSWORD '123456789'
   CREATEDB CREATEROLE  ;
```

执行语句后，在对象浏览器中刷新【登录/组角色】节点，即可看到新创建的用户，如图 13-21 所示。

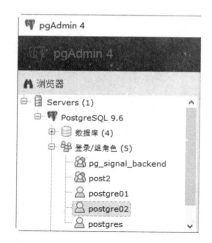

图 13-21　查看新创建的用户

提示　使用下面的语句也可以达到同样的目的：
```
CREATE ROLE postgre02 LOGIN PASSWORD '123456789'  CREATEDB CREATEROLE ;
```

13.3.2　删除用户

在 PostgreSQL 数据库中，既可以使用 pgAdmin 删除用户，也可以使用 DROP USER 语句删除用户。

1. 使用 pgAdmin 删除用户

01　在对象浏览器中选择需要删除的用户，右击并在弹出的快捷菜单中选择【删除/移除】菜单命令，如图 13-22 所示。

02　弹出【删除登录/组角色么？】对话框，单击【OK】按钮，即可确认删除用户，如图 13-23 所示。

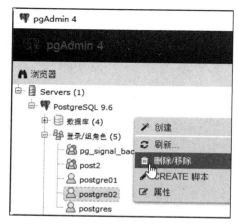

图 13-22　选择【删除/移除】菜单命令

图 13-23　弹出【删除登录/组角色么？】对话框

2. 使用 SQL 语句删除用户

要想删除用户，必须拥有 CREATEROLE 权限。删除用户的
SQL 语法如下：

```
DROP USER user [, user];
```

DROP USER 语句用于删除一个或多个 PostgreSQL 账户。

【例 13.11】使用 DROP USER 删除账户"postgre02"，SQL
语句如下：

```
DROP USER postgre02;
```

执行语句后，在对象浏览器中刷新【登录/组角色】节点，即
可看到 postgre02 用户被删除，如图 13-24 所示。

图 13-24　用户已被删除

> DROP USER 不能自动关闭任何打开的用户对话。如果用户有打开的对话，此时删除
> 用户，则命令不会生效，直到用户对话被关闭后才生效。一旦对话被关闭，用户也被
> 取消，此用户再次试图登录时将会失败。

13.3.3　修改用户密码

用户可以修改账户的密码，常见的方法有以下两种。

1. 使用 pgAdmin 修改新密码

具体操作步骤如下：

01 在对象浏览器中，选择需要修改密码的账户，右击并在弹出的快捷菜单中选择【属性】
菜单命令，如图 13-25 所示。

02 弹出【登录角色 - postgre01】对话框，选择【定义】选项卡，即可在【密码】文本框中
输入新的账户密码，然后单击【保存】按钮，即可修改账户密码，如图 13-26 所示。

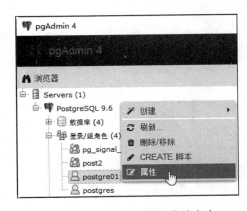

图 13-25　选择【属性】菜单命令

图 13-26　【登录角色 - postgre01】对话框

2. 使用 SQL 语句修改新密码

使用 SQL 语句修改密码的语法格式如下：

```
ALTER USER 用户名 口令认证方式 新密码；
```

【例 13.12】将账户"postgre01"的密码修改为"123123"，SQL 语句如下：

```
ALTER USER postgre01 PASSWORD '123123';
```

命令执行后，即可使用新密码登录 PostgreSQL 服务器。

13.4　组角色和用户权限管理

权限管理主要是对登录到 PostgreSQL 用户进行权限验证。所有用户的权限都存储在 PostgreSQL 的权限表中。不合理的权限规划会给 PostgreSQL 服务器带来安全隐患。本节主要讲述如何对组角色和用户进行权限的管理。

13.4.1　对组角色授权

下面通过实例来讲述如何对角色进行授权操作。

1. 使用 pgAdmin 对组角色授权

在对象浏览器中选择需要授权的组角色，右击并在弹出的快捷菜单中选择【属性】菜单命令，打开【组角色 - post2】对话框，选择【权限】对话框，然后设置相关选项，单击【保存】按钮，即可对组角色授权。例如本实例将【可以登录么？】设置为【Yes】，即可对组角色授权登录权限，如图 13-27 所示。

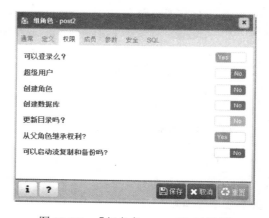

图 13-27　【组角色 - post2】对话框

2. 使用 SQL 语句对组角色授权

用户还可以使用 ALTER ROLE 对角色进行授权。语法格式如下：

```
ALTER ROLE 角色名 权限1 权限2 …..;
```

【例 13.13】给"post2"角色添加创建数据表和创建角色的权限，SQL 语句如下：

```
ALTER ROLE post2  CREATEDB CREATEROLE;
```

命令执行后，刷新【登录/组角色】节点后，查看 post2 角色的属性，如图 13-28 所示。从中可以看出，post2 角色已经具有创建数据库和创建角色的权限。

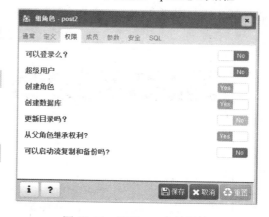

图 13-28　查看 post2 的属性

13.4.2 对用户授权

下面讲述如何对用户进行授权操作。常见的方法包括以下两种。

1. 使用 pgAdmin 对用户授权

在对象浏览器中选择需要授权的用户，右击并在弹出的快捷菜单中选择【属性】菜单命令，打开【登录角色 - postgre01】对话框，选择【权限】对话框，然后设置相关选项，单击【保存】按钮，即可对用户授权。例如，本实例将【超级用户】设置为【Yes】，即可对该用户授权超级用户权限，如图 13-29 所示。

2. 使用 SQL 语句对用户授权

用户还可以使用 ALTER USER 对用户进行授权。语法格式如下：

```
ALTER USER 用户名 权限1 权限2 …..;
```

【例 13.14】给 "postgre01" 用户添加创建数据表和创建角色的权限，SQL 语句如下：

```
ALTER USER postgre01  CREATEDB CREATEROLE;
```

命令执行后，刷新【登录/组角色】节点后，查看 postgre01 用户的属性，如图 13-30 所示。从中可以看出，postgre01 用户已经具有创建数据库和创建角色的权限。

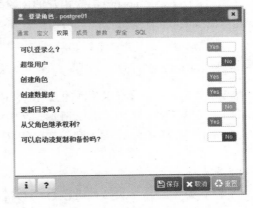

图 13-29　【登录角色 - postgre01】对话框　　　　图 13-30　查看 postgre01 用户的属性

13.4.3 收回组角色权限

收回组角色权限就是取消已经赋予组角色的某些权限。在角色属性对话框中，用户可以将相关选项设置为【No】，收回角色的权限。另外，用户还可以通过 SQL 语句收回角色权限。

【例 13.15】将 "post2" 角色的创建数据表和创建角色权限收回，SQL 语句如下：

```
ALTER ROLE post2  NOCREATEDB NOCREATEROLE;
```

命令执行后，刷新【登录/组角色】节点后，查看 post2 角色的属性，如图 13-31 所示。从中可以看出，post2 角色的创建数据库和创建角色权限已经被收回。

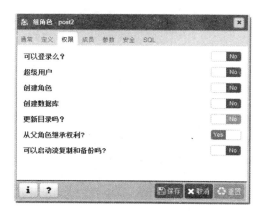

图 13-31   查看 post2 角色的属性

收回角色权限时，只需要在权限的名称前加上 NO 即可。

13.4.4   收回用户权限

收回权限就是取消已经赋予用户的某些权限。收回用户不必要的权限可以在一定程度上保证系统的安全性。

【例 13.16】将"postgre01"用户的创建数据表和创建角色权限收回，SQL 语句如下：

```
ALTER USER postgre01 NOCREATEDB
NOCREATEROLE;
```

命令执行后，刷新【登录/组角色】节点后，查看 postgre01 用户的属性，如图 13-32 所示。从中可以看出，postgre01 用户的创建数据库和创建角色权限已经被收回。

图 13-32   查看 postgre01 用户的属性

13.5   数据库权限管理

数据库管理员要对所有用户的权限进行合理规划管理。数据库的操作权限主要包括 SELECT、INSERT、UPDATE、DELETE、、REFERENCES 和 TRIGGER 等。PostgreSQL 权限系统的主要功能是证实连接到一台给定主机的用户，并且赋予该用户在数据库上的各种权限。本节将为读者介绍数据库权限管理的内容。

13.5.1   修改数据库的拥有者

在创建对象的时候，它会被赋予一个所有者。通常所有者就是执行创建语句的角色。用户可以根据需要修改数据库的拥有者。常见的修改数据库的所有者的方法包括以下两种。

1. 使用 pgAdmin 修改数据库的拥有者

具体操作步骤如下：

01 在对象浏览器中，选择需要修改拥有者的数据库，右击并在弹出的快捷菜单中选择【属性】菜单命令，如图 13-33 所示。

02 弹出【数据库 - company】对话框，选择【通常】选项卡，在【所有者】下拉列表中即可选择其他用户，如选择【post2】，然后单击【保存】按钮，即可修改数据库的拥有者，如图 13-34 所示。

图 13-33 选择【属性】菜单命令

图 13-34 【数据库 - company】对话框

2. 使用 SQL 语句修改数据库的拥有者

用户还可以使用 SQL 语句修改数据库的拥有者。语法格式如下：

```
ALTER DATABASE 数据库名称 OWNER TO 拥有者名称；
```

【例 13.17】将"mytest"数据库的所有者修改为post2。SQL 语句如下：

```
ALTER DATABASE mytest OWNER TO post2;
```

代码运行后，在对象浏览器中查看 mytest 的属性，如图 13-35 所示。从中可以看到，修改后的数据库拥有者为 post2。

图 13-35 查看 mytest 的属性

13.5.2 增加用户的数据表权限

默认情况下，只有数据库的所有者可以对其中的数据表做操作。要允许其他用户使用这个数据表，就必须赋予相应的权限。

增加用户的数据表权限方法有以下两种。

1. 使用 pgAdmin 增加用户的数据表权限

本实例的目的是让 post2 用户可以对 book 表进行查询和插入操作，具体操作步骤如下：

01 在对象浏览器中选择【book】数据表，右击并在弹出的快捷菜单中选择【属性】菜单命令，如图 13-36 所示。

02 弹出【表‐book】对话框，选择【安全】选项卡，单击【添加】按钮，在【Grantee】下拉列表中选择【post2】角色，如图 13-37 所示。

图 13-36　选择【属性】菜单命令

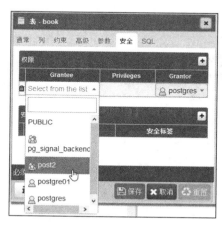

图 13-37　选择【post2】角色

03 在【Privileges】下拉列表中选择相应权限，这里选择【INSERT】和【SELECT】复选框，即可添加用户的数据表权限，如图 13-38 所示。

04 设置完成后，单击【保存】按钮，即可完成操作，如图 13-39 所示。

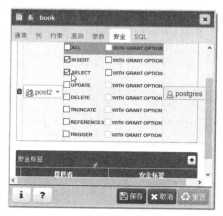

图 13-38　选择相应权限

图 13-39　单击【保存】按钮

2. 使用 SQL 语句增加用户的数据表权限

用户还可以使用 SQL 语句增加用户的数据表权限。语法格式如下：

```
GRANT 权限 ON 数据表 TO 用户名称;
```

【例 13.18】ppo1 是一个现有的数据表，postgres 是一个现有的用户，允许 postgres 更新 ppo1 数据表。SQL 语句如下：

```
GRANT UPDATE ON ppo1 TO postgres;
```

如果将上面的语句修改为：

```
GRANT UPDATE ON ppo1 TO PUBLIC;
```

则表示将数据表 ppo1 的更新权限赋予系统中的所有角色。

如果将上面的语句修改为：

```
GRANT ALL ON ppo1 TO postgres;
```

则表示把适用于该对象的所有权限都赋予用户 postgres。

13.6 综合案例——综合管理用户权限

本章详细介绍了 PostgreSQL 如何管理用户对服务器的访问控制和如何对每一个账户授予权限。通过本章的内容，读者将学会如何创建账户、如何对账户授权、如何收回权限以及如何删除账户。下面的综合案例将帮助读者建立执行这些操作的能力。

1. 案例目的

掌握创建用户和授权的方法。

2. 案例操作过程

01 登录到 Admin III 客户端后，创建一个数据库 test01，SQL 语句如下：

```
CREATE DATABASE test01;
```

02 选择 test01 数据库为当前数据库。在该数据库下创建数据表 mystudent，字段包括 numb、name 和 score，SQL 语句如下：

```
CREATE TABLE mystudent
(
  numb varchar (30) NOT NULL,
  name varchar (20) NOT NULL,
  score int  NOT NULL
)
```

执行语句后，在对象浏览器选择新创建的 mystudent 数据表，即可在右侧的窗口中查看该表的属性，如图 13-40 所示。

03 创建一个新账户，用户名称为 admin01，密码为 pw123。SQL 语句如下：

```
CREATE USER admin01 PASSWORD ' pw123';
```

04 创建一个新账户，用户名称为 admin02，密码为 pw456。SQL 语句如下：

```
CREATE USER admin02 PASSWORD ' pw456';
```

05 将数据库 test01 的所有者修改为 admin01，SQL 语句如下：

```
ALTER DATABASE test01 OWNER TO admin01;
```

命令执行后，在对象浏览器中查看 test01 的属性，如图 13-41 所示。从中可以看出此数据库的所有者已经修改为 admin01。

图 13-40　SQL 语句执行结果　　　　　　图 13-41　查看 test01 的属性

06 允许用户 admin02 对数据表 mystudent 进行查询、插入和更新操作。SQL 语句如下：

```
GRANT SELECT, UPDATE, INSERT ON mystudent TO admin02;
```

07 删除 admin02 的账户信息。

删除指定账户，可以使用 DROP USER 语句，命令如下：

```
DROP USER admin02;
```

13.7　常见问题及解答

疑问 1：如何撤销用户对数据表的操作权限？

要撤销权限，可以使用 REVOKE 命令。例如，REVOKE SELECT ON mystudent FROM admin02;就是将用户 admin02 对 mystudent 数据表的查询权限撤销。另外，数据库表的所有者是一个特殊的权限，总是隐含地属于所有者，不能赋予或者删除，但是所有者可以选择撤销自己拥有的普通权限。

疑问 2：组角色和登录角色之间的区别是什么？

数据库角色从概念上与操作系统用户是完全无关的。每一个和数据库的连接都必须以一个登录角色身份进行。这个登录角色决定在该连接上的初始权限。特定数据库连接的登录角色名是在初始化连接请求的时候声明的。

组角色主要是用于赋予权限，然后将登录角色加入组角色中，这样登录角色就拥有了组角色的权限，而不用对每个登录角色重新授权。这样就可以将用户组合起来简化权限管理，是一个常用的便利方法。用这样的方法，可以将权限赋予整个组，也可以对整个组撤销。

一般情况下，组角色是不具有登录权限的，尽管用户可以对组角色赋予登录权限。一旦组角色具有登录权限，就可以实现和登录角色一样的功能。

疑问 3：如何使用超级用户权限？

如果一个用户具有多个权限，是不是直接创建为超级用户更省事呢？为了数据库的安全，请谨慎使用超级用户权限。例如，一个用户具有 CREATEDB 和 CREATEROLE 权限即可满足数据库的日常操作，就不要创建超级用户。这个方法可以避免以超级用户操作时发生误操作导致的严重后果。

13.8　经典习题

创建数据库 Team，定义数据表 player，语句如下：

```
CREATE DATABASE Team;
user Team;
CREATE TABLE player
{
playid    INT PRIMARY KEY,
playname  VARCHAR(30) NOT NULL,
teamnum   INT NOT NULL UNIQUE,
info      VARCHAR(50)
};
```

执行以下操作：

（1）创建一个新账户，用户名为 account1，通过本地主机连接数据库，密码为 oldpwd1。授权该用户对 Team 数据库中 player 表的 SELECT 和 INSERT 权限以及对 player 表的 UPDATE 权限。

（2）创建 SQL 语句更改 account1 用户的密码为 newpwd2。

（3）查看授权给 account1 用户的权限。

（4）创建 SQL 语句收回 account1 用户的权限。

（5）创建 SQL 语句将 account1 用户的账号信息从系统中删除。

第14章　数据备份与还原

尽管采取了一些管理措施来保证数据库的安全，但是不确定的意外情况总是有可能造成数据的损失，例如意外的停电、管理员不小心的失误操作。保证数据安全最重要的一个措施是确保对数据进行定期备份。如果数据库中的数据丢失或者出现错误，可以使用备份的数据进行还原，这样就尽可能地降低了意外原因导致的损失。PostgreSQL 提供了多种方法对数据进行备份和还原。本章将介绍数据备份、数据还原和数据迁移的相关知识。

- 了解什么是数据备份
- 掌握各种数据备份的方法
- 掌握各种数据还原的方法
- 掌握数据库迁移的方法
- 熟练掌握综合案例中数据备份与还原的方法和技巧

14.1　数据备份

数据备份是数据库管理员非常重要的工作。系统意外崩溃或者硬件的损坏都可能导致数据的丢失，因此 PostgreSQL 管理员应该定期备份数据库，使得在意外情况发生时尽可能地减少损失。本节将介绍数据备份的三种方法。

14.1.1　使用 pgAdmin 4 备份数据库

使用 PgAdmin 可以轻松地备份选择的数据库，具体操作步骤如下：

01　登录 pgAdmin 4，并连接到数据库服务器。在【浏览器】中展开【数据库】节点，选择需要备份的数据库，右击并在弹出的快捷菜单中选择【备份】菜单命令，如图 14-1 所示。

02　在弹出的对话框中可以设置备份的参数，单击【浏览】按钮 ，如图 14-2 所示。

图 14-1　选择【备份】菜单命令　　　　　　图 14-2　设置备份参数对话框

03 弹出【Create file】对话框，在文本框中输入备份文件的名称，单击【Create】按钮，如图 14-3 所示。

04 弹出确认是否创建备份文件信息，单击【YES】按钮，如图 14-4 所示。

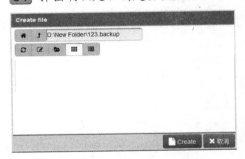

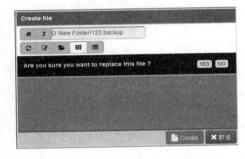

图 14-3　【Create file】对话框　　　　　　图 14-4　确认是否创建备份文件信息

05 返回到设置备份参数对话框，将【格式】设置为【Tar】选项，如图 14-5 所示。

06 另外，用户还可以设置备份文件的压缩率、字符编码和角色名称，如图 14-6 所示。设置完成后，单击【备份】按钮，系统开始自动备份数据库。

图 14-5　设置备份的格式　　　　　　图 14-6　设置备份的其他参数

14.1.2　使用 pg_dump 工具备份数据库

pg_dump 是 PostgreSQL 提供的一个非常有用的数据库备份工具。它甚至可以在数据库正在使用的时候进行完整一致的备份。pg_dump 工具执行时，可以将数据库备份成一个文本文件，该文件中实际上包含了多个 CREATE 和 INSERT 语句，使用这些语句可以重新创建表和插入数据。

pg_dump 的具体使用语法如下：

```
pg_dump [option...] [dbname]
```

其中各个参数的含义如表 14.1 所示。

表 14.1　pg_dump 参数含义

选项	含义
dbname	将要备份的数据库名称
-a	只输出数据，不输出模式
-b	在备份中包含大对象
-c	输出在创建数据库命令之前先清理该数据库对象的命令
-C	以一条创建该数据库本身并且与这个数据库连接等命令开头进行输出
-d	将数据输出为的 INSERT 命令，这样会导致恢复非常缓慢
-D	把数据备份为带有明确字段名的 INSERT 命令
-E	以指定的字符集编码创建备份
-f	把输出发往指定的文件
-F	选择输出的格式
-i	忽略在 pg_dump 和数据库服务器之间的版本差别
-o	作为数据的一部分，为每个表都输出对象标识（OID）
-O	不把对象的所有权设置为对应源数据库
-s	只输出对象定义，不输出数据
-S	指定关闭触发器时需要用到的超级用户名
-t	只备份出匹配 tabl 的表、视图、序列
-v	指定冗余模式
-x	禁止备份访问权限
-Z 0..9	声明在那些支持压缩的格式中使用的压缩级别，目前只有自定义格式支持压缩
-h	指定运行服务器的主机名
-p	指定服务器正在侦听的 TCP 端口
-U	连接的用户名
-W	强制口令提示

下面通过实例来讲述如何使用 pg_dump 备份数据库。

1．使用 pg_dump 工具备份单个数据库中的所有表

【例 14.1】使用 pg_dump 工具备份数据库 test 中的所有表，执行过程如下：

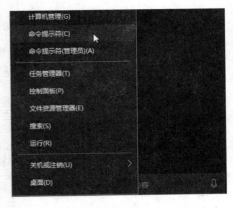

图 14-7　选择【命令提示符】菜单命令

01 在【开始】按钮上右击，在弹出的快捷菜单中选择【命令提示符】菜单命令，如图 14-7 所示。

02 弹出 DOS 窗口，首先进入 pg_dump 工具所在的路径，输入以下语句：

```
cd C:\Program Files\PostgreSQL\9.6\bin
```

输入效果如图 14-8 所示。

03 按【Enter】键确认，然后运行 pg_dump 程序，输入以下语句：

```
pg_dump -U postgres -f C:\abc\test_backup test
```

使用具有超级用户权限（-U 选项）的角色运行 pg_dump 程序，-f 选项指定备份文件的路径、文件名称以及备份的数据为 test。

04 按【Enter】键确认，根据提示输入数据库的口令，如图 14-9 所示。

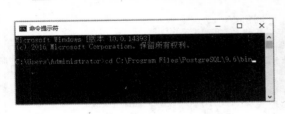

图 14-8　DOS 窗口

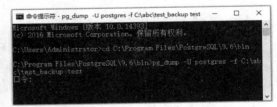

图 14-9　运行 pg_dump 程序

05 系统即可自动备份数据库。备份完成后，打开备份文件的路径，即可看到备份文件 test_backup，如图 14-10 所示。

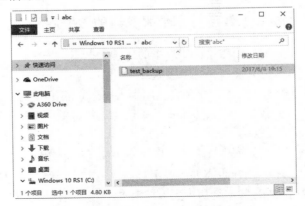

图 14-10　备份文件的路径

06 利用记事本程序查看 test_backup，即可看出备份的具体内容，如图 14-11 所示。

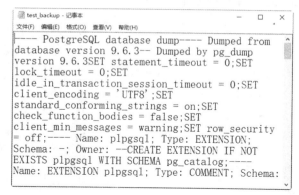

图 14-11　查看 test_backup

2. 使用 pg_dump 备份数据库中指定的数据表

在前面 pg_dump 工具操作中，还可以指定备份的数据表，其语法格式为：

```
pg_dump -t 表名称-t 表名称1....tbname
```

tbname 表示数据库中的表名，多个表名之间用-t 空格隔开。

【例 14.2】备份 test 数据库中的 tb_emp 表和 tb_emp2 表，输入语句如下：

```
pg_dump -U postgres -t tb_emp -t
tb_emp2 -f C:\abc\test_backup2 test
```

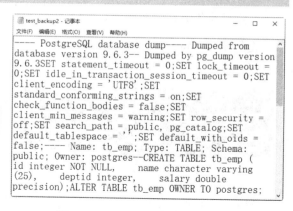

该语句创建名称为 test_backup2 的备份文件，文件中包含了前面介绍的 SET 语句等内容，不同的是，该文件只包含 tb_emp 表和 tb_emp2 表的 CREATE 和 INSERT 语句，如图 14-12 所示。

图 14-12　test_backup2 的文件内容

14.1.3　使用 pg_dumpall 工具备份整个服务器的数据库

pg_dumpall 工具可以存储一个数据库集群里的所有数据库到一个脚本文件。该脚本文件包含可以用于作为 psq 输入的 SQL 命令，从而恢复数据库。

pg_dumpall 通过对数据库集群里的每个数据库调用 pg_dump 实现这个功能。pg_dumpall 还备份出所有数据库公用的全局对象，而 pg_dump 并不保存这些对象。这些信息包括数据库用户和组以及适用于整个数据库的访问权限。

因为 pg_dumpall 从所有数据库中读取表，所以很可能需要以数据库超级用户的身份连接，这样才能生成完整的备份。同样，用户也需要超级用户的权限来执行保存下来的脚本，这样才能增加用户和组以及创建数据库。SQL 脚本将写出到标准输出。

【例14.3】使用 pg_dumpall 备份所有的数据库。其操作和 pg_dump 类似，这里不再重述，输入语句如下：

```
pg_dumpall -U postgres -f C:\abc\dball_backup
```

该语句创建名称为 dball_backup 的备份文件，文件中包含了数据库集群里的每个数据库。用记事本打开备份文件，即可查看备份的详细信息，如图14-13所示。

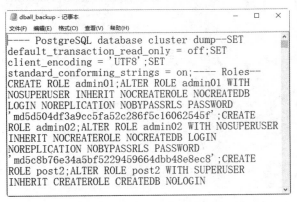

图14-13　查看备份的详细信息

> **提示**
>
> 在使用 pg_dumpall 创建所有数据库备份时，多次要求输入密码，这时重复输入密码即可，如图14-14所示。

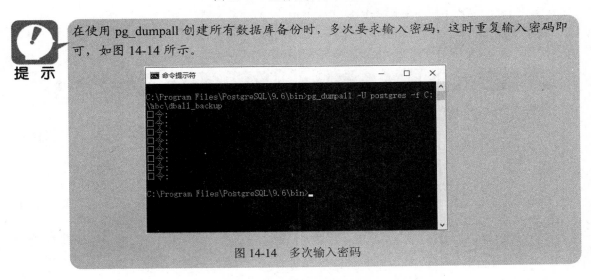

图14-14　多次输入密码

14.2　数据还原

当数据丢失或意外破坏时，可以通过还原已经备份的数据尽量减少数据丢失和破坏造成的损失。本节将介绍数据还原的方法。

14.2.1　使用 pgAdmin 4 还原数据库

对于 pgAdmin 备份的数据库文件，可以使用 pgAdmin 轻松地还原数据库。具体操作步骤如下：

01 登录 pgAdmin 4，并连接到数据库服务器。在【浏览器】中展开【数据库】节点，选择需要还原的数据库，右击并在弹出的快捷菜单中选择【还原中】菜单命令，如图 14-15 所示。

02 在弹出的对话框中，单击【文件名】右侧的 ▪ 按钮，如图 14-16 所示。

图 14-15 选择【还原中】菜单命令

图 14-16 还原设置对话框

03 在弹出的对话框中选择备份文件，单击【Select】按钮，如图 14-17 所示。

04 返回到还原设置对话框，设置完其他参数后，单击【还原】按钮，系统开始自动还原数据库文件，如图 14-18 所示。

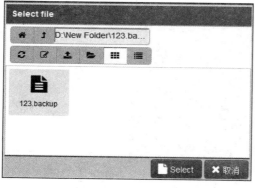

图 14-17 选择备份文件

图 14-18 还原设置对话框

14.2.2 使用 psql 还原数据库

psql 是一个以终端为基础的 PostgreSQL 前端。它允许用户交互地输入查询，把它们发送给 PostgreSQL 服务器，然后看看查询的结果。另外，输入可以来自一个文件。

对于已经备份的包含 CREATE、INSERT 语句的文本文件，可以使用 psql 导入到数据库中。本小节将介绍使用 psql 将 pg_dump 备份的文件恢复到数据库中的方法。

具体操作步骤如下：

01 参照 14.1.1 小节的步骤打开 DOS 窗口,首先进入 psql 工具所在的路径,输入以下语句:

```
cd C:\Program Files\PostgreSQL\9.6\bin
```

输入效果如图 14-19 所示。

图 14-19 DOS 窗口

02 按【Enter】键确认,然后运行 psql 程序,输入代码如下:

```
psql -d test -U postgres -f C:\abc\test_backup
```

使用-d 选项规定的数据库对恢复操作没有影响。使用-U 选项指定具有超级用户特权的角色,使用-f 选项指定备份文件的目录路径。

输入效果如图 14-20 所示。

图 14-20 运行 psql 程序

03 按【Enter】键确认,然后根据提示输入数据库的口令,如图 14-21 所示。

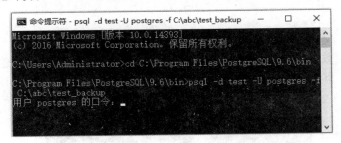

图 14-21 输入数据库的口令

04 系统开始自动还原数据库,并显示 psql 程序处理备份文件中的 SQL 语句时所显示的消息,如图 14-22 所示。

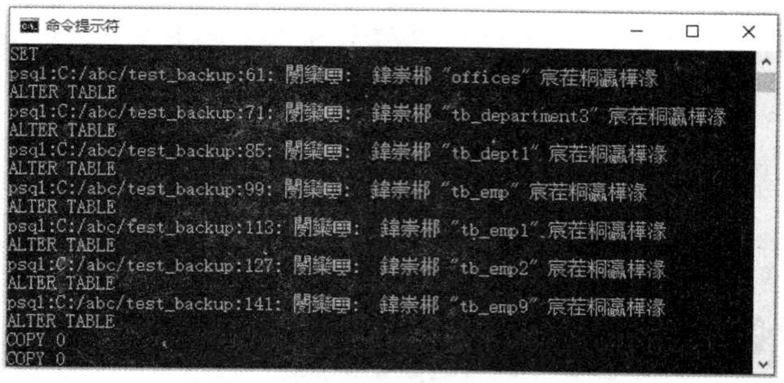

图 14-22 自动还原数据库

14.2.3 使用 pg_restore 快速还原数据库

pg_restore 可以还原由 pg_dump 创建的备份文件。它将发出重新生成包括数据在内的所有用户定义类型、函数、表、索引和操作符的所有必要的命令。

使用 pg_restore 还原数据库的具体操作步骤如下：

01 参照 14.1.1 小节的步骤打开 DOS 窗口，首先进入 pg_restore 工具所在的路径，输入以下语句：

```
cd C:\Program Files\PostgreSQL\9.6\bin
```

输入效果如图 14-23 所示。

图 14-23 DOS 窗口

02 按【Enter】键确认，然后运行 pg_restore 程序，输入代码如下：

```
pg_restore -d test -U postgres -C C:\abc\test_backup
```

使用-d 选项指定数据库的名称，使用-U 选项指定具有超级用户特权的角色，使用-C 选项表明该恢复操作时建立一个与生成备份文件的数据库同名的新数据库以及备份文件的目录路径。

输入效果如图 14-24 所示。输入完成后，按【Enter】键确认，然后输入口令即可恢复操作。

图 14-24 运行 pg_restore 程序

14.3 数据库迁移

数据库迁移就是把数据从一个系统移动到另一个系统上。数据迁移有以下原因:

(1) 需要安装新的数据库服务器。

(2) PostgreSQL 版本更新。

(3) 数据库管理系统的变更(如从 Microsoft SQL Server 迁移到 PostgreSQL)。

本节将讲解数据库迁移的方法。

14.3.1 相同版本的 PostgreSQL 数据库之间的迁移

相同版本的 PostgreSQL 数据库之间的迁移就是在主版本号相同的 PostgreSQL 数据库之间进行数据库移动。迁移过程其实就是在源数据库备份和目标数据库还原过程的组合。

一般情况下,不同主版本的 PostgreSQL 之间的内部存储结构通常是不同的,而不同的子版本之间是相同,它们通常用的都是兼容的存储格式。

例如,版本 9.1.5 和 9.2.5 是不兼容的,而 9.1.1 和 9.1.5 是兼容的。

在兼容的版本之间迁移数据,直接利用 pgAdmin 即可快速实现数据库的迁移工作。

14.3.2 不同版本的 PostgreSQL 数据库之间的迁移

因为数据库升级等原因,需要将较旧版本 PostgreSQL 数据库中的数据迁移到的较新版本的数据库中。PostgreSQL 服务器升级时,需要先停止服务,然后卸载老版本,并安装新版的 PostgreSQL。这种更新方法很简单,如果想保留老版本中用户访问控制信息,就需要备份 PostgreSQL 中的 PostgreSQL 数据库,在新版本 PostgreSQL 安装完成之后,重新读入 PostgreSQL 备份文件中的信息。需要用 pg_dump 备份数据,然后到新的服务器里恢复它们。

建议使用新版本的 pg_dump,以便利用新版本的新特性和功能。

【例 14.4】将 www.abc.com 主机上的 PostgreSQL 数据库全部迁移到 www.bac.com 主机上。在 www.abc.com 主机上执行的命令如下:

```
pg_dump -U postgres -h www.bac.com -f C:\abc\test1_backup
```

然后在 www.abc.com 主机上使用 psql 还原数据库文件即可。

14.3.3 不同类型数据库之间的迁移

不同类型数据库之间的迁移是指把 PostgreSQL 的数据库转移到其他类型的数据库。例如,从 PostgreSQL 迁移到 ORACLE,从 ORACLE 迁移到 PostgreSQL,从 PostgreSQL 迁移到 SQLServer 等。

迁移之前,需要了解不同数据库的架构,比较它们之间的差异。不同数据库中表示定义相同类型的数据的关键字可能会不同。例如,PostgreSQL 中日期字段分为 DATE 和 TIME 两种,而 ORACLE 日期字段只有 DATE。另外,数据库厂商并没有完全按照 SQL 标准来设计数据库系统,导致不同的数据库系统的 SQL 语句有差别。例如，PostgreSQL 几乎完全支持标准 SQL 语言，而 Microsoft SQL Server 使用的是 T-SQL 语言，T-SQL 中有些非标准的 SQL 语句，因此在迁移时必须对这些语句进行语句映射处理。

数据库迁移可以使用一些工具。例如，在 Windows 系统下，可以使用 Ora2pg 实现 Oracle 数据库和 PostgreSQL 数据库之间的迁移。

14.4　综合案例——数据的备份与恢复

备份有助于保护数据库，通过备份可以完整保存 PostgreSQL 中各个数据库的特定状态。还原可以防止系统出现故障导致数据丢失或者不合理操作对数据库造成灾难时恢复数据库中的数据。PostgreSQL 管理人员应该定期备份所有活动的数据库，以免发生数据丢失。因此无论怎样强调数据库的备份工作都不过分。本章综合案例将向读者提供数据库备份与还原的方法与过程。

1. 案例目的

按照操作过程完成对 mytest 数据库的备份和还原。

2. 案例操作过程

01 使用 pgAdmin 4 备份数据库 mytest 文件 C:\abc\mytest.backup。

02 使用 pgAdmin 4 还原数据库 mytest。

03 使用 pg_dump 工具备份数据库 mytest 下的表 student1p 和表 stu 到文件 C:\abc\mytest_backup1。输入语句如下：

```
pg_dump -U postgres -t student1p -t stu -f C:\abc\mytest_backup1 mytest
```

语句执行完毕，打开目录 C:\abc，可以看到已经创建好的备份文件 mytest_backup1。可以使用记事本查看备份的内容。

04 使用 psql 还原数据库文件 mytest_backup1，输入语句如下：

```
psql -d mytest -U postgres -f C:\abc\mytest_backup1
```

14.5　常见问题及解答

疑问 1：pgdump 备份的文件只能在 PostgreSQL 中使用吗？

pgdump 备份的文本文件实际是数据库的一个副本。使用该文件不但可以在 PostgreSQL 中恢复数据库，而且可以通过对文件的简单修改在 SQL Server 或者 Sybase 等其他数据库中恢复数据库。这在某种程度上实现了数据库之间的迁移。

疑问 2：使用 pgAdmin 恢复数据库时需要注意什么问题？

使用 pgAdmin 恢复数据库时只能恢复以.backup 结尾的文件。另外，在恢复时最好把原来的数据库删掉，然后新建空库重新恢复。注意不要在原有库的基础上恢复，否则会有数据丢失。因为新表中的数据会添加上，而旧表里的新数据不会添加上。

14.6 经典习题

（1）同时备份 test 数据库中的 fruits 和 suppliers 表，然后删除两个表中的内容并还原。

（2）将 test 数据库中不同的数据表中的数据导出到文件，并查看文件内容。

（3）分别使用 psql 和 pg_restore 还原数据库，并说明两种方法的优点。

第15章 性能优化

📖 **学习目标!** Objective

PostgreSQL 性能优化就是通过合理安排资源、调整系统参数使 PostgreSQL 运行更快，更节省资源。PostgreSQL 性能优化包括查询速度优化、更新速度优化、数据库结构优化、PostgreSQL 服务器优化等。本章将为读者讲解这些内容。

📖 **内容导航!** Navigation

- 了解什么是优化
- 掌握优化查询的方法
- 掌握优化数据库结构的方法
- 掌握优化 PostgreSQL 服务器的方法
- 熟练掌握综合案例中性能优化的方法和技巧

15.1 优化简介

优化 PostgreSQL 数据库是数据库管理员和数据库开发人员的必备技能。PostgreSQL 优化一方面是找出系统的瓶颈，提高 PostgreSQL 数据库整体的性能；另一方面，需要合理的结构设计和参数调整，以提高用户操作响应的速度；同时还要尽可能地节省系统资源，以便系统可以提供更大负荷的服务。

PostgreSQL 数据库优化是多方面的，原则是减少系统的瓶颈、减少资源的占用、增加系统的反应速度。例如，通过优化文件系统，提高磁盘 IO 的读写速度；通过优化操作系统调度策略，提高 PostgreSQL 在高负荷情况下的负载能力；优化表结构、索引、查询语句等使查询响应更快。

15.2 优化查询

查询是数据库中最频繁的操作。查询速度的提高可以有效地提高 PostgreSQL 数据库的性能。本节将为读者介绍优化查询的方法。

15.2.1 分析查询语句 EXPLAIN

EXPLAIN 语句主要用于分析一个语句的执行规划。执行规划显示语句引用的表是如何被扫描的，即是简单的顺序扫描还是索引扫描，如果引用了多个表，还要显示采用了什么样的连接算法从每个输入的表中取出所需要的记录。

EXPLAIN 的基本语法格式如下：

```
EXPLAIN [ ANALYZE ] [ VERBOSE ] statement select_options
```

其中，ANALYZE 参数表示执行命令并显示实际运行时间，VERBOSE 参数表示显示规划树完整的内部表现形式，而不仅仅是一个摘要。statement 参数要查看规划结果的任何 SELECT、INSERT、UPDATE、DELETE、VALUES、EXECUTE 和 DECLARE 语句。select_options 是语句的查询选项，包括 FROM 和 WHERE 子句等。

执行该语句，可以分析 EXPLAIN 后面的语句执行情况，并且能够分析出所查询的表的一些特征。

【例 15.1】使用 EXPLAIN 语句来分析一个查询语句，可执行如下语句：

```
EXPLAIN ANALYZE SELECT * FROM fruits WHERE f_price=3.6;
```

语句执行结果如图 15-1 所示。

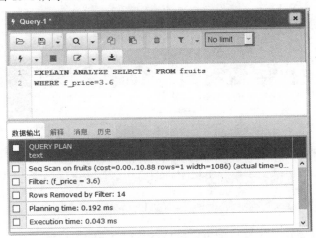

图 15-1　SQL 语句执行结果

从结果可以看出，cost 后面的参数代表语句的计算开销，包括扫描的行数、语句花费的时间等。

15.2.2　索引对查询速度的影响

PostgreSQL 中提高性能的一个最有效的方式就是对数据表设计合理的索引。索引提供了高效访问数据的方法，并且加快了查询的速度，因此索引对查询的速度有着至关重要的影响。使用索引可以快速地定位表中的某条记录，从而提高数据库查询的速度，提高数据库的性能。本小节将为读者介绍索引对查询速度的影响。

如果查询时没有使用索引，查询语句将扫描表中的所有记录。在数据量大的情况下，这样查询的速度会很慢。如果使用索引进行查询，查询语句将根据索引快速定位到待查询记录，以减少查询的记录数，达到提高查询速度的目的。

【例15.2】下面是查询语句中不使用索引和使用索引的对比。首先，分析未使用索引时的查询情况，EXPLAIN语句如下：

```
EXPLAIN SELECT * FROM fruits WHERE f_name='apple';
```

命令执行后结果如图 15-2 所示。

然后，在 fruits 表的 f_name 字段加上索引。执行添加索引的语句及结果如下：

```
CREATE INDEX index_name ON fruits(f_name);
```

现在，分析上面的查询语句。执行的 EXPLAIN 语句及结果如下：

```
EXPLAIN SELECT * FROM fruits WHERE f_name='apple';
```

命令执行后结果如图 15-3 所示。

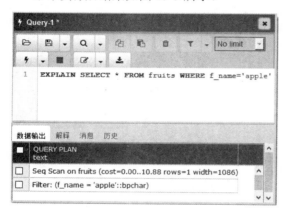

图 15-2　SQL 语句执行结果

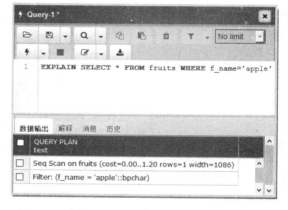

图 15-3　SQL 语句执行结果

结果显示，cost 的数值减少了，表示这个查询语句执行速度提高了，比扫描 15 条记录快。

15.2.3　优化子查询

在 PostgreSQL 9.6 中，使用子查询可以进行 SELECT 语句的嵌套查询，即一个 SELECT 查询的结果作为另一个 SELECT 语句的条件。子查询可以一次性完成很多逻辑上需要多个步骤才能完成的 SQL 操作。子查询虽然可以使查询语句更灵活，但是执行效率不高。执行子查询时，PostgreSQL需要为内层查询语句的查询结果建立一个临时表。然后外层查询语句从临时表中查询记录。查询完毕后再撤销这些临时表。因此，子查询的速度会受到一定的影响。如果查询的数据量比较大，这种影响就会随之增大。

在 PostgreSQL 中可以使用连接（JOIN）查询来替代子查询。连接查询不需要建立临时表，其速度比子查询要快，如果在查询中使用索引，性能就会更好。连接之所以更有效率，是因为 PostgreSQL 不需要在内存中创建临时表来完成查询工作。

15.3 优化数据库结构

一个好的数据库设计方案对于数据库的性能常常会起到事半功倍的效果。合理的数据库结构不但可以使数据库占用更小的磁盘空间，而且能够使查询速度更快。数据库结构的设计需要考虑数据冗余、查询和更新的速度、字段的数据类型是否合理等多方面的内容。本节将为读者介绍优化数据库结构的方法。

15.3.1 将字段很多的表分解成多个表

对于字段较多的表，如果有些字段的使用频率很低，就可以将这些字段分离出来形成新表。因为当一个表中的数据量很大时，查询会由于使用频率低的字段的存在而变慢。本小节将为读者介绍这种优化表的方法。

【例 15.3】假设有一个会员表，用来存储会员登录认证信息，并且该表中有很多字段，如 id、姓名、密码、地址、电话、个人描述。其中，地址、电话、个人描述等字段并不常用，可以将其分解为另外一个表，并取名为 members_detail，表中有 member_id、address、telephone、description 字段。其中，member_id 是会员编号，address 字段用于存储地址信息，telephone 字段用于存储电话信息，description 字段用于存储会员个人描述信息。这样就把会员表分成了两个表，即 members 表和 members_detail 表，两个表的结构如表 15.1 和 15.2 所示。

表 15.1　members 表结构

字段名	数据类型	主键	外键	非空	唯一
id	INT	是	否	是	是
username	VARCHAR(100)	否	否	否	否
password	VARCHAR(100)	否	否	否	否
last_login_time	DATETIME	否	否	否	否
last_login_ip	VARCHAR(100)	否	否	否	否

表 15.2　members_detail 表结构

字段名	数据类型	主键	外键	非空	唯一
member_id	INT	是	否	是	是
address	VARCHAR(50)	否	否	否	否
telephone	VARCHAR(50)	否	否	否	否
description	text	否	否	否	否

如果需要查询会员的详细信息，可以用会员的 id 来查询。如果需要将会员的基本信息和详细信息同时显示，可以将 members 表和 members_detail 表进行联合查询，查询语句如下：

```
SELECT * FROM members LEFT JOIN members_detail ON members.id =
members_detail.member_id
```

通过这种分解，可以提高表的查询效率。对于字段很多而且有些字段使用不频繁的表，可以通过这种分解的方式来优化数据库的性能。

15.3.2　增加中间表

对于需要经常联合查询的表，可以建立中间表，以提高查询效率。通过建立中间表把需要经常联合查询的数据插入中间表中，然后将原来的联合查询改为对中间表的查询，以此来提高查询效率。本小节将为读者介绍增加中间表优化查询的方法。

该方法的执行过程是：首先，分析经常联合查询表中的字段；然后，使用这些字段建立一个中间表，并将原来联合查询的表的数据插入中间表中；最后，使用中间表进行查询。

【例 15.4】会员信息表 vip 和会员组信息表 vip_group 的结构如表 15.3 和表 15.4 所示。

表 15.3　vip 表结构

字段名	数据类型	主键	外键	非空	唯一
Id	INT	是	否	是	是
username	VARCHAR(100)	否	否	否	否
password	VARCHAR(100)	否	否	否	否
groupId	INT	否	否	否	否

表 15.4　vip_group 表结构

字段名	数据类型	主键	外键	非空	唯一
Id	INT	是	否	是	是
name	VARCHAR(100)	否	否	否	否
remark	VARCHAR(100)	否	否	否	否

已知现在有一个模块需要经常查询出带有会员组名称、会员组备注（remark）、会员用户名信息的会员信息。根据这种情况可以创建一个 temp_vip 表。temp_vip 表中存储用户名（user_name）、会员组名称（group_name）和会员组备注（group_remark）信息。创建表的语句如下：

```
CREATE TABLE temp_vip (
Id INT NOT NULL PRIMARY KEY,
user_name varchar(100) NULL,
group_name varchar(100) NULL,
group_remark varchar(100) NULL,
);
```

接下来从会员信息表和会员组表中查询相关信息存储到临时表中：

```
INSERT INTO temp_vip(user_name, group_name, group_remark)
SELECT v.username,g.name,g.remark
FROM vip as v ,vip_group as g
WHERE v.groupId =g.Id;
```

以后，可以直接从 temp_vip 表中查询会员名、会员组名称和会员组备注，而不用每次都进行联合查询。这样就可以提高数据库的查询速度了。

15.3.3　增加冗余字段

设计数据库表时尽量遵循范式理论的规约，尽可能少的冗余字段让数据库设计看起来更加精致、优雅。但是，合理的冗余字段也可以提高查询速度。本小节将为读者介绍通过增加冗余字段来优化查询速度的方法。

表的规范化程度越高，表与表之间的关系就越多，需要连接查询的情况也就越多。例如，员工的信息存储在 staff 表中，部门信息存储在 department 表中。通过 staff 表中的 department_id 字段与 department 表建立关联关系。如果要查询一个员工所在部门的名称，就必须从 staff 表中查找员工所在部门的编号（department_id），然后根据这个编号去 department 查找部门的名称。如果经常需要进行这个操作，连接查询就会浪费很多时间。这时，可以在 staff 表中增加一个冗余字段 department_name，用来存储员工所在部门的名称。这样就不用每次都进行连接操作了。

冗余字段会导致一些问题。比如，冗余字段的值在一个表中被修改了，就要想办法在其他表中更新该字段，否则会使原本一致的数据变得不一致。

分解表、增加中间表和增加冗余字段都浪费了一定的磁盘空间。从数据库性能来看，为了提高查询速度而增加少量的冗余大部分时候是可以接受的，是否通过增加冗余来提高数据库性能要根据实际需求综合分析。

15.3.4　优化插入记录的速度

插入记录时，影响插入速度的主要是索引、唯一性校验、一次插入记录条数等。根据这些情况，可以分别进行优化。本小节将为读者介绍优化插入记录速度的几种方法。

1. 删除索引

对于非空表，插入记录时，PostgreSQL 会根据表的索引对插入的记录建立索引。插入大量数据时，建立索引会降低插入记录的速度。为了解决这种情况，可以在插入记录之前删除索引，数据插入完毕后再创建索引。

2. 使用批量插入

插入多条记录时，可以用一个 INSERT 语句插入一条记录；也可以用一个 INSERT 语句插入多条记录。插入一条记录的 INSERT 语句情形如下：

```
INSERT INTO fruits VALUES('x1', '101', 'mongo2', '5.5');
INSERT INTO fruits VALUES('x2', '101', 'mongo3', '5.5')
INSERT INTO fruits VALUES('x3', '101', 'mongo4', '5.5')
```

插入多条记录的 INSERT 语句情形如下：

```
INSERT INTO fruits VALUES
('x1', '101', 'mongo2', '5.5'),
```

```
('x2', '101', 'mongo3', '5.5'),
('x3', '101', 'mongo4', '5.5');
```

第二种情形的速度要比第一种情形快。

3. 删除外键约束

和删除索引一样，插入数据之前执行，删除对外键约束。数据插入完成之后再创建外键的约束。

4. 禁止自动提交

如果允许每个插入都独立提交，那么 PostgreSQL 会为所增加的每行记录做大量的处理。所以在插入数据之前，禁止自动事务的自动提交；数据导入完成之后，执行恢复自动提交操作。

5. 使用 COPY 批量导入

当需要批量导入数据时，如果能用 COPY 在一条命令里装载所有记录，就尽量用 COPY 语句。因为 COPY 语句导入数据的速度比 INSERT 语句的速度快。另外，在大量装载数据的情况下，导致的荷载也少很多。

15.3.5　分析表的统计信息

PostgreSQL 中提供了 ANALYZE 语句收集表内容的统计信息，然后把结果保存在系统表 pg_statistic 里。ANALYZE 语句的基本语法如下：

```
ANALYZE [ VERBOSE ] [ table [ (column [, ...] ) ] ]
```

其中，VERBOSE 参数主要是为了显示处理过程的信息；table 参数代表要分析的数据表的名称，如果不填写，就代表当前数据库里的所有表；column 参数代表要分析的特定字段的名称，如果不填写，就表示当前数据表中的所有字段。

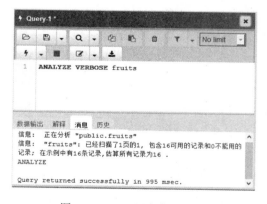

【例 15.5】使用 ANALYZE 来分析 fruits 表，执行的语句如下：

```
ANALYZE VERBOSE fruits;
```

执行语句后的结果如图 15-4 所示，显示了 fruits 表中可用和不可用的记录等统计信息。

图 15-4　SQL 语句执行结果

 提示　一般情况下，用户增加或者更新了大量数据之后都需要运行 ANALYZE 语句，从而获取表数据的最新统计。如果没有统计数据或者统计数据太陈旧，那么规划器可能选择比较差的查询规划，导致表的查询性能大幅度降低。

15.4　优化 PostgreSQL 服务器

优化 PostgreSQL 服务器主要从两方面来完成：一方面是从硬件进行优化；另一方面是从 PostgreSQL 服务的参数进行优化。这部分的内容需要较多的全面知识，一般只有专业的数据库管理员才能进行这一类的优化。对于可以定制参数的操作系统，也可以针对 PostgreSQL 进行系统优化。本节将为读者介绍优化 PostgreSQL 服务器的方法。

15.4.1　优化服务器硬件

服务器的硬件性能直接决定着 PostgreSQL 数据库的性能。硬件的性能瓶颈直接决定 PostgreSQL 数据库的运行速度和效率。针对性能瓶颈，提高硬件配置，可以提高 PostgreSQL 数据库的查询、更新的速度。本小节将为读者介绍以下优化服务器硬件的方法。

（1）配置较大的内存。足够大的内存是提高 PostgreSQL 数据库性能的方法之一。内存的速度比磁盘 I/O 快得多，可以通过增加系统的缓冲区容量使数据在内存中停留的时间更长，以减少磁盘 I/O。

（2）配置高速磁盘系统，以减少读盘的等待时间，提高响应速度。

（3）合理分布磁盘 I/O。把磁盘 I/O 分散在多个设备上，以减少资源竞争，提高并行操作能力。

（4）配置多处理器。PostgreSQL 是多线程的数据库，多处理器可同时执行多个线程。

15.4.2　优化 PostgreSQL 的参数

通过优化 PostgreSQL 的参数，可以提高资源利用率，从而达到提高 PostgreSQL 服务器性能的目的。本小节将为读者介绍这些配置参数。

PostgreSQL 服务的配置参数都在 postgresql.conf 中。下面针对几个对性能影响比较大的参数进行详细介绍。

（1）maintenance_work_mem：在装载大量数据的时候，临时增大 maintenance_work_mem 配置变量可以改进性能。这个参数可以帮助加快 CREATE INDEX 和 ALTER TABLE ADD FOREIGN KEY 命令的执行速度。

（2）checkpoint_segments：PostgreSQL 里面装载大量的数据可以导致检查点操作比平常更加频繁发生。检查点操作时，所有脏数据都必须刷新到磁盘上。通过在大量数据装载的时候临时增加 checkpoint_segments，所要求的检查点的数目可以减少，从而让大量数据装载得更快。

（3）effective_cache_size：此参数代表 PostgreSQL 能够使用的最大缓存。通过设置此参数，可以提高服务器性能。例如，服务器为 4GB 的内存，可以设置缓冲为 3.5GB 的大小。

（4）max_connections：通常，max_connections 的目的是防止 max_connections * work_mem 超出实际内存大小。比如，将 work_mem 设置为实际内存的 4%，在极端情况下，如果有 25 个查询都有排序要求，而且都使用 4% 的内存，就会导致数据外溢，大大降低系统性能。

（5）shared_buffers：PostgreSQL 通过 shared_buffers 和内核、磁盘打交道，因此应该尽量大，让更多的数据缓存在 shared_buffers 中。通常，将 shared_buffers 设置为实际 RAM 的 10% 是比较合理的。

（6）work_mem：PostgreSQL 在执行排序操作时会根据 work_mem 的大小决定是否将一个大的结果集拆分为几个和 work_mem 差不多大小的临时文件。显然拆分的结果是降低了排序的速度。因此增加 work_mem 有助于提高排序的速度。通常，将 work_mem 设置为实际 RAM 的 2%～4%比较合理。

15.5　综合案例——优化 PostgreSQL 服务器

本章前面详细介绍了 PostgreSQL 性能优化的各个方面，主要包括查询语句优化、数据结构优化、PostgreSQL 服务器优化。查询语句优化的主要方法有分析查询语句、使用索引优化查询、优化子查询等。数据结构优化的主要方法有分解表、增加中间表、增加冗余字段等。优化 PostgreSQL 服务器的方法主要包括优化服务器硬件、优化 PostgreSQL 服务的参数。本章的综合案例将帮助读者加深理解 PostgreSQL 优化的方法并提高执行这些优化操作的能力。

1．案例目的

掌握 PostgreSQL 查询语句优化、数据结构优化、服务器优化等性能优化的方法。

2．案例操作过程

01 分析查询语句。

使用 EXPLAIN 分析查询语句 "SELECT * FROM fruits WHERE f_name='banana';"，执行的语句如下：

```
EXPLAIN SELECT * FROM fruits WHERE f_name='banana';
```

命令执行后结果如图 15-5 所示。

02 分析数据表。使用 ANALYZE 语句分析 fruits 表，执行的语句如下：

```
ANALYZE VERBOSE fruits;
```

命令执行后结果如图 15-6 所示。

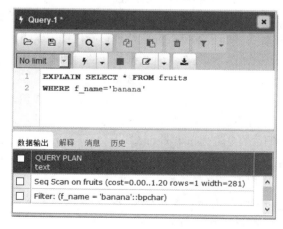

图 15-5　SQL 语句执行结果

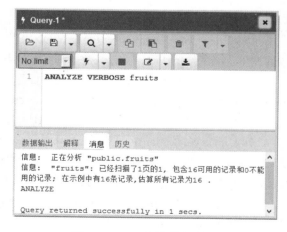

图 15-6　SQL 语句执行结果

15.6　常见问题及解答

疑问 1：是不是索引建立得越多越好？

合理的索引可以提高查询的速度，但并不是索引越多越好。在执行插入语句的时候，PostgreSQL要为新插入的记录建立索引，所以过多的索引会导致插入操作变慢。原则上是只用于查询的字段才能建立索引。

疑问 2：如何更新缓冲区的缓冲？

查询缓冲区可以提高查询的速度，但是这种方式只适合查询语句比较多、更新语句比较少的情况。默认情况下会分配 64 个缓冲区，默认的块大小是 8KB。可以通过设置 postgresql.conf 文件中的 shared_buffers 数来更新缓冲区缓存。

15.7　经典习题

（1）练习查询连接 PostgreSQL 服务器的次数 Uptime、PostgreSQL 服务器的上线时间、慢查询的次数、查询操作的次数、插入操作的次数、更新操作的次数、删除操作的次数等 PostgreSQL数据库的性能参数。

（2）练习优化子查询。

（3）练习分析查询语句中是否使用了索引，以及索引对查询的影响。

（4）练习将很多的表分解成多个表，并观察分解表对性能的影响。

（5）练习使用中间表优化查询。

（6）练习分析表。

（7）练习优化MySQL 服务器的配置参数。

第16章 高可用、负载均衡和数据复制

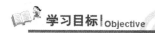 学习目标 | Objective

随着数据库服务器的集群分布，用户面临着各种各样的问题，包括主服务器出现故障时如何提高主服务器的高可用性、如何使用多台计算机提供相同的数据（负载平衡）和数据同步的问题。理想状态下，数据库服务器之间可以协同工作，如果主服务器出现故障，或允许多台计算机提供相同的数据。然而，如果没有统一的解决方案，数据同步很难实现。本章主要讲述常见的数据同步解决方案、日志传送备用服务器、数据的流复制、数据的同步复制等。

 内容导航 | Navigation

- 了解常见的服务器解决方案
- 掌握日志传送服务器的方法
- 掌握数据的流复制
- 掌握数据的同步复制

16.1 常见的数据同步解决方案

为了实现数据的同步，需要各个服务器之间统一解决方案。每个解决方案都在以不同的方式解决这个问题，并最大限度地减少其特定工作负荷的影响。常见的数据同步解决方案如下：

1. 共享磁盘故障转移

所谓共享磁盘故障转移，是指当主服务器出现故障时，备用服务器可以安装和启动数据库，快速切换到共享磁盘，从而避免数据的丢失。它使用一个由多个服务器共享的磁盘阵列。

2. 文件系统复制

所谓文件系统复制，是指所有更改文件的镜像都放在另外一台备用服务器的文件系统中，一旦出现故障，就及时恢复。当然，用户需要确定镜像的方式，确保备用服务器的文件系统中的文件副本和主服务器是一致的。

3. 事务日志

通过读取数据流的预写日志记录来完成数据的恢复。备用服务器几乎包含了所有的主服务器数据，如果主服务器出现故障，备用服务器便会迅速做出新的主数据库服务器。

4. 基于语句的复制

程序获取了每个 SQL 查询，并把它发送给一个或所有服务器。每个服务器独立运作。如果是只读查询，可以发送到一台服务器；如果是读写查询，就必须发送到所有的服务器，每个服务器都接收所有数据的更改。

5. 异步复制

让一些不经常连接设备之间保持数据的一致性是一件比较困难的事情，比如笔记本电脑或远程服务器。此时可以采用异步复制操作，让每个服务器独立工作，并定期与其他服务器通信，从而避免数据更新的冲突。

6. 同步复制

在同步复制机制下，每个服务器都可以接受写请求。在每个事务提交之前，修改后的数据从原来的服务器传输到其他所有的服务器。

提 示　在选择数据同步方案之前，必须考虑性能。通常有一个功能和性能之间的权衡。例如，一个完全同步的解决方案通过速度较慢的网络可能削减了一半以上的性能，而异步可能使性能的影响最小。

16.2　日志传送备用服务器

日志传送（log shipping）是一种方法，自动从主服务器备份事务日志，并使该备份自动对备用服务器可访问。一旦将日志文件放到了备用服务器上，就可以保持与主服务器的相对同步。

16.2.1　日志传送概述

使用日志传送，有以下几点好处。

- 无须昂贵的软件或硬件即可实现冗余故障转移系统。
- 备用服务器可以用于其他用途，而不必长期闲置。例如，当辅助数据库因处理进入的日志文件而处于不可访问状态时，可以在备用服务器上运行另一个独立数据库。
- 一旦设置好，配置成本相对低廉并且易于维护。
- 有非常可靠的方法用于提供数据库的冗余副本。
- 实现和维护配置的成本相对低廉。
- 支持本地位置和远程灾难恢复方案。

提 示　日志传送是异步的，也就是说，在事务提交之后，如果有数据丢失，在主服务器遭受灾难性故障时将会丢失尚未传送的事务。

从数据库服务器的角度看，在创建主服务器和备用服务器时，尽量保持它们尽可能相同是非常明智的。这样维护起来比较容易。例如，主服务器为 32 位操作系统，而备用服务器为 64 位操作系统，此时将无法正常工作。特别是表空间的路径名要保持一致。如果要在主服务器执行 CREATE

TABLESPACE，那么任何需要它的新的挂载点必须在主服务器和备份服务器创建之前执行。

预写式日志（WAL）是一种实现事务日志的标准方法。通过在备用服务器上的 restore_command，可以使两个服务器协同工作。它只是等候主服务器的下一个可用 WAL 文件。restore_command 在备份服务器的 recovery.conf 文件中指定。普通的恢复过程需要来自 WAL 归档的文件，如果无法获取就报告错误。对于备份过程来说，下一个可用 WAL 件通常不能马上获取，所以必须耐心等待，一直到它出现。通过书写代码可以实现等待并判断下一个 WAL 文件是否可用的目的。同时必须有触发失效切换的机制，它应当中断 restore_command，跳出循环并向备份服务器返回一个"文件未找到"的错误。这将导致备份服务器结束恢复过程并取代已失效的主服务器。

下面通过一个代码范例的 restore_command 来说明。

```
triggered = false;
while (!NextWALFileReady() && !triggered)
{
    sleep(200000L);          /* 等候 0.2 秒 */
    if (CheckForExternalTrigger())
        triggered = true;
}
if (!triggered)
CopyWALFileForRecovery();
```

PostgreSQL 并不提供检测主服务器失效以及通知备份服务器的系统软件。有许多这样的工具可用，为成功地实现失效切换做了非常好的整合。

触发失效切换的方法是规划和设计的一个重要部分。restore_command 将在每个 WAL 文件上进行一次完整的执行，即运行 restore_command 的进程将在每个 WAL 文件上生成和结束，因此不能使用信号和信号处理器，必须使用更加固定的通知机制来触发失效切换。可以使用简单的超时机制，特别是已知主服务器的 archive_timeout 设置的情况下。

16.2.2 设置备用服务器

下面讲述如何配置一个备份服务器。

01 安装主服务器和备份服务器并尽可能保持完全相同，包括完全相同的数据库副本和 PostgreSQL 版本。

02 设置从主服务器连续归档 WAL 到备份服务器上的某个目录。确保主服务器上的 archive_command 和 archive_timeout 设置恰当。

03 为主服务器做一个基础备份，然后在备份服务器上还原这个备份。进行基础备份的过程如下：

① 确保 WAL 归档打开并且可以运转。

② 以数据库超级用户身份连接到数据库，发出命令 SELECT pg_start_backup('label'); pg_start_backup，用备份信息在集群目录里创建一个备份标签文件 backup_label。label 是任意用户想使用的这次备份操作的唯一标识，至于连接到集群中的哪个数据库没什么关系。

③ 执行备份，使用任何方便的文件系统工具，比如 tar 或 cpio 。这些操作过程既不需要关闭数据库，也不需要关闭数据库的操作。

④ 再次以数据库超级用户身份连接数据库，然后发出命令 SELECT pg_stop_backup()，中止备份模式并自动切换到下一个 WAL 段。自动切换是为了在备份间隔中写入的最后一个 WAL 段文件可以立即为下次备份做好准备。

04 在备份服务器上依照 WAL 归档启动恢复过程。注意在 recovery.conf 中使用正确的 restore_command 设置。

> 恢复过程将按只读方式处理 WAL 归档，因此，一旦 WAL 文件被复制到备份服务器之后就可以在被备份数据库读取的同时复制到磁带上。这样，运行中的备份服务器可以同时作为长远考虑的、用于灾难恢复的文件存储。

16.3　数据的流复制

从 PostgreSQL 9.0 版本开始提供流复制技术，即备用服务器可以实时同步主服务器。如果备用服务器机器性能足够好，延迟时间可以是毫秒级。

16.3.1　流复制概述

与基于文件日志传送相比，流复制允许保持备用服务器的更新操作。备用服务器连接主服务器，产生的流 WAL 记录到备用服务器，而不需要等待填写 WAL 文件。

流复制是异步的，所以在数据同步中会有一个小的延迟。这个延迟远小于基于文件日志传送，通常一秒内足够与负载保持均衡。

流复制有以下几个优点。

- 流复制对于数据库性能的影响更小。
- 流复制相对于其他复制，所需的硬件成本较小。
- 流复制更加灵活，支持异构数据库对象的同步。

如果使用流复制而不是基于文件连续归档，要在主服务器设置 wal_keep_segments 为一个足够大的值，以便不太早地回收旧 WAL 段。如果备用服务器落后太多，就需要用一个新基准备份重新初始化。如果设置一个备用服务器可访问的 WAL 归档，那么 wal_keep_segments 是不必要的，作为备用服务器总是使用归档来赶上。

要使用流复制，需要建立一个基于文件的日志传送备用服务器，主要注意以下设置。

- 将一个基于文件的日志传送备用服务器转为流复制备用服务器，在 recovery.conf 文件中设置 primary_conninfo 指向主服务器。在主服务器上设置 listen_addresses 和身份验证选项（设置文件 pg_hba.conf），因此备用服务器可以连接到主服务器的 replication 数据库。
- 在系统上支持保持活动的套接字选项，设置 tcp_keepalives_idle、tcp_keepalives_interval 和 tcp_keepalives_count 帮助主机及时发现断开的连接。
- 设置备用服务器的最大并发连接数。

- 当启动了备用服务器并且正确设置了 primary_conninfo 后，该备用服务器在回放所有可用的 WAL 文件后将连接到主服务器。如果成功建立了连接，就将在备用服务器中看到 WAL 接收进程，并且在主服务器看到一个相应的 WAL 发送进程。

16.3.2　身份验证

设置复制的访问权限是很重要的，只有受信任的用户可以读取 WAL 流，因为很容易从中提取权限信息。备用服务器必须验证作为主服务器的超级用户，所以需要在主服务器上创建一个有 SUPERUSER 和 LOGIN 权限的角色。

由一条 pg_hba.conf 记录指定 replication 在 database 字段，控制客户端的复制验证。例如，备用服务器运行的主机 IP 为 192.168.1.111，复制时超级用户名为 foo，管理员就可以在主服务器 pg_hba.conf 文件里添加下面的语句：

```
#Allowtheuser"foo"fromhost192.168.1.111toconnecttotheprimary
#asareplicationstandbyiftheuser'spasswordiscorrectlysupplied.
#
#TYPEDATABASEUSERCIDR-ADDRESSMETHOD
hostreplicationfoo192.168.1.111/32md5
```

上面语句的含义为允许从主机 192.168.1.111 的"foo"用户连接到主服务器。

主服务器的主机名和端口号连接用户名和在 recovery.conf 文件指定的密码。该密码也可以在备用服务器的~/.pgpass 文件里设置。（在 database 字段指定 replication。）例如，如果主服务器运行的主机 IP 为 192.168.1.150、端口号为 5432，复制时超管用户名为 foo、密码为 foopass，管理员可以在备用服务器的 recovery.conf 文件里添加下面的语句：

```
#Thestandbyconnectstotheprimarythatisrunningonhost192.168.1.150
#andport5432astheuser"foo"whosepasswordis"foopass".
primary_conninfo='host=192.168.1.150port=5432user=foopassword=foopass'
```

16.4　数据的同步复制

尽管数据的流复制可以让备用服务器实时地同步主服务器的数据，但是流复制技术依然是异步的。当主服务器崩溃时，备用服务器仍然存在数据丢失的风险。使用 PostgreSQL 的同步复制技术可以解决上述问题。

16.4.1　同步复制概述

同步复制可以保证所有的数据交易被转移到一个同步的备用服务器中。在同步复制时，每次提交事务时将等待，直到收到确认提交已被写入到磁盘中，然后在主服务器和备用服务器上记录事务日志。

同步复制技术的应用可以保证主服务器不在线或者崩溃的情况下，任何已提交事务的数据都不会丢失。对于同步复制来说，事务在返回前需要被写到两个服务器的磁盘上，因此会在响应时间上带来很大的损失。为了缓解这种情况，PostgreSQL 除了像其他数据库系统一样提供同步复制功能外，还额外提供一个可以基于每一次事务提交而做出同步或异步复制的控制功能。这将使应用开发者通过把一些不可丢失的关键数据（比如财务交易）和那些响应时间上要求高的不太关键的数据区分开，以优化系统的性能。

每一个复制节点连接主机的时候都会在 recovery.conf 文件中给自己指定一个名称：

```
primary_conninfo = 'host=master01 user=replicator application_name=replica1'
```

然后主机会在它的 postgresql.conf 文件中为同步复制机设置一个优先级列表：

```
synchronous_standby_names = 'replica1'
```

最近用户就可以用同步或者异步的方式提交事务了。PostgreSQL 支持一个同步复制节点的优先级列表，因此也支持更高可用性的配置。PostgreSQL 计划在未来的版本中支持不同的同步模式，可以在改善相应时间的同时不降低数据的完整性。

如果是只读事务或事务的回滚，不需要等待备用服务器的答复。

提 示

16.4.2　同步复制的应用案例

如果数据流复制已经配置，那么配置的同步复制操作就会比较简单，用户只需要将 synchronous_standby_names 设置为非空值即可。

下面通过一个实例来理解同步复制技术的应用方法和技巧。其中，主服务器的 IP 地址为 192.168.1.15，备用服务器的 IP 地址为 192.168.1.16，PostgreSQL 版本为 9.6。具体的操作过程如下：

01 在主服务器和从服务器上创建 replication 角色为 repl，具体语句如下：

```
shell>psql
ode=#CREATE ROLE repl REPLICATION LOGIN PASSWORD '123456'
```

02 在主服务器和从服务器上创建语言 plpgsql，语句如下：

```
node=# use node;
node=# create language plpgsql;
```

在 9.6 版本中，replication 角色不再需要超级用户，只需要赋予 "REPLICATION" 权限即可。

提 示

03 在备用服务器上修改 pg_hba.conf 配置，增加以下语句：

```
host      replication     replication_role   192.168.1.15/32      md5
```

04 在主服务器上备份数据库：

```
pg_dump node > node_20121120.dmp
```

05 在备用服务器恢复数据库 node:

```
postgres=#create database node;
postgres=#\q
shell>psql node < node_20121120.dmp ;
```

06 在备用服务器的数据库/export/script 目录下创建一个脚本 replication，内容如下：

```
#!/bin/sh
SLONIK=/usr/bin/slonik
SLON=/usr/bin/slon
CLUSTER_NAME=mynode
MASTER="host=192.168.1.15 dbname=node user=repl password=123456"
SLAVE="host=192.168.1.16 dbname=node  user=repl password=123456"
LOG=/root
uninstall()
{
    $SLONIK << _EOF_
        cluster name = $CLUSTER_NAME;

        node 1 admin conninfo = '$MASTER';
        node 2 admin conninfo = '$SLAVE';
#       drop node (id = 2);
#       drop node (id = 1);

        uninstall node (id = 2);
        uninstall node (id = 1);
_EOF_
}
install()
{
    $SLONIK << _EOF_
        # 定义集群名字
        cluster name = $CLUSTER_NAME;

        # 定义两个节点
        node 1 admin conninfo = '$MASTER';
        node 2 admin conninfo = '$SLAVE';

        try
        {
            # 初始化主节点
            init cluster (id=1, comment = 'Master Node');

            # 创建一个复制集合
            create set (id=1, origin=1, comment = 'All tables');
```

```
            # 在复制集合中添加一个需要复制的表
            set add table ( set id=1, origin=1,id=1, fully qualified
name='public.hxf',comment='Table hxf' );
        #set add sequence (set id = 1, origin = 1, id = 3, fully qualified name
= 'public.hxf_seq');
            # 创建从节点
            store node (id = 2, comment = 'Slave node');
            # 定义节点之间的访问路径
            store path (server = 1, client = 2, conninfo = '$MASTER');
            store path (server = 2, client = 1, conninfo = '$SLAVE');
            # 定义事件监听
            store listen (origin = 1, provider = 1, receiver = 2);
            store listen (origin = 2, provider = 2, receiver = 1);
            # 订阅复制集合
            subscribe set (id = 1, provider = 1, receiver = 2, forward = no);
        }
        on success
        {
            echo 'Install OK!';
        }
        on error
        {
            echo 'Install FAIL!';
        }
_EOF_
    }
    start()
    {
        # 启动复制守护进程
        $SLON $CLUSTER_NAME "$MASTER" >> /export/scripts/master.log &
        $SLON $CLUSTER_NAME "$SLAVE" >> /export/scripts/slave.log &
    }

    stop()
    {
      # killall slon
        kill -9 `ps axu|grep 'dbname=node' |grep -v grep|awk '{print $2}'`
    }

    case $1 in
        'install')
            install
            ;;
```

```
'uninstall')
    uninstall
    ;;
'start')
    start
    ;;
'stop')
    stop
    ;;
*)
    echo "usage: $0 {install|uninstall|start|stop} "
    ;;
esac
```

07 启动脚本：

```
./replication start
```

08 在主服务器数据库上的 **public.hxf** 空表中添加一条记录：

```
insert into hxf(uid,uname) select 1,'tianyi';
```

09 在主服务器的数据库中进行查询：

```
node=# select * from hxf;
 uid |   uname
-----+-------------
   1 | tianyi
(1 row)
```

10 在备用服务器的数据库中进行查询：

```
node=# select * from hxf;
 uid |   uname
-----+-------------
   1 | tianyi
(1 row)
```

若开启同步模式，则备用服务器的状态将直接影响主数据库。如果只有一个备用服务器，那么一旦备用服务器的数据库崩溃，主服务器的所有操作就将停止，直到备用服务器恢复正常。所以建议至少配置两个备用的服务器，提高数据库的高可用性。

16.5 常见问题及解答

疑问1：如何监控系统中锁的情况？

在 PostgreSQL 中，一个有用的监控数据库活动的工具是 **pg_locks** 系统表。pg_locks 提供有关在数据库服务器中由打开的事务持有的锁的信息。pg_locks 对每个活跃的可锁定对象、请求的锁模式以及相关的事务保存一行。因此，如果多个事务持有或者等待对同一个对象的锁，那么同一个可锁定的对象可能出现多次。不过，一个目前没有锁在其上的对象将不会出现。

疑问2：什么是数据分区？

数据分区将一张表分解为多个数据集合，每个集合仅可以被单独一台服务器修改。例如，数据可以按照办公室划分：北京和上海的办公室各自使用自己的服务器。如果某个查询需要同时检索北京和上海的数据，就可以同时查询两个服务器，或者在每一台服务器上复制一份其他服务器上数据的只读副本。

第17章 服务器配置与数据库监控

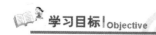

学习目标 | Objective

PostgreSQL 服务器架设好以后，虽然可以正常工作，但是管理员此时仍然需要对服务器进行相关的配置，包括设置基本参数、连接和认证的方式、资源消耗、预写式日记、查询规则、错误报告和日志、运行时统计、自动清理、锁管理以及版本和平台的兼容性等。另外，作为一个合格的数据库管理员，还需要掌握如何监控数据库的活动和磁盘的使用情况。

内容导航 | Navigation

- 掌握服务器的创建配置
- 掌握监控数据库的方法
- 掌握监控磁盘的使用情况

17.1 服务器配置

通过合理地配置服务器的参数，可以提高服务器的性能。

17.1.1 服务器配置的文件

在数据库集群中，有 3 个配置文件，分别是 postgresql.conf、pg_hba.conf 和 pg_ident.conf。其中，postgresql.conf 为服务器主要的配置文件，pg_hba.conf 是客户端认证配置文件，pg_ident.conf 用来配置哪些操作系统用户可以映射为数据库用户。

默认情况下，上述配置文件在数据库集群的 PostgreSQL 安装目录中，如图 17-1 所示。

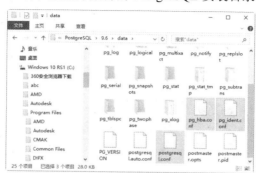

图 17-1 服务器配置文件窗口

用户可以使用记事本打开配置文件，修改服务器的配置参数。下面以修改服务器的端口为例进行讲解，具体操作步骤如下：

 提 示 在配置服务器参数时，所有参数名都是忽略大小写区别的。每个参数都可以接受 4 种类型，包括布尔、整数、浮点数和字符串。

01 在计算机中双击 postgresql.conf 文件，在打开的对话框中选择【记事本】选项，单击【确定】按钮，如图 17-2 所示。

02 使用记事本打开 postgresql.conf 文件，可在其中查看服务器的配置参数，如图 17-3 所示。

图 17-2 选择【记事本】选项

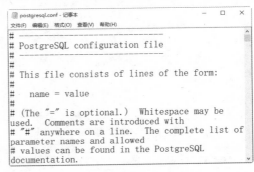

图 17-3 打开 postgresql.conf 文件

 提 示 记事本中的选项是每条一行。选项名和值之间的等号是可选的。空白和空行被忽略。井号(#)引入注释。

03 按【Ctrl+F】组合键，找开【查找】对话框，在【查找内容】文本框中输入"port"，单击【查找下一个】按钮，此时光标会跳转至服务器端口这一参数所在的行，如图 17-4 所示。

04 服务器端口默认为"5432"，此处修改为"5400"，然后按【Ctrl+S】组合键保存，如图 17-5 所示。

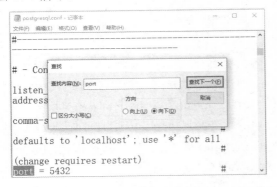

图 17-4 【查找】对话框

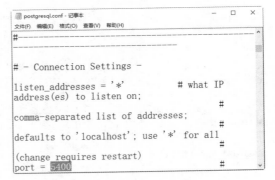

图 17-5 修改服务器端口

 提 示 为了简化管理，数据库管理员可以自定义配置文件的存储位置。另外，将配置文件独立放置，可以很容易地备份配置文件。

17.1.2 连接与认证

在配置文件中，用户可以设置服务器的连接和认证。常见的连接设置参数的含义如表 17.1 所示。

表 17.1 服务器连接设置参数

参数名称	含义
listen_addresses (string)	声明服务器监听客户端连接的 TCP/IP 地址。值是一个以逗号分隔的主机名和/或数字 IP 地址
port (integer)	服务器监听的 TCP 端口，默认是 5432
max_connections (integer)	允许和数据库连接的最大并发连接数，默认为 100
superuser_reserved_connections (integer)	决定为 PostgreSQL 超级用户连接而保留的连接"槽位"，默认是 3
unix_socket_directory (string)	声明服务器监听客户端连接的 UNIX 域套接字目录，默认是/tmp
unix_socket_group (string)	设置 UNIX 域套接字的所属组。默认是一个空字符串，表示当前用户的默认组
unix_socket_permissions (integer)	设置 UNIX 域套接字的访问权限
bonjour_name (string)	声明 Bonjour 广播名称。空字符串"（默认值）表示使用计算机名
tcp_keepalives_idle (integer)	在那些支持 TCP_KEEPIDLE 套接字选项的系统上声明发送保持活跃信号的间隔秒数，不发送保持活跃信号，连接就会处于闲置状态
tcp_keepalives_interval (integer)	在那些支持 TCP_KEEPINTVL 套接字选项的系统上以秒数声明在重新传输之间等待响应的时间
tcp_keepalives_count (integer)	在支持 TCP_KEEPCNT 套接字选项的系统上声明在切断连接之前可以丢失多少个保持活跃信号

常见的安全和认证设置参数的含义如表 17.2 所示。

表 17.2 常见的安全和认证设置参数

参数名称	含义
authentication_timeout (integer)	完成客户端认证的最长时间，以秒计。如果一个客户端没有在这段时间里完成认证协议，服务器将中断连接。这样即可避免出问题的客户端无限制地占据连接资源。默认是 60 秒。这个选项在 postgresql.conf 里设置
ssl (boolean)	启用 SSL 连接。默认是 off。这个选项只能在服务器启动的时候设置
password_encryption (boolean)	在 CREATE USER 或 ALTER USER 里声明了一个口令，这个选项决定口令是否要加密。默认是 on（加密口令）
krb_server_keyfile (string)	设置 Kerberos 服务器键字文件的位置。这个选项只能在服务器启动的时候设置
krb_srvname (string)	设置 Kerberos 服务名

（续表）

参数名称	含义
krb_server_hostname (string)	设置服务器的主机名部分
krb_caseins_users (boolean)	设置 Kerberos 用户名是否大小写无关，默认是 off（大小写相关）。这个选项只能在服务器启动的时候设置
db_user_namespace (boolean)	允许针对每个数据库的用户名，默认是关闭的。这个选项在 postgresql.conf 里设置

17.1.3　资源消耗

服务器的运行会消耗一定的资源，通过设置服务器的参数，可以提示服务器的性能，包括内存、自由空间映射、内核资源使用、基于开销的清理延迟和后端写进程。

常见的内存设置参数的含义如表 17.3 所示。

表 17.3　常见的内存设置参数

参数名称	含义
shared_buffers (integer)	设置数据库服务器将使用的共享内存缓冲区数量，默认是 4000
temp_buffers (integer)	设置每个数据库会话使用的临时缓冲区的最大数目。这些都是会话的本地缓冲区，只用于访问临时表，默认是 1000
max_prepared_transactions (integer)	设置可以同时处于"预备"状态的事务的最大数目，默认是 5。若把这个参数设置为零，则关闭预备事务的特性
work_mem (integer)	声明内部排序操作和 Hash 表在开始使用临时磁盘文件之前使用的内存数目。数值是以千字节为单位的，默认是 1024 千字节（1MB）
maintenance_work_mem (integer)	声明在维护性操作中使用的最大内存数。数值是用千字节计的，默认是 16384 千字节（16MB）
max_stack_depth (integer)	声明服务器执行堆栈的最大安全深度

自由空间映射用于跟踪数据库中未使用空间的位置。不在映射表里面的自由空间是不能重复使用的，通过合理设置来提高磁盘的利用率。常见的自由空间映射设置参数的含义如表 17.4 所示。

表 17.4　常见的自由空间映射设置参数

参数名称	含义
max_fsm_pages (integer)	设置在共享的自由空间映射表里自由空间能够跟踪的最大磁盘页面数。默认值由 initdb 根据可用内存总量设置，从 20KB 到 200KB 均有可能。这个值只能在服务器启动的时候设置
max_fsm_relations (integer)	设置在共享的自由空间映射表里跟踪的最大关系（表和索引）数目，默认值是 1000 。这个值只能在服务器启动的时候设置

常见的内核资源使用设置参数的含义如表 17.5 所示。

表 17.5　常见的内核资源使用设置参数

参数名称	含义
max_files_per_process (integer)	设置每个服务器进程允许同时打开的最大文件数目，默认是 1000。如果内核强制一个合理的每进程限制，那么管理员将不用操心这个设置
shared_preload_libraries (string)	这个变量声明一个或者多个在服务器启动的时候预先装载的共享库。多个库名字之间用逗号分隔

在执行 VACUUM 和 ANALYZE 命令的过程中，系统维护一个内部的计数器，跟踪所执行的各种 I/O 操作的开销。关于 VACUUM 和 ANALYZE 命令的操作可参照 17.3.1 小节的内容。常见的基于开销的清理延迟设置参数的含义如表 17.6 所示。

表 17.6　常见的基于开销的清理延迟设置参数

参数名称	含义
vacuum_cost_delay	指定的时间。它会重置计数器，然后继续执行
vacuum_cost_delay (integer)	以毫秒计的时间长度，如果超过了开销限制，那么进程将会睡眠一会。默认值为 0，关闭基于开销的清理延迟特性
vacuum_cost_page_hit (integer)	清理一个在共享缓存里找到的缓冲区的预计开销。它代表锁住缓冲池、查找共享的 Hash 表、扫描页面内容的开销，默认值是 1
vacuum_cost_page_miss (integer)	清理一个要从磁盘上读取的缓冲区的预计开销。它代表锁住缓冲池、查找共享 Hash 表、从磁盘读取需要的数据块、扫描它的内容的开销，默认值是 10
vacuum_cost_page_dirty (integer)	清理修改一个原先是干净的块的预计开销。它代表把一个脏的磁盘块再次刷新到磁盘上的额外开销，默认值是 20
vacuum_cost_limit (integer)	导致清理进程休眠的积累开销，默认是 200

在 PostgreSQL 中，有一个独立的服务器进程，叫作后端写进程。它唯一的功能就是发出写"脏"共享缓冲区的命令。这么做的目的是让持有用户查询的服务器进程应该很少或者几乎不等待写动作的发生，因为后端写进程会做这件事情。这样的安排同样也减少了检查点造成的性能下降。

常见的后端写进设置参数的含义如表 17.7 所示。

表 17.7　常见的后端写进设置参数

参数名称	含义
bgwriter_delay (integer)	声明后端写进程活跃轮回之间的延迟
bgwriter_lru_percent (floating point)	为了减少服务器进程发出自己的写操作的可能，后端写进程尽量写那些可能很快被回收使用的缓冲区。在每个轮回里，它最多检查百分之 bgwriter_lru_percent 的快要被回收使用的缓冲区，然后写出其中的脏缓冲区。默认值是 1.0（这是全部共享缓冲区的百分比）。这个选项只能在服务器启动的时候或者在 postgresql.conf 文件里设置

（续表）

参数名称	含义
bgwriter_lru_maxpages (integer)	在每个轮回里，不超过这么多个缓冲区将作为扫描到的即将回收使用的缓冲区写入磁盘。默认值是 5。这个选项只能在服务器启动的时候在 postgresql.conf 文件里设置
bgwriter_all_percent (floating point)	为了减少在检查点时需要做的工作，后端写出进程还会对整个缓冲池进行循环扫描，把那些认为是脏的缓冲区写出到磁盘。在每个轮回里，它为此检查最多百分之 bgwriter_all_percent 的缓冲区进行操作。默认值是 0.333（这是全部共享缓冲区的百分比）
bgwriter_all_maxpages (integer)	在每个轮回里，不超过这个数值的缓冲区将作为扫描整个缓冲池的结果写入磁盘。如果达到这个限制，扫描停止，然后在下个轮回里从下一个缓冲区开始。默认值是 5

17.1.4 预写式日志

预写式日志的设置主要包括对预写式日志的基本设置、检查点设置和归档设置等。具体设置参数的含义如表 17.8 所示。

表 17.8 预写式日志设置参数

参数名称	含义
fsync (boolean)	如果打开这个选项，那么 PostgreSQL 服务器将在好几个地方使用 fsync() 系统调用来确保更新已经物理写到磁盘中。这样就保证了数据库集群将在操作系统或者硬件崩溃的情况下恢复到一个一致的状态。不过，使用 fsync 会对性能有影响：在事务提交的时候，PostgreSQL 必须等待操作系统把预写日志刷新到磁盘上
wal_sync_method (string)	用来向磁盘强制更新 WAL 数据的方法。如果 fsync 是关闭的，那么这个设置就没有意义，因为所有更新都不会强制输出
full_page_writes (boolean)	打开这个选项的时候，PostgreSQL 服务器在检查点之后对页面的第一次写入时将整个页面写到 WAL 里面。这么做是因为在操作系统崩溃过程中可能只有部分页面写入磁盘，从而导致在同一个页面中包含新旧数据的混合。在崩溃后的恢复期间，由于在 WAL 里面存储的行变化信息不够完整，因此无法完全恢复该页。默认是 on
wal_buffers (integer)	放在共享内存里用于 WAL 数据的磁盘页面缓冲区的数目，默认值为 8
commit_delay (integer)	向 WAL 缓冲区写入记录和将缓冲区刷新到磁盘上之间的时间延迟，以微秒计，默认是零（无延迟）
checkpoint_segments (integer)	在自动的 WAL 检查点之间的最大距离，以日志文件段计（通常每个段为 16MB），默认是 3
checkpoint_timeout (integer)	在自动 WAL 检查点之间的最长时间，以秒计，默认是 300 秒

（续表）

参数名称	含义
checkpoint_warning (integer)	如果由于填充检查点段文件导致的检查点发生时间间隔接近这个参数表示的秒数，那么就向服务器日志发送一个建议增加 checkpoint_segments 值的消息，默认是 30 秒
archive_command (string)	如果这是一个空字符串（缺省），那么就关闭 WAL 归档。字符串中任何 %p 都被要归档的文件的绝对路径代替，而任何 %f 都只被该文件名代替。有一点很重要：这个命令必须是当且仅当成功的时候才返回零

17.1.5　查询规划

在 PostgreSQL 中，查询优化器选择查询规划时，有时并不是最优的方法。数据库管理员可以通过设置配置参数来强制优化器选择一个更好的查询规划。

常见的查询规划设置参数的含义如表 17.9 所示。

表 17.9　常见的查询规划设置参数

参数名称	含义
enable_bitmapscan (boolean)	打开或者关闭规划器对位图扫描规划类型的使用，默认是 on
enable_hashagg (boolean)	打开或者关闭规划器对 Hash 聚集规划类型的使用，默认是 on
enable_hashjoin (boolean)	打开或者关闭规划器对 Hash 连接规划类型的使用，默认是 on
enable_indexscan (boolean)	打开或者关闭规划器对索引扫描规划类型的使用，默认是 on
enable_mergejoin (boolean)	打开或者关闭规划器对融合连接规划类型的使用，默认是 on
enable_nestloop (boolean)	打开或者关闭规划器对嵌套循环连接规划类型的使用，默认是 on
enable_seqscan (boolean)	打开或者关闭规划器对顺序扫描规划类型的使用，默认是 on
enable_sort (boolean)	打开或者关闭规划器使用明确的排序步骤，默认是 on
enable_tidscan (boolean)	打开或者关闭规划器对 TID 扫描规划类型的使用，默认是 on
seq_page_cost (floating point)	设置规划器计算一次顺序磁盘页面抓取的开销，默认是 1.0
random_page_cost (floating point)	设置规划器计算一次非顺序磁盘页面抓取的开销，默认是 4.0
cpu_tuple_cost (floating point)	设置规划器计算在一次查询中处理一个数据行的开销，默认是 0.01
cpu_index_tuple_cost (floating point)	设置规划器计算在一次索引扫描中处理每条索引行的开销，默认是 0.005
cpu_operator_cost (floating point)	设置规划器计算在一次查询中执行一个操作符或函数的开销，默认是 0.0025
effective_cache_size (integer)	为规划器设置在一次索引扫描中可用的磁盘缓冲区的有效大小，默认是 16384（128MB）
geqo (boolean)	允许或禁止基因查询优化，这是一种试图不通过穷举搜索来实现查询规划的算法，默认是允许
geqo_effort (integer)	控制 GEQO 里规划时间和查询规划的有效性之间的平衡。这个变量必须是一个范围从 1 到 10 的整数，默认是 5

（续表）

参数名称	含义
geqo_pool_size (integer)	控制 GEQO 使用的池大小。池大小是基因全体中的个体数量
geqo_generations (integer)	控制 GEQO 使用的子代数目。子代的意思是算法的迭代次
geqo_selection_bias (floating point)	控制 GEQO 使用的选择性偏好。选择性偏好是在一个种群中的选择性压力，默认是 2.0

17.1.6 错误报告和日志

数据库管理员也许想知道错误报告和日志记录在什么地方、什么时间开始记录的以及记录了什么等。下面来讲述有关错误报告和日志的设置参数，如表 17.10 所示。

表 17.10 错误报告和日志的设置参数

参数名称	含义
log_destination (string)	PostgreSQL 支持多种记录服务器日志的方法，包括 stderr 和 syslog 。在 Windows 里，还支持 eventlog 作为日志系统。把这个选项设置为一个逗号分隔的日志目标的列表。默认只记录到 stderr
redirect_stderr (boolean)	这个选项允许把那些发送到 stderr 的消息捕获下来，然后把它们重定向到日志文件里。这个选项通常比记录到 syslog 有用，因为有些消息类型不出现在 syslog 输出中。这个值只能在服务器启动的时候设置
log_directory (string)	在打开了 redirect_stderr 时，这个选项判断日志文件在哪个目录里创建
log_filename (string)	在打开了 redirect_stderr 时，这个选项设置所创建的日志文件的文件名
log_rotation_age (integer)	在打开了 redirect_stderr 时，这个选项设置一个独立日志文件的最大生存期
log_rotation_size (integer)	在打开了 redirect_stderr 时，这个选项设置一个独立日志文件的最大尺寸
log_truncate_on_rotation (boolean)	在打开了 redirect_stderr 时，这个选项将导致 PostgreSQL 覆盖而不是附加到任何同名的现有日志文件上
syslog_ident (string)	如果向 syslog 进行记录，这个选项决定用于在 syslog 日志中标识 PostgreSQL 的程序名。默认是 postgres
client_min_messages (string)	这个选项控制哪些信息发送到客户端
log_min_messages (string)	控制写到服务器日志里的信息的详细程度
log_error_verbosity (string)	控制记录的每条信息写到服务器日志里的详细程度
log_min_error_statement (string)	控制是否在服务器日志里输出那些导致错误条件的 SQL 语句
log_min_duration_statement (integer)	如果某个语句的持续时间大于或者等于这个毫秒数，就在日志行上记录该语句及其持续时间
silent_mode (boolean)	设置了这个选项后，服务器将自动在后台运行并且与控制终端脱开

（续表）

参数名称	含义
debug_print_parse (boolean) debug_print_plan (boolean) debug_print_rewritten (boolean) debug_pretty_print (boolean)	这些选项打开各种调试输出。对于执行的每个查询，它们打印生成的分析树、查询重写或者执行规划
log_connections (boolean)	在每次成功连接的时候都向服务器日志里打印一行详细信息，默认是关闭的
log_disconnections (boolean)	这个选项类似 log_connections，但是在会话结束的时候会在服务器日志里输出一行，默认是关闭的
log_duration (boolean)	记录每个已完成语句的持续时间，默认值是 off。只有超级用户才可以改变这个设置
log_line_prefix (string)	这是一个 printf 风格的字符串，在日志的每行开头输出，默认是空字符串
log_statement (string)	控制记录哪些 SQL 语句。默认是 none。只有超级用户才可以改变这个设置
log_hostname (boolean)	默认连接日志只记录所连接主机的 IP 地址。打开这个选项导致同时记录主机名

17.1.7　运行时统计

在 PostgreSQL 中，如果启用了统计搜集，那么生成的数据可以通过 pg_stat 和 pg_statio 系统视图查看服务器的统计信息。运行时统计参数的含义如表 17.11 所示。

表 17.11　运行时服务器统计参数

参数名称	含义
stats_command_string (boolean)	统计每个会话执行的命令及其开始执行的时间。这个选项默认是关闭的。只有超级用户才可以改变这个设置
update_process_title (boolean)	服务器每收到一个新的 SQL 命令就更新进程标题。进程标题可以通过 Windows 下的任务管理器查看。只有超级用户才可以改变这个设置
stats_start_collector (boolean)	控制服务器是否启动统计收集子进程，默认打开
stats_block_level (boolean)	统计收集块级别的数据库活跃性，默认关闭。只有超级用户可以改变这个设置
stats_row_level (boolean)	统计收集行级别的数据库活跃性，默认关闭。只有超级用户可以改变这个设置
stats_reset_on_server_start (boolean)	在服务器启动时清空已收集的块级和行级统计信息，默认关闭

（续表）

参数名称	含义
log_statement_stats (boolean)log_parser_stats (boolean)log_planner_stats (boolean) log_executor_stats (boolean)	对每条查询，向服务器日志里输出相应模块的性能统计。只有超级用户才能修改这些设置

17.1.8 自动清理

数据库管理员可以通过设置自动清理的默认行为，从而提高工作效率。常见的自动清理设置参数的含义如表 17.12 所示。

表 17.12 常见的自动清理设置参数

参数名称	含义
autovacuum (boolean)	控制服务器是否应该启动 autovacuum 子进程，默认关闭
autovacuum_naptime (integer)	声明 autovacuum 子进程的活跃周期之间的延迟。这个延迟是以秒计的，默认为 60
autovacuum_vacuum_threshold (integer)	声明在任何表里触发 VACUUM 所需最小的行更新或删除数量，默认是 500
autovacuum_analyze_threshold (integer)	声明在任何表里触发 ANALYZE 所需最小的行插入、更新、删除数量，默认是 250
autovacuum_vacuum_scale_factor (floating point)	声明在判断是否触发一个 VACUUM 增加到 autovacuum_vacuum_threshold 参数里面的表尺寸的分数，默认是 0.2（20%）
autovacuum_analyze_scale_factor (floating point)	声明在判断是否触发一个 ANALYZE 时增加到 autovacuum_analyze_threshold 参数里面的表尺寸的分数，默认是 0.1（10%）
autovacuum_freeze_max_age (integer)	指定表的 pg_class 在事务中的最大寿命，默认是 200000000（2 亿）
autovacuum_vacuum_cost_delay (integer)	声明将在自动 VACUUM 操作里使用的开销延迟数值
autovacuum_vacuum_cost_limit (integer)	声明将在自动 VACUUM 操作里使用的开销限制数值

17.1.9 客户端连接配置

数据库管理员可以设置客户端连接时的语句行为、区域和格式化等。常见的客户端连接配置参数的含义如表 17.13 所示。

表 17.13　常见的客户端连接配置参数

参数名称	含义
search_path (string)	这个变量声明模式的搜索顺序
default_tablespace (string)	这个变量声明当 CREATE 命令没有明确声明表空间时所创建对象的默认表空间
check_function_bodies (boolean)	这个参数通常是 on。设置为 off 表示在 CREATE FUNCTION 时关闭函数体字符串的合法性检查
default_transaction_isolation (string)	每个 SQL 事务都有一个隔离级别，可以是"读未提交""读已提交""可重复读"或者是"可串行化"。这个参数控制每个新事务的隔离级别，默认是读已提交
default_transaction_read_only (boolean)	只读的 SQL 事务不能修改非临时表。这个参数控制每个新事务的只读状态，默认是 off（读/写）
statement_timeout (integer)	退出任何使用了超过此参数指定时间（毫秒）的语句，从服务器收到命令时开始计时。零值（缺省）关闭这个计时器
vacuum_freeze_min_age (integer)	指定 VACUUM 在扫描一个表时用于判断是否用 FrozenXID 替换事务 ID 的中断寿命（在同一个事务中），默认值为 100000000（1 亿）
DateStyle (string)	设置日期和时间值的显示格式，以及有歧义的输入值的解析规则
timezone (string)	设置用于显示和解析时间戳的时区
timezone_abbreviations (string)	设置服务器接受日期时间输入中使用的时区缩写集合
extra_float_digits (integer)	这个参数为浮点数值调整显示的数据位数，浮点类型包括 float4、float8 以及几何数据类型
client_encoding (string)	设置客户端编码（字符集），默认使用数据库编码
lc_messages (string)	设置信息显示的语言，可接受的值是系统相关的
lc_monetary (string)	为格式化金额数量设置区域
lc_numeric (string)	设置用于格式化数字的区域
lc_time (string)	设置用于格式化日期和时间值的区域

17.1.10　锁管理

在数据库系统运行的过程中会产生各种各样的锁。管理员可以通过设置锁管理的相关参数来提高服务器的可用性。常见的锁管理的配置参数的含义如表 17.14 所示。

表 17.14　常见的锁管理的配置参数

参数名称	含义
deadlock_timeout (integer)	以毫秒计的时间，用于设置在检查是否存在死锁条件之前等待的时间
max_locks_per_transaction (integer)	单个事务可以使用锁的平均值，默认值为 64

17.1.11　版本和平台兼容性

PostgreSQL 有很多版本。管理员可以设置各版本之间的兼容性。另外，PostgreSQL 可以在不同的平台上安装。管理员还可以设置各平台之间的兼容性。设置参数的含义如表 17.15 所示。

表 17.15　各平台之间兼容性的设置参数

参数名称	含义
add_missing_from (boolean)	为 on 时，如果查询引用的表没有出现就将自动增加到 FROM 子句中，默认是 off
backslash_quote (string)	控制字符串文本中的单引号是否能够用 \' 来表示。可用值是 on（总是允许）、off（总是拒绝）、safe_encoding（默认，仅在客户端字符集编码不会在多字节字符末尾包含\的 ASCII 值时允许）
array_nulls (boolean)	控制数组输入解析器是否将未用引号界定的 NULL 作为数组的一个 NULL 元素。默认为 on，表示允许向数组中输入 NULL 值
default_with_oids (boolean)	这个选项控制 CREATE TABLE 和 CREATE TABLE AS 在既没有声明 WITH OIDS 也没有声明 WITHOUT OIDS 的情况下是否在新创建的表中包含 OID 字段。
escape_string_warning (boolean)	打开的时候，如果在普通的字符串文本里出现了一个反斜扛（\）并且 standard_conforming_strings 被关闭，就会发出一个警告。默认是 on
sql_inheritance (boolean)	这个选项控制继承语义，尤其是在省略时是否在各种命令里把子表包括进来

17.2　监控数据库的活动

作为数据库的管理员，常常想知道系统正在做什么。通过一些工具，可以监控数据库的活动和性能分析，例如统计收集器。同样，如果是一个性能恶劣的查询，可能还要用 PostgreSQL 的 EXPLAIN 命令进行进一步分析。EXPLAIN 命令的具体使用方法可以参照第 15.2.1 小节的内容，这里不再讲述。

17.2.1　配置统计收集器

PostgreSQL 的统计收集器是一个支持收集和汇报服务器活跃性信息的子系统。目前，这个收集器可以给出对表和索引的访问计数，包括磁盘块的数量和独立行的项。PostgreSQL 还可以判断当前其他服务器进程正在执行的命令是什么。这个特性独立于统计收集器子系统，可以单独地被启用或禁用。

因为统计收集给查询处理增加了一些开销，所以可以启用或禁用统计收集。这是由配置参数控制的，通常在 postgresql.conf 里设置。

要想让统计收集器运行起来，参数 stats_start_collector 必须设置为 true。这既是默认设置也是建议设置，但是如果用户对统计信息不感兴趣并且想把所有额外的开销都去除，那么可以将其设置为 false。参数 stats_block_level 和 stats_row_level 控制实际发送给收集器的信息数量，因此也决定了会产生多少运行时开销。它们分别决定服务器进程是否向收集器发送磁盘块层次的访问统计和行层次的访问统计。另外，如果开启了这两个参数中的任何一个，那么针对每个数据库的事务提交和退出统计信息也将被收集。参数 stats_command_string 控制是否监视每个服务器进程当前执行的命令字符串。统计收集器子进程的运行并不需要开启此特性。

通常这些参数在 postgresql.conf 中设置，因此它们作用于所有服务器进程，但是也可以在独立的会话里用 SET 命令把它们打开或者关闭。为避免普通用户把它们的活跃性隐藏不给管理员看，只有超级用户才允许用 SET 命令修改这些参数。

 因为参数 stats_block_level 的默认值为 false，所以默认配置只收集很少的统计信息。打开其中的一个或多个可以显著增加统计收集器生成的有用信息的数量，代价是增加一点运行时开销。

17.2.2 查看收集到的统计信息

PostgreSQL 提供了预定义的视图，用于显示统计收集的结果，如表 17.16 所示。

表 17.16　预定义的视图

视图名字	含义
pg_stat_activity	每个服务器进程为一行，显示数据库 OID、数据库名、进程 ID、用户 OID、用户名、当前查询、当前查询等待状态、当前查询开始执行的时间、进程启动的时间、客户端地址和客户端端口。报告当前查询相关信息的各个字段只有在打开 stats_command_string 参数的时候才可用。另外，除非检查这些字段的用户是超级用户或者是正在报告的进程的用户，否则它们显示为空
pg_stat_database	每个数据库为一行，显示数据库 OID、数据库名、与该数据库连接的活跃服务器进程数、已提交的事务总数、已回滚的事务总数、已读取的磁盘块总数、缓冲区命中总数（在缓冲区中找到所需要的块，从而避免读取块的动作）
pg_stat_all_tables	当前数据库中每个表为一行（包括 TOAST 表），显示表 OID、模式名、表名、发起的顺序扫描总数、顺序扫描抓取的活数据行（live row）的数目、发起的索引扫描的总数（属于该表的所有索引）、索引扫描抓取的活数据行的数目、插入的行总数、更新的行总数、删除的行总数、上次手动清理该表的时间、上次由 autovacuum 自动清理该表的时间、上次手动分析该表的时间、上次由 autovacuum 自动分析该表的时间
pg_stat_sys_tables	和 pg_stat_all_tables 一样，但只显示系统表
pg_stat_user_tables	和 pg_stat_all_tables 一样，但只显示用户表
pg_stat_all_indexes	当前数据库的每个索引为一行，显示表 OID、索引 OID、模式名、表名、索引名、使用了该索引的索引扫描总数、索引扫描返回的索引记录数、使用该索引的简单索引扫描抓取的活表（live table）中的数据行数
pg_stat_sys_indexes	和 pg_stat_all_indexes 一样，但只显示系统表上的索引

（续表）

视图名字	含义
pg_stat_user_indexes	和 pg_stat_all_indexes 一样，但只显示用户表上的索引
pg_statio_all_tables	当前数据库中的每个表为一行（包括 TOAST 表），显示表 OID、模式名、表名、从该表中读取的磁盘块总数、缓冲区命中次数、该表上所有索引的磁盘块读取总数、该表上所有索引的缓冲区命中总数、在该表的辅助 TOAST 表（如果存在）上的磁盘块读取总数、在该表的辅助 TOAST 表（如果存在）上的缓冲区命中总数、TOAST 表的索引的磁盘块读取总数、TOAST 表的索引的缓冲区命中总数
pg_statio_sys_tables	和 pg_statio_all_tables 一样，但只显示系统表
pg_statio_user_tables	和 pg_statio_all_tables 一样，但只显示用户表
pg_statio_all_indexes	当前数据库中的每个索引为一行，显示表 OID、索引 OID、模式名、表名、索引名、该索引的磁盘块读取总数、该索引的缓冲区命中总数
pg_statio_sys_indexes	和 pg_statio_all_indexes 一样，但只显示系统表上的索引
pg_statio_user_indexes	和 pg_statio_all_indexes 一样，但只显示用户表上的索引
pg_statio_all_sequences	当前数据库中每个序列对象为一行，显示序列 OID、模式名、序列名、序列的磁盘读取总数、序列的缓冲区命中总数
pg_statio_sys_sequences	和 pg_statio_all_sequences 一样，但只显示系统序列。因为目前没有定义系统序列，所以这个视图总是空的
pg_statio_user_sequences	和 pg_statio_all_sequences 一样，但只显示用户序列

在使用统计观察当前系统活跃性的时候，必须意识到这些信息并不是实时更新的。每个独立的服务器进程只是在准备进入空闲状态的时候才向收集器传送新的块和行访问计数，因此正在处理的查询或者事务并不影响显示出来的总数。

另外，需要着重指出的是在请求服务器进程显示任何这些统计信息的时候首先抓取收集器进程发出的最新报告，然后将这些数据作为所有统计视图和函数的快照，直到当前事务结束。因此，统计信息在当前事务的持续期间内不会改变。

另外，可以使用底层的统计函数制作自定义的视图。这些底层统计访问函数和标准视图里使用的是一样的。常见的统计函数的含义如表 17.17 所示。

表 17.17 常见的统计函数

函数	返回类型	含义
pg_stat_get_db_numbackends(oid)	integer	处理该数据库活跃的服务器进程数目
pg_stat_get_db_xact_commit(oid)	bigint	数据库中已提交事务数量
pg_stat_get_db_xact_rollback(oid)	bigint	数据库中回滚的事务数量
pg_stat_get_db_blocks_fetched(oid)	bigint	数据库中磁盘块抓取请求的总数
pg_stat_get_db_blocks_hit(oid)	bigint	为数据库在缓冲区中找到的磁盘块抓取请求的总数

（续表）

函数	返回类型	含义
pg_stat_get_numscans(oid)	bigint	如果参数是一个表，就是进行的顺序扫描的数目；如果参数是一个索引，就是索引扫描的数目
pg_stat_get_tuples_returned(oid)	bigint	如果参数是一个表，就是顺序扫描读取的行数目；如果参数是一个索引，就是返回的索引行的数目
pg_stat_get_tuples_fetched(oid)	bigint	如果参数是一个表，就是位图扫描抓取的行数目；如果参数是一个索引，就是用简单索引扫描抓取的行数目
pg_stat_get_tuples_inserted(oid)	bigint	插入表中的行数量
pg_stat_get_tuples_updated(oid)	bigint	在表中已更新的行数量
pg_stat_get_tuples_deleted(oid)	bigint	从表中删除的行数量
pg_stat_get_blocks_fetched(oid)	bigint	表或者索引的磁盘块抓取请求的数量
pg_stat_get_blocks_hit(oid)	bigint	在缓冲区中找到的表或者索引的磁盘块请求数目
pg_stat_get_last_vacuum_time(oid)	timestamptz	用户在该表上最后一次启动清理的时间
pg_stat_get_last_autovacuum_time(oid)	timestamptz	autovacuum 守护进程在该表上最后一次启动清理的时间
pg_stat_get_last_analyze_time(oid)	timestamptz	用户在该表上最后一次启动分析的时间
pg_stat_get_last_autoanalyze_time(oid)	timestamptz	autovacuum 守护进程在该表上最后一次启动分析的时间
pg_stat_get_backend_idset()	setof integer	当前活跃服务器编号的集合（从 1 到活跃后端的数目）。参阅文本中的使用样例
pg_backend_pid()	integer	附着在当前会话上的服务器进程 ID
pg_stat_get_backend_pid(integer)	integer	给定的服务器进程的 PID
pg_stat_get_backend_dbid(integer)	oid	给定的服务器进程的数据库 ID
pg_stat_get_backend_userid(integer)	oid	给定的服务器进程的用户 ID
pg_stat_get_backend_activity (integer)	text	给定服务器进程的当前活动查询，仅在调用者是超级用户或被查询会话的用户并且打开 stats_command_string 的时候才能获得结果
pg_stat_get_backend_waiting (integer)	boolean	给定服务器进程在等待某个锁，调用者是超级用户或被查询会话的用户并且打开 stats_command_string 的时候才返回真

（续表）

函数	返回类型	含义
pg_stat_get_backend_activity_start (integer)	timestamp with time zone	给定服务器进程当前正在执行的查询的起始时间，仅在调用者是超级用户或被查询会话的用户并且打开 stats_command_string 的时候才能获得结果。
pg_stat_get_backend_start(integer)	timestamp with time zone	给定服务器进程启动的时间，如果当前用户不是超级用户或被查询的后端的用户就返回 NULL
pg_stat_get_backend_client_addr (integer)	inet	连接到给定服务器进程的客户端 IP 地址。如果是通过 UNIX 域套接字连接的就返回 NULL。当前用户不是超级用户或被查询会话的用户也返回 NULL
pg_stat_get_backend_client_port (integer)	integer	连接到给定服务器进程的客户端 IP 端口。如果是通过 UNIX 域套接字连接的就返回-1。当前用户不是超级用户或被查询会话的用户也返回 NULL
pg_stat_reset()	boolean	重置所有当前收集的统计

针对某个数据库进行访问的函数接受一个数据库 OID 为参数来标识需要报告哪个数据库。针对某个表或者某索引进行访问的函数接受一个表或者索引的 OID。注意，这些函数只能看到在当前数据库里的表和索引。针对某个服务器进行访问的函数接受一个服务器进程号，其范围是从 1 到当前活跃服务器的数目。

17.3　监控磁盘的使用

数据库的数据不断增加，管理员需要不断观察 PostgreSQL 数据库系统的磁盘使用情况。

17.3.1　监控磁盘的使用量

每个表都有一个主堆（primary heap）磁盘文件，大多数数据都存储在这里。若一个表中存在值很长的字段，则会有一个用于存储因为数值太长而不适合存储在主表中的数据的 TOAST 文件。如果这个扩展表存在，就会同时存在一个 TOAST 索引。当然，还可能会有索引和基表关联。每个表和索引都存放在单独的磁盘文件里（超过 1GB 可能会被分割成多个）。

数据库管理员可以使用以下两个常用方法监控磁盘的使用量。

1. 使用 SQL 函数

表 17.18 中的函数主要用于计算数据库对象使用的实际磁盘空间。

表 17.18 实际磁盘空间函数

函数名称	返回类型	含义
pg_column_size(any)	int	存储一个指定的数值需要的字节数（可能压缩过）
pg_database_size(oid)	bigint	指定 OID 代表的数据库使用的磁盘空间
pg_database_size(name)	bigint	指定名称的数据库使用的磁盘空间
pg_relation_size(oid)	bigint	指定 OID 代表的表或者索引所使用的磁盘空间
pg_relation_size(text)	bigint	指定名称的表或者索引使用的磁盘空间。表名字可以用模式名修饰
pg_size_pretty(bigint)	text	把字节计算的尺寸转换成一个易读的尺寸
pg_tablespace_size(oid)	bigint	指定 OID 代表的表空间使用的磁盘空间
pg_tablespace_size(name)	bigint	指定名字的表空间使用的磁盘空间
pg_total_relation_size(oid)	bigint	指定 OID 代表的表使用的磁盘空间，包括索引和压缩数据
pg_total_relation_size(text)	bigint	指定名字的表所使用的全部磁盘空间，包括索引和压缩数据。表名字可以用模式名修饰

在表 17.18 中，pg_column_size 显示用于存储某个独立数据值的空间，pg_database_size 和 pg_tablespace_size 接受一个数据库的 OID 或者名字，然后返回该对象使用的全部磁盘空间；pg_relation_size 接受一个表、索引、压缩表的 OID 或者名字，然后返回以字节计的尺寸；pg_size_pretty 用于把其他函数的结果格式化成一种易读的格式，可以根据情况使用 KB、MB、GB 、TB；pg_total_relation_size 接受一个表或者一个压缩表的 OID 或者名称，然后返回以字节计的数据和所有相关的索引和压缩表的尺寸。

2. 使用 VACUUM 信息

VACUUM 命令回收已删除行占据的存储空间。在 PostgreSQL 操作中，那些已经被删除或者更新过的行并没有从它们所属的表中进行物理删除。这些数据在完成 VACUUM 之前仍然存在，因此有必要周期地运行 VACUUM，特别是在经常更新的表上。VACUUM 命令可以选择分析一个特定的数据表。如果没有指定数据表，VACUUM 就处理当前数据库里的每个表。

具体语法格式如下：

```
VACUUM [ FULL ] [ FREEZE ] [ VERBOSE ] [ table ]
VACUUM [ FULL ] [ FREEZE ] [ VERBOSE ] ANALYZE [ table [ (column [, ...] ) ] ]
```

其中，FULL 参数表示"完全"清理，以恢复更多的空间，但是花的时间更多并且在表上施加了排他锁；FREEZE 参数表示选择行"冻结"；VERBOSE 参数表示为每个表打印一份详细的清理工作报告；ANALYZE 参数表示更新用于优化器的统计信息，以决定执行查询的最有效方法；table 参数用于制定要清理的表名，默认是当前数据库中的所有表；column 参数用于指定要分析的具体的字段名称，默认是所有字段。

如果指定了 VERBOSE 参数，那么 VACUUM 命令将发出处理过程中的信息，以表明当前正在处理哪个表。各种有关这些表的统计也会打印出来。

例如，选择任意一个数据库，执行下面的语句：

```
VACUUM  VERBOSE;
```

执行语句后，结果如图 17-6 所示。

简单的 VACUUM（没有 FULL）只是简单地回收空间并且令其可以再次使用。这种形式的命令可以和对表的普通读写并发操作，因为没有请求排他锁。VACUUM FULL 执行更广泛的处理，包括跨块移动行，以便把表压缩到最少的磁盘块数目里。这种形式要慢许多并且在处理的时候需要在表上施加一个排他锁。

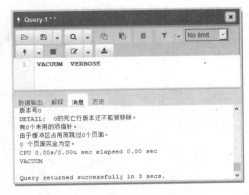

图 17-6　SQL 语句执行结果

提 示
VACUUM ANALYZE 先执行一个 VACUUM 再给每个选定的表执行一个 ANALYZE。对于日常维护脚本而言，这是一个很方便的组合。

17.3.2　磁盘满导致的失效

一个数据库管理员最重要的磁盘监控任务就是确保磁盘不会写满。磁盘写满可能不会导致数据的丢失，但它肯定会影响系统进一步使用。如果 WAL 文件也在同一个磁盘上（默认配置就是这样），就会发生数据库服务器恐慌，并且停止运行。如果不能通过删除其他东西来释放磁盘空间，那么可以通过使用表空间把一些数据库文件移动到其他文件系统上去。

PostgreSQL 里的表空间允许数据库管理员在文件系统里定义那些代表数据库对象的文件存放位置。一旦创建了表空间，就可以在创建数据库对象的时候引用它。

通过使用表空间，管理员可以控制一个 PostgreSQL 安装的磁盘布局。这么做至少有两个用处。首先，如果初始化集群所在的分区或者卷用光了空间，而又不能在逻辑上扩展或者进行别的操作，那么可以在一个不同的分区上创建和使用表空间，直到系统可以重新配置。其次，表空间允许管理员根据数据库对象的使用模式安排数据位置，从而优化性能。例如，一个使用很频繁的索引可以放在非常快并且非常可靠的磁盘上，比如一种非常贵的固态设备。同时，一个存储归档的数据、很少使用的或者对性能要求不高的表可以存储在一个便宜但比较慢的磁盘系统上。

提 示
有些文件系统在快要写满的时候会使性能急剧恶化，因此不要等到磁盘完全写满时才采取行动。

17.4　综合实战——查看监控磁盘的使用情况

查看报告普通表、带有索引和长值（TOAST）的表、数据库、表空间的信息最简单的方法是使用 SQL 函数。下面通过案例来理解操作技巧和方法。

01 使用查询语句来查看表 person 的磁盘使用情况。

```
SELECT relfilenode, relpages FROM pg_class WHERE relname = 'person';
```

执行语句后的结果如图 17-7 所示。

提 示　如果想直接检查表的磁盘文件，那么可以只使用 relfilenode 字段值。

02 查看 person 表中索引占用空间的大小。

```
SELECT c2.relname, c2.relpages
    FROM pg_class c, pg_class c2, pg_index i
    WHERE c.relname = 'person'
        AND c.oid = i.indrelid
        AND c2.oid = i.indexrelid
    ORDER BY c2.relname;
```

执行语句后的结果如图 17-8 所示。

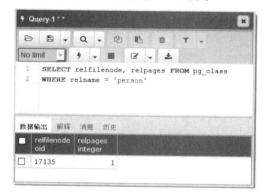

图 17-7　SQL 语句执行结果

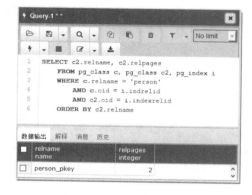

图 17-8　SQL 语句执行结果

03 通过查看表和索引的信息，可以找出最大的表和索引。

```
SELECT relname, relpages FROM pg_class ORDER BY relpages DESC;
```

执行语句后的结果如图 17-9 所示。

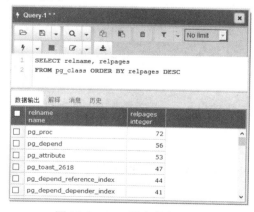

图 17-9　SQL 语句执行结果

17.5　常见问题及解答

疑问 1：当服务器配置出现冲突时采用什么优先级？

当服务器配置出现冲突时，PostgreSQL 服务器将会采用下面的优先级顺序：

（1）基于会话的配置。

（2）基于用户的配置。

（3）基于数据库的配置。

（4）postgres 命令行指定的配置。

（5）配置文件 postgresql.conf 中给出的配置。

疑问 2：为什么有时磁盘没有写满性能却很差？

如果系统支持针对每个用户的磁盘限额，那么数据库自然也将受制于此，超过限额的影响和完全用光磁盘是完全一样的。因此，有时虽然磁盘并没有写满，但是超过了限额，就会严重影响服务器的性能。

第18章 内部结构

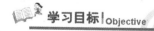
学习目标！Objective

PostgreSQL 的内部结构（Internals）包含了 PostgreSQL 开发人员所能利用的各种分类信息，如内部系统表、前端后端协议、编号约定、基因查询优化器等。本章就来详细介绍 PostgreSQL 内部结构的相关内容。

内容导航！Navigation

- 了解 PostgreSQL 的内部概述
- 了解 PostgreSQL 的内部系统表
- 理解 PostgreSQL 的内部前端/后端协议
- 理解 PostgreSQL 的编码约定
- 理解基因查询优化器
- 理解索引访问方法接口定义
- 理解 GiST 索引
- 理解数据库物理存储
- 理解 BKI 后端接口

18.1 PostgreSQL 的内部概述

通过对 PostgreSQL 后端服务器的内部结构的学习，用户将会对查询是如何处理的有一个初步的了解。本节将介绍 PostgreSQL 的内部概述，以帮助用户了解从后端收到查询到结果返回给客户端的一般操作顺序。

18.1.1 查询经过的路径

在 PostgreSQL 中，要想得到一个查询结果，需要经历以下几个阶段。

1. 建立连接

首先，必须建立从应用程序到 PostgreSQL 服务器的连接。应用程序向服务器发送一个查询，然后等待接收由服务器返回的结果，这样就建立了连接。

2. 分析器阶段

分析器阶段主要用来检查从应用程序（客户端）发送过来的查询语法是否正确，并创建一个查询树。

3. 重写系统

重写系统用于接收分析器阶段创建的查询树，还搜索任何应用到查询树上的规则（存储在系统表里），然后根据给出的规则体进行转换。

重写系统的一个应用就是实现视图。当一个查询访问一个视图（也就是一个虚拟表）时，重写系统将改写用户的查询，使之成为一个访问在视图定义里给出的对基本表的查询，而不是用户的查询。

4. 规划器/优化器

规划器/优化器接收上一阶段改写后的查询树，然后创建一个查询规划，这个查询规划是执行器的输入。

规划器/优化器首先创建所有得出相同结果的可能路径。例如，如果待扫描的关系上有一个索引，那么扫描的路径就有两个：一个可能是简单的顺序查找，另一个可能就是使用索引的查找。下面就是计算出不同路径的执行开销，然后选择和返回开销最少的那条记录，最后开销最小的路径会被展开为一个可以供执行器使用的完整的查询规划。

5. 执行器阶段

执行器递归地走过规划树并且按照规划指定的方式检索数据行。执行器在对关系进行扫描时使用存储系统进行排序和连接，计算条件并且最终交回生成的数据行。

提　示

本小节只是介绍查询经过的路径，下面将对上面的每一个步骤进行更详细的介绍，以便让用户对 PostgreSQL 的内部控制和数据结构有一个更准确的理解。

18.1.2　建立连接

PostgreSQL 是用一个简单的"每用户一进程"的 client/server 模型来实现的。在这种模式里，一个客户端进程只与一个服务器进程连接，由于不知道具体要建立多少个连接，因此不得不利用一个主进程在每次连接请求时都派生出一个新的服务器进程来。这个主进程叫作 postgres，监听一个特定的 TCP/IP 端口，等待进来的连接。

每当主进程检测到一个连接请求时，postgres 进程就派生出一个新的服务器进程。服务器进程之间使用信号灯和共享内存进行通信，以确保在并发的数据访问过程中的数据完整性。客户端进程可以是任何理解 PostgreSQL 协议的程序。

应用程序一旦与 PostgreSQL 服务器建立起连接，客户端进程就可以向后端（服务器）进程发送查询了。查询是通过纯文本传输的，也就是说在前端（客户端）不做任何分析处理。服务器分析查询，创建执行规划，执行该规划并且通过已经建立起来的连接把检索出来的数据行返回给客户端。

18.1.3 分析器阶段

分析器阶段包含两个部分，分别是在 gram.y 和 scan.l 里定义的分析器，是使用 UNIX 工具 yacc 和 lex 创建的。转换处理对分析器返回的数据结构进行修改与增补。

1. 分析器

分析器必须检查查询字符串（以纯 ASCII 文本方式到来的）的语法。如果语法正确，就创建一个分析树并将其返回，否则返回一个错误。实现分析器和词法器使用了著名的 UNIX 工具 yacc 和 lex。

词法器在 scan.l 文件里的定义主要用于负责识别标识符、SQL 关键字等，对于发现的每个关键字或者标识符都会生成一个记号并传递给分析器。

分析器在 gram.y 文件里的定义包含一套语法规则和触发规则时执行的动作。其中，动作代码（实际上是 C 代码）用于建立分析树。

scan.l 文件用 lex 转换成 C 源文件 scan.c ，而 gram.y 用 yacc 转换成 gram.c。在完成这些转换后，一个通用的 C 编译器就可以用于创建分析器了。千万不要对生成的 C 源文件做修改，因为下一次调用 lex 或 yacc 时会把它们覆盖。

注　意　上面提到的转换和编译是使用跟随 PostgreSQL 发布的 makefiles 自动完成的。

2. 转换处理

分析器阶段只使用与 SQL 语法结构相关的固定规则来创建分析树。由于分析器不会查找任何系统表，因此它不可能理解请求查询的详细语意。在分析器技术之后，转换处理分析器传过来的分析树，再做进一步的处理，即解析哪些查询中引用了哪个表、哪个函数、哪个操作符，然后生成表示这个信息的数据结构（查询数）。

把裸分析和语意分析分成两个过程的原因是系统表查找只能在一个事务中进行，而不想在一接收到查询字符串就发起一个事务。裸分析阶段足以标识事务控制命令，如 BEGIN、ROLLBACK，并且这些东西不用任何进一步的分析就可以执行。一旦知道正在处理一个真正的查询，如 SELECT 或 UPDATE，就可以发起一个事务了。只有这个时候才可以调用转换处理。

转换处理生成的查询树在结构上类似于裸分析树。但是在细节上有很多区别。比如，在分析树里，FuncCall 节点代表那些看上去像函数调用的东西，根据引用的名字是一个普通函数还是一个聚集函数可能被转换成一个 FuncExpr 或 Aggref 节点。同样，有关字段和表达式结果的具体数据类型也可以添加到查询树中。

18.1.4 PostgreSQL 规则系统

PostgreSQL 有一个强大的规则系统，用于描述视图和不明确的视图更新。最初的 PostgreSQL 规则系统由两个实现组成：

- 第一个能用的规则系统采用行级别的处理，是在执行器的深层实现的。每次访问一条独立的行时都要调用规则系统。这个实现在 1995 年被删除了。
- 第二个规则系统的实现从技术角度来说叫查询重写。重写系统是一个存在于分析器阶段和规划器/优化器之间的一个模块。目前，这个技术实现仍然存在。

18.1.5 规划器/优化器

1. 规划器/优化器概述

规划器/优化器的任务是创建一个优化了的执行规划。一个特定的 SQL 查询实际上可以以多种不同的方式执行，每种都生成相同的结果集。如果可能，查询优化器将检查每个可能的执行规划，最终选择认为运行最快的执行计划。

有些情况下，检查一个查询所有可能的执行方式会花去很多时间和内存空间，特别是正在执行的查询涉及大量连接操作时。为了在合理的时间里判断一个合理的查询计划，PostgreSQL 使用基因查询优化器。

规划器的搜索过程实际上是与叫作 paths 的数据结构一起结合运转的。这个数据结构是一个很简单的规划的精简版本，只包括规划器用于决策所必需的信息。在找到最经济的路径之后，就制作一个完整的规划树传递给执行器。规划器有足够的详细信息，代表着需要执行的计划。执行器可以读懂并运行这些规划。

2. 生成可能的规划

规划器/优化器通过为扫描查询里出现的每个关系生成规划，可能的规划是由每个关系上有哪些可用的索引决定的。对一个关系可以进行一次顺序查找，所以总是会创建只使用顺序查找的规划。假设一个关系上定义着一个索引（例如 B-tree 索引），并且一条查询包含约束 relation.attribute OPR constant。如果 relation.attribute 碰巧匹配 B-tree 索引的关键字并且 OPR 又是列出在索引的操作符类操作符中的一个，那么将会创建一个使用 B-tree 索引扫描该关系的规划。如果还有别的索引，而且查询里面的约束又和那个索引的关键字匹配，就会生成更多的规划。

在寻找完扫描一个关系的所有可能的规划后，接着创建连接各个关系的规划。规划器/优化器首先考虑在 WHERE 条件里存在连接子句的连接。没有连接子句的连接对只有在没有别的选择的时候才考虑，也就是说，一个关系没有和任何其他关系的连接子句可用。规划器/优化器为它们认为可能的所有连接关系对生成规划，可能的连接策略有以下三种。

（1）嵌套循环连接

在左边关系里面找到的每条行都对右边关系进行一次扫描。这个策略容易实现，但是可能会很耗时。如果右边的关系可以用索引扫描，那么这个可能就是一个好策略。可以用来自左边关系的当前行的数值为关键字对右边关系的索引进行扫描。

（2）融合排序连接

在连接开始之前，每个关系都对连接字段进行排序。然后对两个关系并发扫描，匹配的行就组合起来形成了连接行。这种联合更有吸引力，因为每个关系都只用扫描一次。要求的排序步骤可以通过明确的排序步骤或者是使用连接关键字上的索引，按照恰当的顺序扫描关系。

（3）Hash 连接

首先扫描右边的关系，并用连接的字段作为散列关键字加载入一个 Hash 表，然后扫描左边的关系，并将找到的每行作为散列关键字来定位表里匹配的行。

如果查询里的关系多于两个，那么最后的结果必须通过一个连接步骤树建立。每个步骤有两个输入。规划器检查不同的连接顺序，找出开销最小的。

完成的查询树由对基础关系的顺序或者索引扫描组成，并根据需要加上嵌套循环、融合、Hash 连接节点以及任何需要的辅助步骤，比如排序节点或者聚集函数计算节点等。大多数这些规划节点类型都有额外的选择和投影。规划器的一个责任就是从 WHERE 子句中附加选择条件以及为规划树最合适的节点计算所需要的输出表达式。

18.1.6 执行器

执行器接受规划器/优化器传过来的查询规划，然后递归地处理它，抽取所需要的行集合。它实际上是一个需求拉动的流水线机制。每次调用一个规划节点的时候，它都必须给出一个更多的行，或者汇报它已经完成行的传递。

为了更好地解释执行器的操作过程，下面给出一个简单的实例。假设顶端节点是一个 MergeJoin 节点，在做任何融合之前，首先得抓取两行（每个子规划是一行）。因此执行器递归地调用自己来处理子规划，处理过程从附着在 lefttree 上的子规划开始。新的顶端节点（左子规划的顶端节点）假设是一个 Sort 节点，然后还需要递归地获取一个输入行。Sort 节点的子节点可能是一个 SeqScan 节点，代表对一个表的实际读取动作。这个节点的执行导致执行器从表中抓取一行，然后把它返回给调用的节点。Sort 将不断调用它的子节点，以获取需要排序的所有行。在用尽输入之后（由子节点返回一个 NULL，而不是一行表示），Sort 代码执行排序，然后就可以返回它的第一个输出行，也就是按照排序顺序输出的第一行。它仍然保持剩下的行的排序状态，这样在随后有需求的时候，就可以按照排序顺序返回这些行了。

MergeJoin 节点也会类似地要求从它的右边子规划获取第一行。然后比较这两行，看看它们是否能连接。如果能，就给调用者返回一个连接行。在下一次调用的时候或者是在无法连接当前的两行的时候（这次调用的时候），抓取其中一个表的下一行（抓取哪个表取决于比较结果如何），然后再检查两个表是否匹配。最后，其中一个子规划耗尽资源，MergeJoin 返回 NULL，表明无法继续生成更多的连接行。

复杂的查询可能包含许多层的规划节点，但是一般的过程都是一样的：每个节点在每次被调用的时候都计算并返回它的下一个输出行。每个节点同样负责附加上任何规划器赋予它的选择或者投影表达式。

执行器机制用于计算四种基本 SQL 查询类型，分别是 SELECT、INSERT、UPDATE 和 DELETE。

- 对于 SELECT，顶层的执行器代码只需要发送查询规划树返回的每一行给客户端。
- 对于 INSERT，返回的每一行都插入到 INSERT 声明的目标表中。一个简单的 INSERT ... VALUES 命令创建一个简单的规划树，包含一个 Result 节点，只计算得出一个结果行；INSERT ... SELECT 则可能需要执行器的全部能力。

- 对于 UPDATE，规划器安排每个计算出来的行都包括所有更新的字段，加上原来的目标行的 TID；执行器的顶层使用这些信息创建一个新的更新过的行，并且标记旧行被删除。
- 对于 DELETE，规划器返回的唯一的一个字段是 TID，然后执行器的顶层简单地使用这个 TID 访问每个目标行，并且把它们标记为已删除。

18.2   PostgreSQL 的内部系统表

系统表是关系型数据库存放结构元数据的地方，如表、字段以及内部登记信息等。PostgreSQL 中的大部分系统表都是普通表。用户可以对这些表进行删除、重建、增加行、插入和更新数据等操作。当然，这些操作要使用 SQL 命令来进行，而不是手工修改系统表。除此之外，还有一些特殊的表是不允许修改的。

提 示　系统默认不显示系统表和系统视图，选择【文件】→【首选项】菜单命令，在打开的【首选项】对话框的左侧列表中展开【浏览器】→【显示】选项，在右侧将【显示系统对象么？】设置为【是】，即可显示出系统对象，如图 18-1 所示。

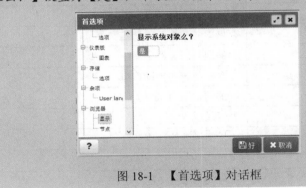

图 18-1　【首选项】对话框

18.2.1 数据表

大多数数据表都是在数据库创建的过程中从模板数据库中复制过来的，这些表与数据库是相关的。表 18.1 所示为 PostgreSQL 的数据表。

表 18.1　数据表

表名字	用途
pg_aggregate	聚集函数
pg_am	索引访问方法
pg_amop	访问方法操作符
pg_amproc	访问方法支持过程
pg_attrdef	字段默认值
pg_attribute	表的列（也称为"属性"或"字段"）
pg_authid	认证标识符（角色）

（续表）

表名字	用途
pg_auth_members	认证标识符成员关系
pg_cast	转换（数据类型转换）
pg_class	表、索引、序列、视图（"关系"）
pg_constraint	检查约束、唯一约束、主键约束、外键约束
pg_collation	可用的排序规则
pg_conversion	编码转换信息
pg_database	本集群内的数据库
pg_db_role_setting	运行时为每个角色和数据库组合配置变量
pg_default_acl	存储被分配到新创建的对象的初始权限
pg_depend	数据库对象之间的依赖性
pg_description	数据库对象的描述或注释
pg_enum	包含显示每个枚举类型的值和标签的条目
pg_extension	安装扩展存储信息
pg_foreign_data_wrapper	存储国外数据的封装定义
pg_foreign_server	存储国外服务器定义
pg_foreign_table	包含外部表的辅助信息
pg_index	附加的索引信息
pg_inherits	表继承层次
pg_language	用于写函数的语言
pg_largeobject	大对象
pg_largeobject_metadata	持有大对象相关的元数据
pg_namespace	模式
pg_opclass	索引访问方法操作符类
pg_operator	操作符
pg_opfamily	定义 operator 家庭
pg_pltemplate	过程语言使用的模板数据
pg_proc	函数和过程
pg_range	存储范围类型信息
pg_rewrite	查询重写规则
pg_seclabel	存储数据库对象上的防伪标签
pg_shdepend	在共享对象上的依赖性
pg_shdescription	共享对象上的注释
pg_shseclabel	存储共享数据库对象上的防伪标签
pg_statistic	优化器统计

（续表）

表名字	用途
pg_tablespace	数据库集群里面的表空间
pg_trigger	触发器
pg_ts_config	包含用于文本搜索配置的项目
pg_ts_config_map	包含文本搜索字典、应咨询项目等
pg_ts_dict	包含定义文本搜索字典的条目
pg_ts_parser	包含定义文本搜索解析器的条目
pg_ts_template	包含定义文本搜索模板的条目
pg_type	存储有关数据类型的信息
pg_user_mapping	存储从本地用户映射到远程存储的目录

1. pg_aggregate

pg_aggregate 表用于存储与聚集函数有关的信息。聚集函数是对一个数值集进行操作的函数，返回从这些值中计算出的一个数值。一般情况下，数值集通常是指每个匹配查询条件的行中的一个字段。典型的聚集函数有 sum、count、max。pg_aggregate 里的每条记录都是一条 pg_proc 里面的记录的扩展。pg_proc 记录承载该聚集的名字、输入和输出数据类型，以及其他一些和普通函数类似的信息。表 18.2 所示是 pg_aggregate 表字段的详细信息。

表 18.2　pg_aggregate 字段

名字	类型	引用	描述
aggfnoid	regproc	pg_proc.oid	此聚集函数的 pg_proc OID
aggtransfn	regproc	pg_proc.oid	转换函数
aggfinalfn	regproc	pg_proc.oid	最终处理函数（如果没有就为零）
aggsortop	oid	pg_operator.oid	关联排序操作符（零或者无）
aggtranstype	oid	g_type.oid	此聚集函数的内部转换（状态）数据的数据类型
agginitval	text		转换状态的初始值。这是一个文本数据域，包含初始值的外部字符串表现形式。如果数据域是 NULL，那么转换状态值从 NULL 开始。

打开 PostgreSQL 客户端窗口，在【浏览器】窗格中依次选择【Servers】→【PostgreSQL9.6】→【数据库】→【template1】→【目录】→【PostgreSQL 目录】→【表】→【pg_aggregate】选项，在打开的界面中可以查看 pg_aggregate 表的属性，如图 18-2 所示。

2. pg_am

pg_am 存储有关索引访问方法的信息。系统支持的每种索引访问方法都有一行。表 18.3 所示是 pg_am 表字段的详细信息。

图 18-2　pg_aggregate 表

表 18.3　pg_am 字段

名字	类型	引用	描述
amname	name		访问方法的名字
amstrategies	int2		访问方法的操作符策略个数
amsupport	int2		访问方法的支持过程个数
amorderstrategy	int2		如果索引不提供排列顺序就为零,否则是描述排序顺序的策略操作符个数
amcanunique	bool		访问方式是否支持唯一索引
amcanmulticol	bool		访问方式是否支持多字段索引
amoptionalkey	bool		访问方法是否支持在一个索引字段上没有任何约束的扫描
amindexnulls	bool		访问方式是否支持 NULL 索引记录
amstorage	bool		是否允许索引存储的数据类型与列的数据类型不同
amclusterable	bool		是否允许在一个这种类型的索引上群集
aminsert	regproc	pg_proc.oid	插入行函数
ambeginscan	regproc	pg_proc.oid	开始新扫描函数
amgettuple	regproc	pg_proc.oid	下一个有效行函数
amgetmulti	regproc	pg_proc.oid	抓取多行函数
amrescan	regproc	pg_proc.oid	重新开始扫描函数
amendscan	regproc	pg_proc.oid	结束本次扫描函数
ammarkpos	regproc	pg_proc.oid	标记当前扫描位置函数
amrestrpos	regproc	pg_proc.oid	恢复已标记的扫描位置函数
ambuild	regproc	pg_proc.oid	建立新索引函数
ambulkdelete	regproc	pg_proc.oid	批量删除函数

（续表）

名字	类型	引用	描述
amvacuumcleanup	regproc	pg_proc.oid	VACUUM 后的清理函数
amcostestimate	regproc	pg_proc.oid	估计一个索引扫描开销的函数
amoptions	regproc	pg_proc.oid	为一个索引分析和确认 reloptions 的函数

打开 PostgreSQL 客户端窗口，在【浏览器】窗格中依次选择【Servers】→【PostgreSQL9.6】【数据库】→【template1】→【目录】→【PostgreSQL 目录】→【表】→【pg_am】选项，在打开的界面中可以查看 pg_am 表的属性，如图 18-3 所示。

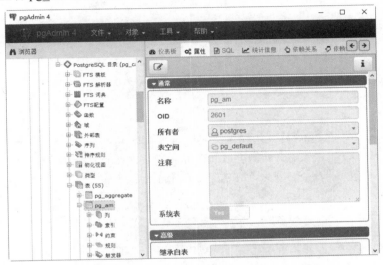

图 18-3　pg_am 表

3. pg_amop

pg_amop 表存储有关和索引访问方法操作符类关联的信息。如果一个操作符是一个操作符类中的成员，那么在这个表中会占据一行。表 18.4 所示是 pg_amop 表字段的详细信息。

表 18.4　pg_amop 字段

名字	类型	引用	描述
amopclaid	oid	pg_opclass.oid	使用这条记录的索引操作符类
amprocsubtype	oid	pg_type.oid	如果是跨类型的过程就是子类型，否则为零
amprocnum	int2		支持过程编号
amproc	regproc	pg_proc.oid	过程的 OID

打开 PostgreSQL 客户端窗口，在【浏览器】窗格中依次选择【Servers】→【PostgreSQL9.6】【数据库】→【template1】→【目录】→【PostgreSQL 目录】→【表】→【pg_amop】选项，在打开的界面中可以查看 pg_amop 表的属性，如图 18-4 所示。

图 18-4　pg_amop 表

18.2.2　系统视图

除了数据表之外，PostgreSQL 还提供了一系列内置的视图。系统视图提供了一些便利的查询系统表的访问方法。还有一些视图提供了访问内部服务器状态的方法。除了特别声明的，这里描述的所有视图都是只读的。表 18.5 所示为 PostgreSQL 的系统视图。

表 18.5　系统视图表

视图名	用途
pg_available_extensions	列出可用于安装的扩展
pg_available_extension_versions	列出可用于安装的扩展版本
pg_cursors	打开的游标
pg_group	数据库用户的组
pg_indexes	索引
pg_locks	当前持有的锁
pg_prepared_statements	预备语句
pg_prepared_xacts	预备事务
pg_roles	数据库角色
pg_rules	规则
pg_seclabels	防伪标签的信息
pg_settings	参数设置
pg_shadow	数据库用户
pg_stats	规划器统计
pg_tables	表
pg_timezone_abbrevs	时区缩写
pg_timezone_names	时区名

（续表）

视图名	用途
pg_user	数据库用户
pg_user_mappings	提供访问用户映射的信息
pg_views	视图

1. pg_available_extensions

pg_available_extensions 视图列出了可用于安装的扩展，该视图是只读的。表 18.6 列出了 pg_available_extensions 的字段。

表 18.6　pg_available_extensions 的字段

名称	类型	描述
name	名称	扩展名
default_version	文本	默认版本，如果没有指定就为 NULL
installed_version	文本	目前安装的版本的延伸，如果没有安装就为 NULL
comment	文本	注释字符串，来自扩展的控制文件中

打开 PostgreSQL 客户端窗口，在【浏览器】窗格中依次选择【Servers】→【PostgreSQL9.6】【数据库】→【template1】→【目录】→【PostgreSQL 目录】→【视图】→【pg_available_extensions】选项，在打开的界面中可以查看 pg_available_extensions 表的属性，如图 18-5 所示。

图 18-5　pg_available_extensions 视图

2. pg_cursors

pg_cursors 列出了当前可用的游标。游标可以用以下几种方法定义。

● 通过 DECLARE 语句。
● 在前/后端协议中通过 Bind 信息。
● 通过服务器编程接口（SPI）。

pg_cursors 显示上述所有方法创建的游标。除非被声明为 WITH HOLD，游标仅存在于定义它们的事务的生命期中。因此非持久游标仅能够在视图中存在到创建该游标的事务结束时为止。表 18.7 列出了 pg_cursors 视图的字段。

表 18.7　pg_cursors 的字段

名字	类型	描述
name	text	游标名
statement	text	声明该游标的查询字符串
is_holdable	boolean	如果该游标是持久的（也就是在声明游标的事务结束后仍然可以访问该游标）就为 true，否则为 false
is_binary	boolean	如果该游标被声明为 BINARY 就为 true，否则为 false
is_scrollable	boolean	如果该游标可以滚动（也就是允许以不连续的方式检索）就为 true，否则为 false
creation_time	timestamptz	声明该游标的时间戳

注　意　因为游标用于在 PostgreSQL 内部实现一些过程语言之类的组件，所以 pg_cursors 可能包含并非由用户明确创建的游标。

打开 PostgreSQL 客户端窗口，在【浏览器】窗格中依次选择【Servers】→【PostgreSQL9.6】【数据库】→【template1】→【目录】→【PostgreSQL 目录】→【视图】→【pg_cursors】选项，在打开的界面中可以查看 pg_cursors 表的属性，如图 18-6 所示。

图 18-6　pg_cursors 视图

3. pg_locks

pg_locks 提供有关在数据库服务器中由打开的事务持有的锁的信息。pg_locks 对每个活跃的可锁定对象、请求的锁模式以及相关的事务保存一行。因此，如果多个事务持有或者等待对同一个对象的锁，那么同一个可锁定的对象可能会出现多次。不过，一个目前没有锁在其上的对象肯定不会出现。

有好几种不同的可锁定对象，比如一个关系（也就是一个表）、关系中独立的页面、关系中独立的行、一个事务的 ID 以及一般的数据库对象等。另外，扩展一个关系的权限也是用一种独立的可锁定对象表示的。表 18.8 列出了 pg_locks 视图的字段。

表 18.8 pg_locks 的字段

名字	类型	引用	描述
locktype	text		可锁定对象的类型为 relation、extend、page、tuple、transactionid、object、userlock、advisory
database	oid	pg_database.oid	对象所在的数据库的 OID，如果对象是共享对象就是零，如果对象是一个事务 ID 就是 NULL
relation	oid	pg_class.oid	关系的 OID，如果对象既不是关系也不是关系的一部分就为 NULL
page	integer		关系内部的页面编号，如果对象不是行页也不是关系页就为 NULL
tuple	smallint		页面里面的行编号，如果对象不是行就为 NULL
transactionid	xid		事务的 ID，如果对象不是事务就为 NULL
classid	oid	pg_class.oid	包含该对象的系统表的 OID，如果对象不是普通数据库对象就为 NULL
objid	oid	任意 oid 属性	对象在系统表内的 OID，如果对象不是普通数据库对象就为 NULL
objsubid	smallint		对于表中的一个字段，这是字段编号（classid 和 objid 指向表自身）。对于其他对象类型，这个字段是零。如果这个对象不是普通数据库对象就为 NULL
transaction	xid		持有此锁或者在等待此锁的事务的 ID
pid	integer		持有或者等待这个锁的服务器进程的进程 ID。如果锁是被一个预备事务持有的就为 NULL
mode	text		进程持有的或者是期望的锁模式
granted	boolean		如果持有锁就为真，如果等待锁就为假

在访问 pg_locks 视图的时候，内部的锁管理器数据结构会暂时被锁住，然后制作一份这个视图的备份，用于显示。这样就保证视图可以生成一套连贯的结果，而不会过分阻塞普通的锁管理器。如果这个视图访问得太频繁，那么肯定是会对数据库性能有影响的。

打开 PostgreSQL 客户端窗口，在【浏览器】窗格中依次选择【Servers】→【PostgreSQL9.6】【数据库】→【template1】→【目录】→【PostgreSQL 目录】→【视图】→【pg_locks】选项，在打开的界面中可以查看 pg_locks 表的属性，如图 18-7 所示。

pg_locks 提供了一个数据库集群里所有锁的全局视图，而不仅仅是那些和当前数据库相关的。虽然 relation 字段可以和 pg_class.oid 连接起来以标识被锁住的关系，但是这个方法目前只能对在当前数据库里的关系有用。

图 18-7　pg_locks 视图

18.3　PostgreSQL 的内部前端/后端协议

PostgreSQL 使用一种基于消息的协议，用于前端和后端之间的通信。该协议是在 TCP/IP 和 UNIX 域套接字上实现的。端口号 5432 已经在 IANA 注册为使用这种协议的常用端口，但实际上任何非特权端口号都可以使用。

18.3.1　概述

为了可以有效地为多个客户端提供服务，服务器为每个客户端派生一个新的"后端"进程。目前，在检测到连接请求后马上会创建一个新的子进程。不过，这些是对协议透明的。对于协议而言，术语"后端"和"服务器"是可以互换的；类似的，"前端"和"客户机"也是可以互换的。

协议在启动和正常操作过程中有不同的阶段。在启动阶段里，前端打开一个到服务器的连接并且认证自身以满足服务器。这些可能包含一条消息，也可能包含多条消息，根据使用的认证方法而不同。如果所有事情都运行平稳，那么服务器就发送状态信息给前端并进入正常操作。除了初始化的启动请求之外，这部分协议是服务器驱动的。

18.3.2　消息流

在 PostgreSQL 内部，所有通信都是通过一个消息流进行的。消息的第一个字节标识消息类型，后面的四个字节声明消息剩下部分的长度（这个长度包括长度域自身，但不包括消息类型字节）。剩下的消息内容由消息类型决定。因连接状态的不同，存在几种不同的子协议：启动、查询、函数调用、COPY、结束。还有用于通知响应和命令取消的特殊信息，这些特殊信息可能在启动阶段过后的任何时间产生。

1. 启动

要开始一个会话，前端打开一个与服务器的连接并且发送一个启动消息。这个消息包括用户名以及用户希望与之连接的数据库，还标识要使用的特定的协议版本。另外，启动信息可以包括用于运行时参数的额外设置。服务器使用这些信息以及配置文件的内容来判断这个连接是否可以接受以及需要什么样的额外认证。

当服务器发送合适的认证请求信息时，前端必须用合适的认证响应信息来响应。从理论上讲，这样的认证请求可能需要多次迭代，但是目前的认证方法都不需要超过一次的请求和响应。有些方法则根本不需要前端的响应，因此就没有认证请求发生。

认证周期的结束要么是以服务器的拒绝连接（ErrorResponse）结束，要么是以认证成功（AuthenticationOk）结束。这个阶段来自服务器的可能消息有以下几种。

- ErrorResponse：连接请求被拒绝，然后服务器马上关闭连接。
- AuthenticationOk：认证交换成功完成。
- AuthenticationKerberosV5：现在前端必须与服务器进行一次 KerberosV5 认证对话。如果对话成功，服务器响应一个 AuthenticationOk（认证成功）信息，否则响应一个 ErrorResponse（错误响应）。
- AuthenticationCleartextPassword：现在前端必须以明文形式发送一个包含口令的 PasswordMessage(未加密口令)包。如果这是正确的口令，服务器就用一个 AuthenticationOk 包响应，否则响应一个 ErrorResponse 包。
- AuthenticationCryptPassword：现在前端必须发送一个 PasswordMessage 包。该包包含用 crypt（3）加密的口令。如果是正确口令，服务器就用一个 AuthenticationOk 来响应，否则用一个 ErrorResponse 来响应。
- AuthenticationMD5Password：现在前端必须发送一个包含用 MD5 加密的口令的 PasswordMessage。如果这是正确口令，服务器就用一个 AuthenticationOk 响应，否则用一个 ErrorResponse 响应。
- AuthenticationSCMCredential：这个响应只对那些支持 SCM 信任消息的本地 UNIX 域连接出现。前端必须先发出一条 SCM 信任消息再发送一个数据字节。数据字节的内容并不会被注意，它的作用只是确保服务器等待了足够长的时间来接受信任信息。如果信任是可以接受的，那么服务器用 AuthenticationOk 响应，否则用 ErrorResponse 响应。

如果前端不支持服务器要求的认证方式，那么应该马上关闭连接。在收到 AuthenticationOk 包之后，前端必须等待来自后端的更多消息。在这个阶段会启动一个后端进程，而前端不做任何操作。启动尝试仍然有可能失败（ErrorResponse）。通常情况下，后端将发送一些 ParameterStatus 消息、BackendKeyData 以及最后的 ReadyForQuery。

在这个阶段，后端将尝试应用任何在启动消息里给出额外的运行时参数设置。如果成功，这些值将成为会话默认值，错误将导致 ErrorResponse 并退出。这个阶段来自后端的可能消息有如下几个。

- BackendKeyData：这个消息提供了密钥（secret-key）数据。
- ParameterStatus：这个消息告诉前端有关后端参数的当前（初始化）设置。
- ReadyForQuery：后端启动成功，前端现在可以发出命令。
- ErrorResponse：后端启动失败，在发送完这个消息之后连接被关闭。

- NoticeResponse：发出了一个警告信息。前端应该显示这个信息，并且继续等待 ReadyForQuery 或 ErrorResponse。

后端在每个查询循环后都会发出一个相同的 ReadyForQuery 消息。前端可以合理地认为 ReadyForQuery 是一个查询循环的开始，而 BackendKeyData 表明启动阶段的成功完成，或者认为 ReadyForQuery 是启动阶段和每个随后查询循环的结束，具体是哪种情况取决于前端的编码需要。

2. 简单查询

一个查询循环是由前端发送一条 Query 消息给后端进行初始化的。这条消息包含一个用文本字符串表达的 SQL 命令。后端根据查询命令字符串的内容发送一条或者更多条响应消息给前端，并且最后是一条 ReadyForQuery 响应信息。

ReadyForQuery 通知前端它可以安全地发送新命令了。实际上前端不必在发送其他命令之前等待 ReadyForQuery。这样一来，前端就必须负责区分早先发出的命令失败、稍后发出的命令成功的情况。从后端来的消息可能有以下几个。

- CommandComplete：一个 SQL 命令正常结束。
- CopyInResponse：后端已经准备好从前端复制数据到一个表里面去。
- CopyOutResponse：后端已经准备好从一个表里复制数据到前端里面去。
- RowDescription：表示为了响应一个 SELECT、FETCH 等的查询将要返回一个行。这条消息的内容描述了这行的字段布局。这条消息后面将跟着每个返回给前端行的一个 DataRow 消息。
- DataRow：SELECT、FETCH 等查询返回的结果集中的一行。
- EmptyQueryResponse：识别一个空的查询字符串。
- ErrorResponse：出错了。
- ReadyForQuery：查询字符串的处理完成。发送一个独立的消息来标识这个是因为查询字符串可能包含多个 SQL 命令。CommandComplete 只是标记一条 SQL 命令处理完毕，而不是整个字符串。ReadyForQuery 总会被发送，不管是处理成功结束还是产生错误。
- NoticeResponse：发送一个与查询有关的警告信息。

3. 扩展查询

扩展的查询协议会把简单协议分裂成若干个步骤。准备的步骤可以多次复用，以提高效率。另外，还可以获得额外的特性。在扩展的协议里，前端首先发送一个 Parse 消息，该消息中包含一个文本查询字符串，另外还有一些有关参数占位符的数据类型的信息以及一个最终预备语句对象的名字。

当每个扩展查询消息序列完成后，前端会发出一条 Sync 消息。这个无参数的消息将导致后端关闭当前事务，如果当前事务不是在一个 BEGIN/COMMIT 事务块中就会响应一条 ReadyForQuery 消息。如果在处理任何扩展查询消息的时候侦测到任何错误，那么后端将发出 ErrorResponse，然后读取并抛弃消息，直到一个 sync 的到来，然后发出 ReadyForQuery 并且返回到正常的消息处理中。

4. 函数调用

函数调用子协议允许客户端请求一个对存在于数据库 pg_proc 系统表中任意函数的直接调用。不过，客户端必须在该函数上有执行的权限。

提示
函数调用子协议是一个遗留的特性，最好不要在新代码里使用。类似的结果可以通过设置一个 SELECT function($1, ...)预备语句获得。这样函数调用循环就可以用 Bind/Execute 代替。

一个函数调用循环是由前端向后端发送一条 FunctionCall 消息初始化的。然后后端根据函数调用的结果发送一条或者更多响应消息，并且最后是一条 ReadyForQuery 响应消息。ReadyForQuery 通知前端可以安全地发送一条新的查询或者函数调用。

从后端来的响应信息可能是以下几种。

- ErrorResponse: 发生了一个错误。
- FunctionCallResponse: 函数调用完成并且在消息中返回一个结果。
- ReadyForQuery: 函数调用处理完成。ReadyForQuery 将总是被发送，不管是成功完成处理还是发生一个错误。
- NoticeResponse: 发出一条有关该函数调用的警告信息。通知是附加在其他响应上的，也就是说，后端将继续处理命令。

5. COPY 操作

COPY 命令允许在服务器和客户端之间高速的大批量数据传输。复制入和复制出操作都要把连接切换到一个独立的子协议中，并且持续到操作结束。

（1）复制入模式

复制入模式就是将数据传输到服务器，是在后端执行 COPY FROM STDIN 语句的时候初始化的。后端发送一个 CopyInResponse 消息给前端，前端应该发送零条或者更多 CopyData 消息，形成一个输出数据的流。前端可以通过发送一个 CopyDone 消息来终止复制入操作（允许成功终止），也可以发出一个 CopyFail 消息（它将导致 COPY 语句带着错误失败）。接着后端就返回到 COPY 开始之前的命令处理模式，既可能是简单查询协议，也可能是扩展查询协议，然后会发送 CommandComplete（如果成功）或者 ErrorResponse（如果失败）。

如果在复制入模式下后端检测到了错误，那么后端将发出一个 ErrorResponse 消息。如果 COPY 命令是通过一个扩展的查询消息发出的，那么后端从现在开始将抛弃前端消息，直到一个 Sync 消息到来，再发出 ReadyForQuery 并且返回到正常的处理中。如果 COPY 命令是在一个简单查询消息里发出的，那么该消息剩余部分被丢弃，然后发出 ReadyForQuery 消息。不管是哪种情况，任何前端发出的 CopyData、CopyDone、CopyFail 消息都将被简单地抛弃。

（2）复制出模式

复制出模式，也就是数据从服务器发出，是在后端执行一个 COPY TO STDOUT 语句的时候初始化的。后端发出一个 CopyOutResponse 消息给前端，后面跟着零个或多个 CopyData 消息，再跟着 CopyDone。然后后端回退到它在 COPY 开始之前的命令处理模式，然后发送 CommandComplete。前端不能退出传输，除非是关闭连接或者发出一个 Cancel 请求。

在复制出模式中，如果后端检测到错误，那么它将发出一个 ErrorResponse 消息并且回到正常的处理。前端应该把收到 ErrorResponse 当作终止复制出模式的标志。

CopyInResponse 和 CopyOutResponse 消息包括告诉前端每行的字段数以及每个字段使用的格式代码的信息。就目前的实现而言，某个 COPY 操作的所有字段都使用同样的格式。

6. 异步操作

在特殊情况下，后端会发送一些并非由特定的前端的命令流提示的消息。在任何时候前端都必须准备处理这些信息，即使是未涉及查询处理的时候。下面介绍三种需要异步操作的特殊消息。

（1）NoticeResponse 消息

NoticeResponse 消息可能是因为外部的活动而生成的。例如，数据库管理员进行一次"快速"数据库关闭，那么后端将在关闭连接之前发送一个 NoticeResponse 来表明这些。因此，前端应该总是准备接受和显示 NoticeResponse 消息，即使连接通常是空闲的时候也如此。

（2）ParameterStatus 消息

如果后端认为前端应该知道的任何参数的活跃数值发生了变化，那么都会产生 ParameterStatus 消息。这些最常见发生的地方是前端执行了一个 SET 命令的响应，并且这个时候实际上是同步的。同样，如果一个 SET 命令回滚，那么也会生成合适的 ParameterStatus 消息以报告当前有效的数值。

目前，系统内有一套会生成 ParameterStatus 消息的参数，分别是 server_version、server_encoding、client_encoding、is_superuser、session_authorization、DateStyle、TimeZone、integer_datetimes、standard_conforming_strings。其中，server_version、server_encoding、integer_datetimes 是伪参数，启动后不能修改。

（3）NotificationResponse 消息

如果前端发出一个 LISTEN 命令，那么后端将在为同一个通知名执行了 NOTIFY 命令后发送一个 NotificationResponse 消息。

目前，NotificationResponse 只能在一个事务外面发送，因此它将不会在一个命令响应序列中间出现，但是它可能在 ReadyForQuery 之前出现。

7. 取消正在处理的请求

当一条查询正在处理的时候可能会发生取消该查询的处理。这样的取消请求不是直接通过打开的连接发送给后端的，这么做是因为不希望后端在处理查询的过程中不停地检查前端来的输入。要发送一条取消请求，前端会打开一个与服务器的新连接并且发送一条 CancelRequest 消息，而不是在新连接中经常发送的 StartupPacket 消息。服务器将处理这个请求，然后关闭连接。

由于取消请求是通过新的连接发送给服务器的，因此取消请求可能是任意进程执行的。这样可能对创建多进程应用有某种灵活性的好处。但同时也带来了安全风险，因为这样任何一个非认证用户都可能试图取消查询。

8. 终止

通常的终止过程是前端发送一条 Terminate（终止）消息并且立刻关闭连接。一旦收到消息，后端马上关闭连接并退出。

在少数情况下（比如一个管理员命令数据库关闭），后端可能在没有任何前端请求的情况下断开连接。在这种情况下，后端将在它断开连接之前尝试发送一个错误或者通知信息，给出断开的原因。

不管是正常还是不正常的终止，任何打开的事务都会回滚，而不是提交。不过，应该注意的是如果一个前端在一个非 SELECT（查询）正在处理的时候断开，那么后端很可能在注意到断开之前先完成查询的处理。如果查询处于任何事务块之外，那么其结果很可能在得知断开之前被提交。

9. SSL 会话加密

如果编译 PostgreSQL 的时候打开了 SSL 支持，那么前后端通信就可以用 SSL 加密。这样就提供了一种在攻击者可能捕获会话通信数据包的环境下保证通信安全的方法。

要开始一次 SSL 加密连接，前端先是发送一个 SSLRequest 消息，然后服务器以一个包含 S 或 N 的字节响应，分别表示它愿意还是不愿意进行 SSL。如果前端对响应不满意，就可以关闭连接。如果要在 S 之后继续，就先进行与服务器的 SSL 启动握手。如果这些成功了，那么继续发送普通的 StartupMessage。这种情况下，StartupMessage 和所有随后的数据都将由 SSL 加密。要在 N 之后继续，则发送普通的 StartupMessage，不带加密进行处理。

18.3.3 消息数据类型

消息数据类型主要有 4 种，包括 Intn(i)、Intn[k]、String(s)和 Byten(c)。

1. Intn(i)

一个网络字节顺序的 n 位整数。如果声明了 i，就将会出现确切的值，否则这个数值就是一个变量，比如 Int16、Int32(42)。

2. Intn[k]

一个由 k 个 n 位整数元素组成的数组，每个都是以网络字节顺序存储的。数组长度 k 总是由消息前面的字段来判断的，比如 Int16[M]。

3. String(s)

一个以零结尾的字符串。对字符串没有特别的长度限制。如果声明了 s，那么它将会出现确切的数值，否则这个数值就是一个变量。例如，String、String("user")。

4. Byten(c)

精确的 n 字节。如果字段宽度 n 不是一个常量，那么总是可以从消息中更早的字段中判断它。如果声明了 c，那么它是确切的数值。例如 Byte2、Byte1('\n')。

18.3.4 消息格式

下面介绍各种消息的详细格式，每种消息都标记为它是由一个前端(F)、一个后端(B)或者两者(F&B)发送的。注意，尽管每条消息在开头都包含一个字节计数，消息格式也定义为可以不用参考字节计数就可以找到消息的结尾。这样就增加了有效性检查。CopyData 消息是一个例外，因为它形成一个数据流的一部分；任意独立的 CopyData 消息都可能是无法自解释的。

1. AuthenticationOk (B)

- Byte1('R'): 标识该消息是一条认证请求。
- Int32(8): 以字节记的消息内容长度，包括这个长度本身。
- Int32(0): 声明该认证是成功的。

2. AuthenticationKerberosV5 (B)

- Byte1('R'): 标识该消息是一条认证请求。
- Int32(8): 以字节记的消息内容长度，包括长度自身。
- Int32(2): 声明需要 Kerberos V5 认证。

3. AuthenticationCleartextPassword (B)

- Byte1('R'): 标识该消息是一条认证请求。
- Int32(8): 以字节记的消息内容长度，包括长度自身。
- Int32(3): 声明需要一个明文的口令。

4. AuthenticationCryptPassword (B)

- Byte1('R'): 标识该消息是一条认证请求。
- Int32(10): 以字节记的消息内容的长度，包括长度本身。
- Int32(4): 声明需要一个 crypt()加密的口令。
- Byte2: 加密口令使用的盐粒（salt）。

5. AuthenticationMD5Password (B)

- Byte1('R'): 标识这条消息是一个认证请求。
- Int32(12): 以字节记的消息内容的长度，包括长度本身。
- Int32(5): 声明需要一个 MD5 加密的口令。
- Byte4: 加密口令的时候使用的盐粒。

6. AuthenticationSCMCredential (B)

- Byte1('R'): 标识这条消息是一个认证请求。
- Int32(8): 以字节计的消息内容长度，包括长度本身。
- Int32(6): 声明需要一个 SCM 信任消息。

7. BackendKeyData (B)

- Byte1('K'): 标识该消息是一个取消键字数据。如果前端希望能够在稍后发出 CancelRequest 消息，就必须保存这个值。
- Int32(12): 以字节记的消息内容的长度，包括长度本身。
- Int32: 后端的进程号（PID）。
- Int32: 此后端的密钥。

8. Bind (F)

- Byte1('B')：标识该信息是一个绑定命令。
- Int32：以字节记的消息内容的长度，包括长度本身。
- String：目标入口的名字（空字符串则选取未命名的入口）。
- String：源预备语句的名字（空字符串则选取未命名的预备语句）。
- Int16：后面跟着的参数格式代码的数目（在下面的 C 中说明）。这个数值可以是零，表示没有参数，或者是参数都使用默认格式（文本）；或者是一，这种情况下声明的格式代码应用于所有参数；或者等于实际数目的参数。
- Int16[C]：参数格式代码。目前每个都必须是零（文本）或者一（二进制）。
- Int16：后面跟着的参数值的数目（可能为零）。这些必须和查询需要的参数个数匹配。

然后，每个参数都会出现下面的字段对：

- Int32：参数值的长度，以字节计（这个长度并不包含长度本身），可以为零。一个特殊的情况是，-1 表示一个 NULL 参数值。在 NULL 的情况下，后面不会跟着数值字节。
- Byten：参数值，格式是关联的格式代码标明的。n 是上面的长度。

在最后一个参数之后，出现下面的字段：

- Int16：后面跟着的结果字段格式代码数目（下面的 R 描述）。这个数目可以是零，表示没有结果字段，或者结果字段都使用默认格式（文本）；或者是一，这种情况下声明格式代码应用于所有结果字段（如果有的话）；或者等于查询的结果字段的实际数目。
- Int16[R]：结果字段格式代码。目前每个必须是零（文本）或者一（二进制）。

9. BindComplete (B)

- Byte1('2')：标识消息为一个绑定结束标识符。
- Int32(4)：以字节记的消息长度，包括长度本身。

10. CancelRequest (F)

- Int32(16)：以字节计的消息长度，包括长度本身。
- Int32(80877102)：取消请求代码。选这个值是为了在高 16 位包含 1234、低 16 位包含 5678。为避免混乱，这个代码必须与协议版本号不同。
- Int32：目标后端的进程号(PID)。
- Int32：目标后端的密钥。

11. Close (F)

- Byte1('C')：标识这条消息是一个 Close 命令。
- Int32：以字节计的消息内容长度，包括长度本身。
- Byte1：'S'关闭一个准备的语句，或者'P'关闭一个入口。
- String：一个要关闭的预备语句或者入口的名字（一个空字符串选择未命名的预备语句或者入口）。

12. CloseComplete (B)

- Byte1('3')：标识消息是一个 Close 完毕指示器。
- Int32(4)：以字节记的消息内容的长度，包括长度本身。

13. CommandComplete (B)

- Byte1('C')：标识此消息是一个命令结束响应。
- Int32：以字节记的消息内容的长度，包括长度本身。
- String：命令标记。它通常是一个单字，标识那个命令完成。
  - ➤ 对于 INSERT 命令，标记是 INSERT oid rows，这里的 rows 是插入的行数。oid 在 rows 为 1 并且目标表有 OID 的时候是插入行的对象 ID；否则 oid 就是 0。
  - ➤ 对于 DELETE 命令，标记是 DELETE rows，这里的 rows 是删除的行数。
  - ➤ 对于 UPDATE 命令，标记是 UPDATE rows，这里的 rows 是更新的行数。
  - ➤ 对于 MOVE 命令，标记是 MOVE rows，这里的 rows 是游标未知改变的行数。
  - ➤ 对于 FETCH 命令，标记是 FETCH rows，这里的 rows 是从游标中检索出来的行数。
  - ➤ 对于 COPY 命令，标记是 COPY rows，这里的 rows 是拷贝的行数。

14. CopyData (F & B)

- Byte1('d')：标识这条消息是一个 COPY 数据。
- Int32：以字节记的消息内容的长度，包括长度本身。
- Byten：COPY 数据流的一部分数据。从后端发出的消息总是对应一个数据行，但是前端发出的消息可以任意分割数据流。

15. CopyDone (F & B)

- Byte1('c')：标识这条信息是一个 COPY 结束指示器。
- Int32(4)：以字节计的消息内容长度，包括长度本身。

16. CopyFail (F)

- Byte1('f')：标识这条消息是一个 COPY 失败指示器。
- Int32：以字节记的消息内容的长度，包括长度本身。
- String：一个报告失败原因的错误信息。

17. CopyInResponse (B)

- Byte1('G')：标识这条消息是一条 StartCopyIn（开始复制进入）响应消息。前端现在必须发送一条复制入数据。如果还没准备好做这些事情，就发送一条 CopyFail 消息。
- Int32：以字节记的消息内容的长度，包括长度本身。
- Int8：0 表示全部的 COPY 格式都是文本的（数据行由换行符分隔,字段由分隔字符分隔等），1 表示都是二进制的（类似 DataRow 格式）。参阅 COPY 获取更多信息。
- Int16：数据中要复制的字段数（由下面的 N 解释）。

- Int16[N]: 每个字段将要用的格式代码，目前每个都必须是零（文本）或者一（二进制）。如果全部复制格式都是文本的，那么所有的都必须是零。

18. CopyOutResponse (B)

- Byte1('H'): 标识这条消息是一条 StartCopyOut（开始复制进出）响应消息。这条消息后面将跟着一条复制出数据消息。
- Int32: 以字节记的消息内容的长度，包括长度自身。
- Int8: 0 表示全部复制格式都是文本（数据行由换行符分隔，字段由分隔字符分隔等）。1 表示所有复制格式都是二进制的（类似于 DataRow 格式）。参阅 COPY 获取更多信息。
- Int16: 要复制的数据的字段数目（由下面的 N 说明）。
- Int16[N]: 每个字段要使用的格式代码。目前每个都必须是零（文本）或者一（二进制）。如果全部的拷贝复制都是文本的，那么所有的都必须是零。

19. DataRow (B)

- Byte1('D'): 标识这个消息是一个数据行。
- Int32: 以字节记的消息内容的长度，包括长度自身。
- Int16: 后面跟着的字段值的个数（可能是零）。

然后，每个字段都会出现下面的数据域对：

- Int32: 字段值的长度，以字节记（这个长度不包括它自己）。可以为零。一个特殊的情况是，-1 表示一个 NULL 字段值。在 NULL 的情况下没有跟着数据字段。
- Byten: 一个字段的数值，以相关的格式代码表示的格式展现。n 是上面的长度。

20. Describe (F)

- Byte1('D'): 标识消息是一个 Describe（描述）命令。
- Int32: 以字节记的消息内容的长度，包括字节本身。
- Byte1: 'S'描述一个预备语句，或者'P'描述一个入口。
- String: 要描述的预备语句或者入口的名字（或者一个空字符串，就会选取未命名的预备语句或者入口）。

21. EmptyQueryResponse (B)

- Byte1('I')：标识这条消息是对一个空查询字符串的响应。这个消息替换了 CommandComplete。
- Int32(4): 以字节记的消息内容长度，包括长度本身。

22. ErrorResponse (B)

- Byte1('E'): 标识消息是一条错误。
- Int32: 以字节记的消息内容的长度，包括长度本身。消息体由一个或多个标识出来的字段组成，后面跟着一个字节零作为终止符。字段可以以任何顺序出现。对于每个字段都有下面的内容：

➢ Byte1: 一个标识字段类型的代码。如果为零，就是消息终止符，并且不会跟有字符串。因为将来可能增加更多的字段类型，所以前端应该不声不响地忽略不认识类型的字段。

➢ String: 字段值。

23. Execute (F)

- Byte1('E'): 标识消息是一个 Execute 命令。
- Int32: 以字节记的消息内容的长度，包括长度自身。
- String: 要执行的入口的名字（空字符串选定未命名的入口）。
- Int32: 要返回的最大行数，如果入口包含返回行的查询（否则忽略）。零标识"没有限制"。

24. Flush (F)

- Byte1('H'): 标识消息是一条 Flush 命令。
- Int32(4): 以字节记的消息内容的长度，包括长度本身。

25. FunctionCall (F)

- Byte1('F'): 标识消息是一个函数调用。
- Int32: 以字节记的消息内容的长度，包括长度本身。
- Int32: 声明待调用的函数的对象标识（OID）。
- Int16: 后面跟着的参数格式代码的数目（用下面的 C 表示）。它可以是零，表示没有参数，或者是所有参数都使用默认格式（文本）；或者是一，这种情况下声明的格式代码应用于所有参数；或者等于参数的实际个数。
- Int16[C]: 参数格式代码。目前每个必须是零（文本）或者一（二进制）。
- Int16: 声明提供给函数的参数个数。

然后，每个参数都出现下面的字段对：

- Int32: 以字节记的参数值的长度（不包括长度本身）。可以为零。一个特殊的例子是，-1 表示一个 NULL 参数值。如果是 NULL，就没有参数字节跟在后面。
- Byten: 参数的值，格式是用相关的格式代码表示的。n 是上面的长度。

在最后一个参数之后，出现下面的字段：

- Int16: 函数结果的格式代码。目前必须是零（文本）或者一（二进制）。

26. FunctionCallResponse (B)

- Byte1('V'): 标识这条消息是一个函数调用结果。
- Int32: 以字节计的消息内容长度，包括长度本身。
- Int32: 以字节计的函数结果值的长度（不包括长度本身），可以为零。一个特殊的情况是，-1 表示 NULL 函数结果。如果是 NULL，那么后面没有数值字节跟随。
- Byten: 函数结果的值，格式是用相关联的格式代码标识的。n 是上面的长度。

27. NoData (B)

- Byte1('n')：标识这条消息是一个无数据指示器。
- Int32(4)：以字节计的消息内容长度，包括长度本身。

28. NoticeResponse (B)

- Byte1('N')：标识这条消息是一个通知。
- Int32：以字节计的消息内容长度，包括长度本身。

消息体由一个或多个标识字段组成，后面跟着字节零作为中止符。字段可以以任何顺序出现。对于每个字段，都有下面的内容：

- Byte1：一个标识字段类型的代码。如果为零，就是消息终止符，并且后面不会跟着字符串。因为将来可能会增加更多字段类型，所以前端应该将不识别的字段安静地忽略掉。
- String：字段值。

29. NotificationResponse (B)

- Byte1('A')：标识这条消息是一个通知响应。
- Int32：以字节计的消息内容长度，包括长度本身。
- Int32：通知后端进程的进程 ID。
- String：触发通知的条件的名字。
- String：从通知进程传递过来的额外的信息。目前，这个特性还未实现，因此这个字段总是一个空字符串。

30. ParameterDescription (B)

- Byte1('t')：标识消息是一个参数描述。
- Int32：以字节计的消息内容长度，包括长度本身。
- Int16：语句所使用的参数的个数（可以为零）。

然后，对每个参数有下面的内容：

Int32：声明参数数据类型的对象 ID。

31. ParameterStatus (B)

- Byte1('S')：标识这条消息是一个运行时参数状态报告。
- Int32：以字节计的消息内容长度，包括长度本身。
- String：被报告的运行时参数的名字。
- String：参数的当前值。

32. Parse (F)

- Byte1('P')：标识消息是一条 Parse 命令。
- Int32：以字节计的消息内容长度，包括长度本身。

- String: 目的预备语句的名字（空字符串表示选取了未命名的预备语句）。
- String: 要分析的查询字符串。
- Int16: 声明的参数数据类型的数目（可以为零）。注意，这个参数并不意味着可能在查询字符串里出现的参数个数，只是前端希望预先声明的类型的数目。

然后，对每个参数有下面的内容：

Int32: 声明参数数据类型的对象 ID。在这里放一个零，等效于不声明该类型。

33. ParseComplete (B)

- Byte1('1'): 标识这条消息是一个 Parse 完成指示器。
- Int32(4): 以字节计的消息内容长度，包括长度本身。

34. PasswordMessage (F)

- Byte1('p'): 标识这条消息是一个口令响应。
- Int32: 以字节计的消息内容长度，包括长度本身。
- String: 口令（如果要求了，就是加密后的）。

35. PortalSuspended (B)

- Byte1('s'): 标识这条消息是一个入口挂起指示器。注意，这个消息只出现在达到一条 Execute 消息的行计数限制的时候。
- Int32(4): 以字节计的消息内容长度，包括长度本身。

36. Query (F)

- Byte1('Q'): 标识消息是一个简单查询。
- Int32: 以字节计的消息内容长度，包括长度本身。
- String: 查询字符串自身。

37. ReadyForQuery (B)

- Byte1('Z'): 标识消息类型。在后端为新的查询循环准备好的时候总会发送 ReadyForQuery。
- Int32(5): 以字节计的消息内容长度，包括长度本身。
- Byte1: 当前后端事务状态指示器。可能的值是空闲状况下的'I'（不在事务块里）、在事务块里的'T'或者在一个失败的事务块里的'E'（在事务块结束之前，任何查询都将被拒绝）。

38. RowDescription (B)

- Byte1('T'): 标识消息是一个行描述。
- Int32: 以字节计的消息内容长度，包括长度本身。
- Int16: 声明在一个行里面的字段数目（可以为零）。

对于每个字段，有下面的内容：

- String: 字段名字。

- Int32: 如果字段可以标识为一个特定表的字段，就是表的对象 ID; 否则是零。
- Int16: 如果该字段可以标识为一个特定表的字段，就是该表字段的属性号; 否则是零。
- Int32: 字段数据类型的对象 ID。
- Int16: 数据类型尺寸（参阅 pg_type.typlen）。注意，负数表示变宽类型。
- Int32: 类型修饰词（参阅 pg_attribute.atttypmod）。修饰词的含义是类型相关的。
- Int16: 用于该字段的格式码。目前会是零（文本）或者一（二进制）。从语句变种 Describe 返回的 RowDescription 里，格式码还是未知的，因此总是零。

39. SSLRequest (F)

- Int32(8): 以字节计的消息内容长度，包括长度本身。
- Int32(80877103): SSL 请求码。选取的数值在高 16 位里包含 1234 ，在低 16 位里包含 5679 。为了避免混淆，这个编码必须和任何协议版本号不同。

40. StartupMessage (F)

- Int32: 以字节计的消息内容长度，包括长度本身。
- Int32(196608): 协议版本号。高 16 位是主版本号（对这里描述的协议而言是 3），低 16 位是次版本号（对于这里描述的协议而言是 0）。

  协议版本号后面跟着一个或多个参数名和值字符串的配对。要求在最后一个名字/数值对后面有一个字节零。参数可以以任意顺序出现。user 是必需的，其他都是可选的。每个参数都是这样声明的：String 参数名。目前可以识别的名字有以下几种。

  - ➢ User: 用于连接的数据库用户名，必需项，不能省略。
  - ➢ Database: 要连接的数据库，默认是用户名。
  - ➢ Options: 给后端的命令行参数。这个特性已经废弃，更好的方法是设置单独的运行时参数。

  除了上面列举的，在后端启动的时候可以设置的任何运行时参数都可以列出来。这样的设置将在后端启动的时候附加（如果有就在分析了命令行参数之后）。这些值将成为会话默认值。

- String: 参数值。

41. Sync (F)

- Byte1('S'): 表示消息为一条 Sync 命令。
- Int32(4): 以字节计的消息内容长度，包括长度本身。

42. Terminate (F)

- Byte1('X'): 标识消息是一个终止消息。
- Int32(4): 以字节计的消息内容长度，包括长度本身。

18.3.5　错误和通知消息字段

下面介绍可能出现在 ErrorResponse 和 NoticeResponse 消息里的字段。每个字段类型都有一个单字节标识记号。注意，任意给定的字段类型在每条信息里都应该最多出现一次。常见错误和通知消息字段如下：

- S: 表示严重性。该字段的内容是 ERROR、FATAL、PANIC、WARNING、NOTICE、DEBUG、INFO、LOG 之一，或者是某种本地化翻译的字符串。总是出现。
- C: 表示代码。错误的 SQLSTATE 代码，不能本地化。总是出现。
- M: 表示消息。人们可读的错误信息主体。这些信息应该准确并且简洁，通常是一行。总是出现。
- D: 表示细节。一个可选的从属错误信息。可以是多行。
- H: 表示提示。一个可选的有关如何处理问题的建议。可以是多行。
- P: 表示位置。这个字段值是一个十进制 ASCII 整数，表示一个错误游标的位置，它是一个指向原始查询字符串的索引。第一个字符的索引是 1，位置是以字符计算而非字节计算的。
- p: 表示内部位置。这个域和 P 域定义相同，但是它用于游标的位置指向一个内部生成的命令，而不是用于客户端提交的命令。这个字段出现的时候，总是会出现 Q 字段。
- Q: 表示内部查询。失效的内部生成的命令的文本。
- W: 表示哪里。一个指示错误发生的环境的指示器。
- F: 表示文件。报告错误在源代码中的位置。
- L: 表示行。报告错误所在源代码的位置行号。
- R: 表示过程。报告错误的过程在源代码中的名字。

18.4　PostgreSQL 的编码约定

PostgreSQL 具有编码约定，下面从格式、报告服务器里的错误以及错误消息风格三方面介绍 PostgreSQL 的编码约定。

18.4.1　格式

代码格式使用每个制表符 4 列的空白，也就是说制表符不被展开为空白。每个逻辑缩进层次都是更多的一个制表符，布局规则遵循 BSD 传统。

src/tools 目录包含了适用于 Emacs 的示范配置文件，xemacs 或 vim 用户也必须确保其格式代码符合上述规范。文本浏览工具 more 和 less 可以用下面的命令调用：

```
more -x4
less -x4
```

这样就可以让 PostgreSQL 正确显示制表符。

18.4.2 报告服务器里的错误

在服务器代码里生成的错误、警告以及日志信息都应该用 ereport 来创建。每条消息都有两个必需的要素：一个严重级别（范围从 DEBUG 到 PANIC）和一个主要消息文本。除此之外还有可选的元素，最常见的就是一个遵循 SQL 标准的 SQLSTATE 习惯的错误标识码。

ereport 本身只是一个壳函数，它的存在主要是为了便于让消息生成看起来像 C 代码里的函数调用。ereport 直接接受的唯一参数是严重级别。主消息文本和任何附加消息元素都是通过在 ereport 调用里调用辅助函数生成的。

典型的调用 ereport 的方式看起来可能像下面这样：

```
ereport(ERROR,
        (errcode(ERRCODE_DIVISION_BY_ZERO),
         errmsg("division by zero")));
```

这样就声明了严重级别 ERROR。

下面是一个更复杂的例子：

```
ereport(ERROR,
        (errcode(ERRCODE_AMBIGUOUS_FUNCTION),
         errmsg("function %s is not unique",
                func_signature_string(funcname, nargs,
                                      actual_arg_types)),
         errhint("Unable to choose a best candidate function. "
                 "You may need to add explicit typecasts.")));
```

这个例子演示了使用格式化代码把运行时数值嵌入一个消息文本的用法。同样，还提供了一个可选的"暗示"信息。

ereport 可用的附属过程有以下几个。

（1）errcode(sqlerrcode)为该条件声明 SQLSTATE 错误标识符代码。如果没有调用这个过程，并且错误严重级别是 ERROR 或更高，那么错误标识符默认是 ERRCODE_INTERNAL_ERROR，如果错误严重级别是 WARNING 就为 ERRCODE_WARNING，否则为 ERRCODE_SUCCESSFUL_COMPLETION。

（2）errmsg(const char *msg, ...) 声明主错误消息文本，以及可能的插入其中的运行时数值。插入时使用 sprintf 风格的格式代码。除了 sprintf 接受的标准格式代码，还接受%m（用于插入 strerror 为当前 errno 值返回的错误信息）。

（3）errmsg_internal(const char *msg, ...)和 errmsg 一样，只是消息字符串将不会包含在国际化消息字典里。这个函数应该用于"不可能发生"的情况，也就是不值得展开进行翻译的场合。

（4）errdetail(const char *msg, ...) 提供一个可选的"详细"信息，在存在额外的信息并且很适合放在主消息里面的时候使用这个函数。消息字符串处理的方法和 errmsg 完全一样。

（5）errhint(const char *msg, ...) 提供一个可选的"暗示"消息。这个函数用于提供如何修补问题的建议，而不是提供错误的事实。消息字符串处理的方式和 errmsg 一样。

（6）errcontext(const char *msg, ...) 通常不会直接从 ereport 消息点里直接调用，而是用在 error_context_stack 回调函数里提供有关错误发生的环境的信息。

（7）errposition(int cursorpos) 声明一个错误在查询字符串里的文本位置。目前它只是对在汇报查询处理过程中的词法和语法分析阶段检测到的错误有用。

（8）errcode_for_file_access()是一个便利函数，可以为一个文件访问类的系统调用选择一个合适的 SQLSTATE 错误标识符。它利用保存下来的 errno 判断生成哪个错误代码。通常它应该和主消息文本里的%m 结合使用。

（9）errcode_for_socket_access()是一个便利函数，可以为一个套接字相关的系统调用选择一个合适的 SQLSTATE 错误标识符。

18.4.3　错误消息风格指南

这份风格指南的目的是希望能把所有 PostgreSQL 生成的消息维护一个一致的、用户友好的风格。

1. 主信息简短

主信息应该简短，基于事实，并且避免引用类似特定函数名等实现细节。"简短"意味着在正常情况下应该能放在一行里。如果必要，就使用一个详细信息以保持主信息的简短。使用一个提示消息给出一个修补问题的提示，特别是在提出的建议可能并不总是有效的情况下。

比如，可以不这么写：

```
IpcMemoryCreate: shmget(key=%d, size=%u, 0%o) failed: %m
(plus a long addendum that is basically a hint)
```

而是写为：

```
Primary:    could not create shared memory segment: %m
Detail:     Failed syscall was shmget(key=%d, size=%u, 0%o).
Hint:       the addendum
```

基本原理：保持主消息的简短可以使内容有效，并且让客户端的屏幕空间布局可以做出给错误信息保留一行就足够的假设。详细信息和提示信息可以转移到一个冗余模式里，或者是一个弹出的错误细节的窗口。同样，详细信息和提示信息通常都会在服务器日志里消除，以节约空间。对实现细节的引用最好避免，因为毕竟用户不知道细节。

2. 格式

不要在消息文本里放任何有关格式化的特定假设。在长信息里，新行字符可以用于分段建议，不要用新行结束一条消息，不要使用 tab 或者其他格式化字符。

基本原理：信息不一定非得在终端类型的显示器上显示。在 GUI 显示或者在浏览器里，这些格式指示器最好被忽略。

3. 双引号

在需要的时候，英文文本应该使用双引号引起来。其他语言的文本应该一致地使用一种引号，这种用法应该和出版习惯以及其他程序的计算输出一致。

基本原理：选择双引号而不是单引号从某种角度来说是随机选择，但是应该是最优的选择。

4. 使用引号

总是用引号分隔文件名、用户提供的标识符以及其他可能包含字的变量。不要用引号包含那些不会包含字的变量。

基本原理：对象的名字嵌入到信息里面之后可能会造成歧义。在一个插入的名字的起始和终止位置保持一致，不要在信息里混杂大量不必要的或者重复的引号。

5. 语法和标点

主错误信息、详细和提示信息的规则不同：

- 主错误信息：首字母不要大写。不要用句号结束信息，绝对不要用叹号结束一条信息。
- 详细和提示信息：使用完整的句子，并且用句号终止每个语句，句子首字母要大写。

基本原理：避免标点让客户端应用比较容易地把信息嵌入到各种语言环境中。主消息经常不是完整的句子，如果信息长得超过一个句子，就应该把将其分裂成主信息和详细信息部分。不过，如果细节和提示信息长得多，并且可能需要包含在多个句子中，那么为了保持一致，这些句子应该遵循完整句子的风格，即使只有一个句子。

6. 大写字符与小写字符比较

消息用语使用小写字符，包括主错误信息的首字母。如果消息中出现 SQL 命令和关键字，就用大写。

基本原理：这样很容易让所有内容看起来都一样，因为有些消息是完整的句子，有些不是。

7. 避免被动语气

使用主动语气。如果有主语，就使用完整的句子（"A 不能做 B"）。如果主语是程序自己，就使用电报风格的语言，不要用"我"作为程序的主语。

基本原理：程序不是人，不要把它当成别的东西。

8. 现代时与过去时的比较

如果这次尝试某事失败，下次尝试的时候可能会成功，就使用过去时。如果错误肯定是永久的，就用现代时。下面给出两个形式的句子：

```
could not open file "%s": %m
cannot open file "%s"
```

第一个句子的意思是打开某个文件的企图失败。这个信息应该给出一个原因，比如说"磁盘满"或者"文件不存在"之类的。过去时的语气应该是合适的，因为下次磁盘可能不再是满的，或者有问题的文件存在了。

第二种形式表示打开指定文件的功能根本就不在程序里存在，或者这么做在概念上是错误的。现代时语气是合适的，因为无条件存在。

基本原理：当然，普通用户将不会仅仅从信息的时态上得出大量的结论，但是既然语言提供了语法，就应该正确使用。

9. 对象类型

在引用一个对象的名字时，说明它是什么类型的对象。

基本原理：如果不告诉对象类型，那么语句将不知道是什么。

10. 方括弧

方括弧只用在命令语法里表示可选的参数，或者表示一个数组下标。

基本原理：任何其他的东西都不能对应这两种众所周知的习惯用法。

11. 组装错误信息

如果一个信息包含其他地方生成的文本，可用下面的风格包含：

```
could not open file %s: %m
```

基本原理：很难估计所有可能放在这里的错误代码并将其放在一个平滑的句子里，所以需要某种方式的标点。

12. 错误的原因

消息应该总是说明为什么发生错误。比如：

```
BAD:    could not open file %s
BETTER: could not open file %s (I/O failure)
```

如果不知道原因，那么最好修补代码。

13. 函数名

（1）不要在错误信息里包含报告过程的名字。需要的时候，用户可利用其他机制找出这个函数，并且，对于大多数用户，这个信息没有什么用。如果错误信息在缺少函数名的情况下没有什么意义，就重新措辞。

```
BAD:    pg_atoi: error in "z": can't parse "z"
BETTER: invalid input syntax for integer: "z"
```

（2）避免提及被调用的函数名字，应该说代码视图做什么：

```
BAD:    open() failed: %m
BETTER: could not open file %s: %m
```

如果确实必要，在详细信息里提出系统调用。在某些场合下，提供给系统调用的具体数值适合放在详细信息里。

基本原理：用户不知道这些函数都干些啥。

14. 尽量避免的字眼

（1）Unable/不能："Unable/不能"几乎是被动语气。最好使用"cannot/无法"或者"could not"。

（2）Bad/坏的：类似"bad result/坏结果"这样的信息真的是很难聪明地解释。最好写出为什么结果是"bad/坏的"，比如"invalid format/无效格式"。

（3）Illegal/非法："Illegal/非法"表示违反了法律，其他的就是"invalid/无效"，但是最好还是说非法。

（4）Unknown/未知：应该避免使用"unknown/未知"。

（5）Find/找到 vs.Exists/存在：如果程序使用一个相当复杂的算法来定位一个资源，并且算法失败了，那么说程序无法"找到"该资源是合理的。如果语气的资源位置是已知的，但是程序无法在那里访问它，就说这个资源不"存在"。在这种情况下，使用"找到"的话语气比较弱，并且会混淆事实。

15. 正确地拼写

使用单词的全拼，避免对单词进行缩写，如 spec、stats、parens、auth、xact 等。

基本原理：这样将改善一致性。

16. 本地化

错误信息文本是需要翻译成其他语言的，因此语句应该本地化。

18.5 基因查询优化器

在 PostgreSQL 中，查询优化器的作用是处理关系查询，也就是连接。本节就来介绍有关基因查询优化器的内容。

18.5.1 作为复杂优化问题的查询处理

在所有关系型操作符里，最难处理和优化的就是连接。一个查询需要回答的可选规划的数目将随着该查询包含的连接的个数呈指数增长。在访问关系分支时的进一步优化措施是由多种多样的连接方法（例如嵌套循环、索引扫描、融合连接等）来支持处理独立的连接和多种多样的搜索（如 B-tree、hash、GiST 和 GIN 等）。

目前 PostgreSQL 优化器的实现在候选策略空间里执行近似穷举搜索。这个算法最早是在 IBM System R database 数据库中引入的，它生成一个近乎最优的连接顺序，但是如果查询中的连接增长得很大，就可能会消耗大量的时间和内存空间。这样就使普通的 PostgreSQL 查询优化器不适合那种连接了大量表的查询。

下面介绍一种基因算法，这个算法用一种涉及大量连接的查询解决连接顺序问题。

18.5.2 基因算法

基因算法（GA）是一种启发式的优化法，通过不确定的随机搜索进行操作。优化问题的可能解的集合被认为是个体组成的种群。一个个体对环境的适应程度由它的适应性表示。

一个个体在搜索空间里的参照物用染色体表示。该染色体实际上是一套字符串。一个基因是染色体的一个片段，是被优化的单个参数的编码。对一个基因的典型编码可以是二进制或整数。

通过仿真进化过程的重组、变异、选择找到新一代的搜索点，它们的平均适应性要比它们的根好。GA 使用随机处理，但是结果明显不是随机的（比随机更好）。如下面所示的是基因算法的结构化框图。其中，P(t)为时刻 t 的父代，P''(t)为时刻 t 的子代。

```
+=========================================+
|>>>>>>>>>>>  Algorithm GA  <<<<<<<<<<<<<|
+=========================================+
| INITIALIZE t := 0                       |
+=========================================+
| INITIALIZE P(t)                         |
+=========================================+
| evaluate FITNESS of P(t)                |
+=========================================+
| while not STOPPING CRITERION do         |
|   +-----------------------------------+ |
|   | P'(t)  := RECOMBINATION{P(t)}     | |
|   +-----------------------------------+ |
|   | P''(t) := MUTATION{P'(t)}         | |
|   +-----------------------------------+ |
|   | P(t+1) := SELECTION{P''(t) + P(t)}| |
|   +-----------------------------------+ |
|   | evaluate FITNESS of P''(t)        | |
|   +-----------------------------------+ |
|   | t := t + 1
```

18.5.3　PostgreSQL 里的基因查询优化

GEQO（基因查询优化）模块是试图解决类似漫游推销员问题（TSP）的查询优化问题的。可能的查询规划被当作整数字符串进行编码。每个字符串代表查询里面一个关系到下一个关系的连接顺序。例如，下面的连接树就是用整数字符串'4-1-3-2'编码的。这就是说，首先连接关系'4'和'1'，然后是'3'，最后是'2'。这里的 1、2、3、4 都是 PostgreSQL 优化器里的关系标识（ID）。

```
  /\
 /\ 2
/\ 3
4 1
```

GEQO 模块的一部分采用的是 D.Whitley 的 Genitor 算法。在 PostgreSQL 里，GEQO 实现的一些特性如下：

- 使用稳定状态的 GA（替换全体中最小适应性的个体，而不是整代的替换）允许向改进了的查询规划快速逼近。这一点对在合理时间内处理查询是非常重要的。

- 边缘重组交叉的使用特别适于在用 GA 解决 TSP 问题时保持边缘损失最低。
- 否决了把突变作为基因操作符的做法，这样生成合法的 TSP 漫游时不需要修复机制。

GEQO 模块让 PostgreSQL 查询优化器可以通过非穷举搜索有效地支持大的连接查询。

还需要一些工作来改进基因算法的参数设置。在文件 src/backend/optimizer/geqo/geqo_main.c 里的过程 gimme_pool_size 和 gimme_number_generations 在设置参数时不得不为两个竞争需求做出折中：

- 查询规划的优化。
- 计算处理时间。

在最基本的层面上，并不清楚用给 TSP 涉及的 GA 算法解决查询优化的问题是否合适。在 TSP 的情况下，与任何子字符串（部分旅游）相关的开销都是独立于旅游的其他部分的。但是目前，这一点对于查询优化是不同的。因此，可以怀疑边缘重组交叉是否是最有效的突变过程。

18.6　索引访问方法接口定义

在 PostgreSQL 的系统中对索引访问方法的接口进行相关的定义。本节将讲述这方面的知识。

18.6.1　索引的系统表记录

每个索引访问方法都在系统表 pg_am 里面用一行来描述。一个 pg_am 行的主要内容是引用 pg_proc 里面的记录，用来标识索引访问方法提供的索引访问函数。这些函数的接口（API）在本章后面描述。另外，pg_am 的数据行声明了几个索引访问方法的固定属性。比如，它是否支持多字段索引。目前还没有创建、删除 pg_am 记录的特殊支持，任何想写这么一个新的访问方法的人都需要能够自己向这个表里面插入合适的新行。

要想有真正用处，一个索引访问方法还必须有一个或多个操作符类，定义在 pg_opclass、pg_amop、pg_amproc 里面。这些记录允许规划器判断哪些查询的条件可以适用于用这个索引访问方法创建的索引。

一个独立的索引是由一行 pg_class 记录以物理关系的方式描述的，加上一个 pg_index 行，表示该索引的逻辑内容。也就是说，它所拥有的索引字段集以及被相关的操作符类捕获的这些字段的语义。索引字段（键值）可以是下层表的字段，也可以是该表的数据结构上的表达式。索引访问方法通常不关心索引的键值来自哪里（它总是操作预处理完毕的键值），但是它会对 pg_index 里面的操作符类信息感兴趣。所有这些表记录都可以当作 Relation 数据结构的一部分访问，这个数据结构会在对该索引的所有操作都传递到对应的函数中。

pg_am 中有些标志字段的含义并不是那么直观。amcanmulticol 标志断言该索引访问方法支持多字段索引，amoptionalkey 断言它允许对那种在第一个索引字段上没有给出可索引限制子句的扫描。如果 amcanmulticol 为假，那么 amoptionalkey 实际上说的是该访问方法是否允许不带限制子句的全索引扫描。那些支持多字段索引的访问方法必须支持省略了除第一个字段以外的其他字段的约束扫描。不过，系统允许这些访问方法要求在第一个字段上出现一些限制，可通过把 amoptionalkey 设置为假来实现。amindexnulls 断言该索引记录是为 NULL 键值创建的。因为大多数可以索引的操作符都是严格的，不能对 NULL 输入返回 TRUE，所以会觉得不为 NULL 存储索引记录的想法很吸引人：因为它们不可能被一个索引扫描返回。不过，这个想法在一个给出索引字段上没有限制子句的索引扫描的情况下就不行了。这样的扫描应该包括 NULL 行。实际上，这意味着设置了amoptionalkey 为真的索引必须索引 NULL，因为规划器可能会决定在根本没有扫描键字的时候使用这样的索引。这样的索引必须可以在完全没有扫描键字的情况下运行。另外一个限制是一个支持多字段索引的索引访问方法必须支持第一个字段后面的字段 NULL 索引，因为规划器会认为这个索引可以用于那些没有限制这些字段的查询。比如，假设有个索引在(a,b)上，而一个查询的条件是WHERE a = 4 。系统就会认为这个索引可以用于扫描 a = 4 的数据行，如果索引忽略了 b 为空的数据行，就是错误的。不过，如果第一个索引字段值是空，那么忽略它是可以的。因此，只是在索引访问方法索引了所有行，包括任意 NULL 的组合，之后 amindexnulls 才可以设置为真值。

18.6.2　索引访问方法函数

索引访问方法必须提供的索引构造和维护函数有：

```
IndexBuildResult *
ambuild (Relation heapRelation,
        Relation indexRelation,
        IndexInfo *indexInfo);
```

创建一个新索引。索引关系已经在物理上创建好了，但是是空的。必须用索引访问方法要求的固定数据填充它，以及所有已经在表里的行。通常，ambuild 函数会调用 IndexBuildHeapScan() 扫描该表，以获取现有行并计算需要插入索引的键字。

```
bool
aminsert (Relation indexRelation,
        Datum *values,
        bool *isnull,
        ItemPointer heap_tid,
        Relation heapRelation,
        bool check_uniqueness);
```

向现有索引插入一个新行。values 和 isnull 数组给出需要制作索引的键字值，而 heap_tid 是要被索引的 TID。如果该访问方法支持唯一索引（它的 pg_am.amcanunique 标志是真），那么check_uniqueness 可以是真。在这种情况下，该索引访问方法必须校验表中不存在冲突的行。通常这是该索引访问方法会需要 heapRelation 参数的唯一情况。如果插入了索引记录，就返回 TRUE，否则返回 FALSE 。FALSE 结果并不表明发生了错误，只是用于类似一种索引访问方法（AM）拒绝给 NULL 建立索引或者类似的场合。

```
IndexBulkDeleteResult *
ambulkdelete (IndexVacuumInfo *info,
            IndexBulkDeleteResult *stats,
            IndexBulkDeleteCallback callback,
```

```
            void *callback_state);
```

从索引中删除行。这是一个大批删除的操作，通常都是通过扫描整个索引、检查每条记录、看看它是否需要被删除来实现的。可以调用传递进来的 callback 函数，调用风格是 callback(TID, callback_state) returns bool。其作用是判断某个用其引用的 TID 标识的索引条目是否需要删除。必须返回 NULL 或者是一个 palloc 出来的包含删除操作效果的统计结构。如果不需要向 amvacuumcleanup 传递信息，那么返回 NULL 也是正确的。

由于 maintenance_work_mem 的限制，在删除多行的时候，ambulkdelete 可能需要被调用多次，stats 参数是先前在这个索引上的调用结果（在一个 VACUUM 操作内部第一次调用的话则是 NULL）。这将允许 AM 在整个操作过程中积累统计信息。典型的，如果传递的 stats 不是 NULL，ambulkdelete 就将会修改并返回相同的结构。

```
IndexBulkDeleteResult *
amvacuumcleanup (IndexVacuumInfo *info,
             IndexBulkDeleteResult *stats);
```

在一个 VACUUM 操作（一个或多个 ambulkdelete 调用）之后清理。虽然不必做任何返回索引状态之外的事情，但是通常用于批量清理，比如说回收空的索引页面。stats 是最后的 ambulkdelete 调用返回的内容或者 NULL（如果因为没有行需要删除而未调用 ambulkdelete）。如果结果不是 NULL，那么它必须是一个 palloc 出来的结构。它包含的统计信息将用于更新 pg_class 并且由 VACUUM 报告（如果给出了 VERBOSE）。如果索引在 VACUUM 操作的过程中根本没有改变，那么返回 NULL 也是正确的，否则必须返回当前状态。

```
void
amcostestimate (PlannerInfo *root,
             IndexOptInfo *index,
             List *indexQuals,
             RelOptInfo *outer_rel,
             Cost *indexStartupCost,
             Cost *indexTotalCost,
             Selectivity *indexSelectivity,
             double *indexCorrelation);
```

估算一个索引扫描的开销。该函数如下：

```
bytea *
amoptions (ArrayType *reloptions,
         bool validate);
```

为一个索引分析和验证 reloptions 数组，仅当一个索引存在非空时，reloptions 数组才会被调用。reloptions 是一个 text 数组，包含 name=value 格式的项。该函数应当创建一个 bytea 值，该值将被复制到索引的 relcache 项的 rd_options 字段。bytea 值的数据内容可以由访问方法定义，不过目前所有的标准访问方法都使用 StdRdOptions 结构。当 validate 为真时，如果任何一个选项不可识别或者含有非法值，该函数都应当报告一个适当的错误信息；当 validate 为假时，非法项应该被悄悄地忽略。当载入已经存储在 pg_catalog 中的选项时，validate 为假，仅在访问方法已经改变了选项规则的时候才可能找到非法项，在此情况下可以忽略废弃的项。如果默认行为正是想要的，那么返回 NULL 也是正确的 。

索引的目的当然是支持那些包含一个可以索引的 WHERE 条件的行的扫描，这个条件通常为修饰词或扫描键字。一个索引访问方法必须提供的与扫描有关的函数有：

```
IndexScanDesc
ambeginscan (Relation indexRelation,
            int nkeys,
            ScanKey key);
```

开始一个新的扫描。key 数组（长度是 nkeys）为该索引扫描描述索引键字（可能是多个）。结果必须是一个 palloc 出来的结构。由于实现的原因，索引访问方法必须通过调用 RelationGetIndexScan() 来创建这个结构。在大多数情况下，ambeginscan 本身除了调用上面这个函数之外几乎不干别的事情。索引扫描启动时的有趣部分在 amrescan 里。

```
boolean
amgettuple (IndexScanDesc scan,
            ScanDirection direction);
```

在给出的扫描里抓取下一行，向给出的方向移动（在索引里向前或者向后）。如果抓取到了行，就返回 TRUE；如果没有抓到匹配的行，就返回 FALSE。在为 TRUE 的时候，该行的 TID 存储在 scan 结构里。注意，"成功"只是意味着索引包含一个匹配扫描键字的条目，并不是说该行仍然在堆中存在，或者是能够通过调用着的快照检查（MVCC 快照，用于判断事务边界内的行可视性）。

```
boolean
amgetmulti (IndexScanDesc scan,
            ItemPointer tids,
            int32 max_tids,
            int32 *returned_tids);
```

在给出的扫描里抓取多行。如果扫描需要继续，就返回 TRUE；如果没有剩下的匹配行，就返回 FALSE。tids 指向一个调用着提供 max_tids 条 ItemPointerData 记录的数组，用于填充匹配行的 TID。*returned_tids 设置为实际返回的 TID 的数目。这个数目可以小于 max_tids 或者甚至是零，即使返回值是 TRUE，也是如此。这样的设计允许访问方法可以选择对其扫描的最高效的停止点，比如在索引页的边界上。amgetmulti 和 amgettuple 不能在同义词索引扫描中使用，在使用 amgetmulti 的时候还有其他限制。

```
void
amrescan (IndexScanDesc scan,
          ScanKey key);
```

重启开始给出的扫描，可能使用的是一个新的扫描键字（要想继续使用原来的键字，给 key

传递一个 NULL）。注意，不可能改变键字的个数。实际上这个重新开始的特性是在一个嵌套循环连接选取了一个新的外层行，因此需要一个新的键字比较值，但是要在扫描键字的结构仍然相同的时候使用。这个函数也被 RelationGetIndexScan() 调用，因此这个函数既用于索引扫描的初始化设置，也用于重复扫描。

```
void
amendscan (IndexScanDesc scan);
```

结束扫描并释放资源。不应该释放 scan 本身，但访问方法内部使用的任何锁或者销都应该释放。

```
void
ammarkpos (IndexScanDesc scan);
```

标记当前扫描位置。访问方法只需要支持每次扫描里面有一个被记住的扫描位置。

```
void
amrestrpos (IndexScanDesc scan);
```

把扫描恢复到最近标记的位置。

通常，任何索引访问方法函数的 pg_proc 记录都应该显示正确数目的参数，只是把类型都声明为 internal（因为大多数参数的类型都是 SQL 不识别的类型，并且不希望用户直接调用该函数）。返回类型根据具体情况声明为 void、internal 或 boolean。唯一的例外是 amoptions，它应当被声明为接受 text[]和 bool 并返回 bytea。这个规定允许客户端代码执行 amoptions 来测试选项设置的有效性。

18.6.3 索引扫描

在一个索引扫描里，索引访问方法负责把拿到的那些匹配扫描键字的所有行的 TID 回流。访问方法不会卷入从索引的父表中实际抓取行的动作中，也不会判断它们是否通过了扫描的时间条件测试或者是其他条件。

一个扫描键字是形如 index_key operator constant 的 WHERE 子句的内部表现形式，这里的索引键字是索引中的一个字段，而操作符是和该索引字段相关联的操作符类的一个成员。一个索引扫描拥有零个或者多个扫描键字，隐含着 AND 的关系——返回的行被认为是满足所有列出的条件的行。

操作符类可能会指出该索引对于某些特定的操作符是有损耗的。这就暗示着该索引扫描会返回所有通过扫描键字的条目，加上一些可能没通过扫描键字的条目。核心系统的索引扫描机制就会再次在堆行上使用该操作符，以校验这些条目是否真正应该选取。对于无损耗的操作符，索引扫描必须返回全部匹配的条目，不需要重复校验。

注意，确保找到所有条目以及确保所有条目都通过给出的扫描键字的条件完全是访问方法的责任。还有，核心系统将只是简单地把所有匹配扫描键字和操作符类的 WHERE 子句传递过来，而不会做任何语义分析，以判断它们是否冗余或者相互矛盾。举例来说，给出 WHERE x > 4 AND x > 14，其中 x 是一个 b-tree 索引字段，那么把第一个扫描键字识别成冗余的和可抛弃的工作是 b-tree amrescan 函数的事。amrescan 过程中所需要的预处理的范围将由索引访问方法把扫描键字缩减为一个 "正常" 形式的具体需要而定。

amgettuple 函数有一个 direction 参数，它可以是 ForwardScanDirection（正常情况）或者 BackwardScanDirection。如果 amrescan 之后的第一次调用声明 BackwardScanDirection，那么匹配条件的索引记录集是从后向前扫描的，而不是通常的从前向后扫描，因此 amgettuple 必须返回索引中最后的匹配行，而不是通常情况下的第一条。这些事情只会是在那些设置了 pg_am.amorderstrategy 非零的、号称支持排序扫描的访问方法上发生。在第一次调用之后，amgettuple 必须准备从最近返回的条目的位置开始，在两个方向上进行扫描步进。

访问方法必须支持在扫描里标记一个位置并且在后面的操作中返回到标记的位置。同样的位置可能会被回复好几次。不过，每次扫描只需要记住一个位置，新的 ammarkpos 调用覆盖前面标记的位置。

扫描位置和标记位置（如果存在）都必须在面对索引中存在并发插入和删除的时候保持一致性。如果一条并发新插入的记录并未被一次扫描返回（如果扫描开始的时候该记录存在，就会被返回），或者说通过重新扫描或者回头扫描返回这样的记录，即使它第一次跑的时候没有返回这样的行，对于系统来说也都是可以接受的。类似的，一个并发的删除既可以反映也可以不反映一个扫描的结果。重要的是，插入或者删除不会导致扫描略过或者重复返回本身不是被插入或者删除的条目。

除了使用 amgettuple，索引扫描页可以用 amgetmulti，每次调用抓取多条行的方式完成。这样做可能会比 amgettuple 有显著的效率提升，因为它可以避免在访问方法内的加锁/解锁循环。在原理上，amgetmulti 应该和重复调用 amgettuple 的效果相同，不过强制了一些限制来简化事情。首先，amgetmulti 并不接受 direction 参数，因此它既不支持反向扫描，也不支持内部扫描方向的回向。访问方法也不需要支持在 amgetmulti 扫描中扫描位置的标记以及恢复。这些限制几乎没有什么开销，因为在 amgetmulti 扫描里使用这些特性是很困难的：调整调用着的 TID 缓冲列表是一件很复杂的事情。最后，amgetmulti 并不保证在返回的行上的任何锁定。

18.6.4　索引唯一性检查

PostgreSQL 使用唯一索引来强制 SQL 唯一约束，唯一索引实际上是不允许多条记录有相同键值索引的。一个支持这个特性的访问方法要设置 pg_am.amcanunique 为真。目前，只有 b-tree 支持它。

因为 MVCC，必须允许重复的条目物理上存在于索引之中：该条目可能指向某个逻辑行后面的版本。实际想强制的行为是，任何 MVCC 快照都不能包含两条相同的索引键字。这种要求在向一个唯一索引插入新行的时候分解成下面的几种情况。

（1）一个有冲突的合法行被当前事务删除，这是可以的。特别是一个 UPDATE 总是在插入新版本之前删除旧版本时，就允许一个行上的 UPDATE 不用改变键字进行操作。

（2）如果一个在等待提交的事务插入了一行有冲突的数据，那么准备插入数据的事务必须等待看看该事务是否提交。如果该事务回滚，就没有冲突。如果一个有冲突的有效行被一个准备提交的事务删除，那么另外一个准备提交的插入事务就必须等待该事务提交或者退出，然后重做测试。

（3）根据上面的规则进行唯一性检查之前，访问方法必须重新检查刚被插入的行是否仍然活跃。如果已经因为事务的提交而停止了，就不应当发出任何错误。这种情况不可能出现在插入同一个事务中创建的行的时候，但是在 CREATE UNIQUE INDEX CONCURRENTLY 的过程中是可能的。

（4）要求索引访问方法自己进行这些测试，就意味着它必须检查堆，以便查看那些根据索引内容表明有重复键字的任意行的提交状态。毫无疑问，这样做不是模块化的，但是可以节约重复的工作：如果进行一次额外的探测，而后面的索引查找冲突行的动作实际上是和查找插入新行的索引记录重复的动作。并且，没有很明显的方法来避免冲突条件，除非冲突检查是插入新索引条目的整体动作的一部分。这个方法的主要局限是没有很方便的方法支持推迟的唯一性检查。

18.6.5　索引开销估计函数

系统给 amcostestimate 函数一个 WHERE 子句的列表。这个 WHERE 子句列表是系统认为可以被索引使用的。它必须返回访问该索引的开销估计值以及 WHERE 子句的选择性。也就是说，在索引扫描期间检索的将被返回的数据行在父表中所占据的比例。对于简单的场合，几乎开销估计器的所有工作都可以通过调用优化器里面的标准过程完成。有 amcostestimate 这个函数的目的是允许索引访问方法提供和索引类型相关的知识，这样也许可以改进标准的开销估计。

每个 amcostestimate 函数都有下面这样的签名：

```
void
amcostestimate (PlannerInfo *root,
                IndexOptInfo *index,
                List *indexQuals,
                RelOptInfo *outer_rel,
                Cost *indexStartupCost,
                Cost *indexTotalCost,
                Selectivity *indexSelectivity,
                double *indexCorrelation);
```

前面四个参数是输入：

- root：有关规划器正在被处理的查询的信息。
- index：在考虑使用的索引。
- indexQuals：索引条件子句的列表（隐含是 AND 的）；如果是 NIL 列表（空列表）就表示没有可用的条件。注意，这个列表包含表达式树，而不是 ScanKey（扫描键字）。
- outer_rel：如果该索引可能要用于连接内部扫描，那么这个将是规划器关于连接的外侧信息，否则为 NULL。当不为 NULL 时，一些 qual 子句将会连接使用带有 rel 的子句而不是简单的约束子句。同样，开销评估应当考虑索引扫描将会为 rel 的每一行执行一次。

后面四个参数是传递引用的输出：

- indexStartupCost：设置为索引启动处理的开销。
- indexTotalCost：设置为索引处理的总开销。
- indexSelectivity：设置为索引的选择型。
- indexCorrelation：设置为索引扫描顺序和下层的表的顺序之间的相关有效性。

注意，开销估计函数必须用 C 写，而不能用 SQL 或者任何可用的存储过程语言，因为它们必须访问规划器/优化器的内部数据结构。

索引访问开销应该以 src/backend/optimizer/path/costsize.c 使用的单位进行计算：一个顺序磁盘块抓取开销是 seq_page_cost，一个非顺序抓取开销是 random_page_cost，而处理一个索引行的开销通常应该是 cpu_index_tuple_cost。另外，在任何索引处理期间调用的比较操作符都应该增加一个数量为 cpu_operator_cost 倍数的开销（特别是计算索引条件 indexQualst 的时候）。

访问开销应该包括所有与扫描索引本身相关的磁盘和 CPU 开销，但是不包括检索或者处理索引标识出来的父表的行的开销。

启动开销是总扫描开销中的一部分，也就是在开始抓取第一行之前必须花掉的开销。对于大多数索引，这个可以是零，但是对于那些启动开销很大的索引类型不能设置为零。

indexSelectivity 应该设置成在索引扫描期间父表中的行被选出来的部分的百分比。在索引比较松散的情况下，这个值通常比实际通过给出的查询条件行所占的百分比要高。

indexCorrelation 应该设置成索引顺序和表顺序之间的相关性（范围在-1.0 到 1.0 之间）。这个数值用于调整从父表中抓取行的开销估计。

在连接情况下，返回的数值应当在每一次索引扫描之间平均。

18.7 GiST 索引

本节主要介绍 GiST 索引的使用方法。

18.7.1 GiST 简介

GiST 的意思是通用的搜索树（Generalized Search Tree）。GiST 是一种平衡树结构的访问方法，在系统中是一个基础的模板，可以用来实现任意索引模式。B-trees 和许多其他的索引模式都可以用 GiST 实现。

GiST 的一个优点是它允许一种自定义的数据类型和合适的访问方法一起开发，并且是由该数据类型范畴里的专家而不是数据库专家开发的。

18.7.2 可扩展性

通常，实现一种新的索引访问方法意味着大量的艰苦工作。必须理解数据库的内部工作机制，比如锁的机制和预写日志。GiST 接口有一个高层的抽象，只要求访问方法的实现者实现被访问的数据类型的语意。GiST 层本身会处理并发、日志和搜索树结构的任务。

不要把这个扩展性和其他标准搜索树的扩展性混淆在一起，比如它们所能处理的数据等方面。比如，PostgreSQL 支持可以扩展的 B-trees 。这就意味着可以用 PostgreSQL 在任意需要的数据类型上建立 B-tree。B-trees 只支持范围谓词（<、=、>），hash 则仅支持相等查询。

如果用 PostgreSQL B-tree 索引一个图像集，就只能发出类似"图像 x 和图像 y 相等吗""图像 x 是不是比图像 y 小""图像 x 是否大于图像 y"这样的查询。根据在这个环境下定义的"等于""小于""大于"的含义，上面这些查询可能是有意义的。使用一个基于 GiST 的索引可以创建一些方法来发出和域相关的问题，比如"找出所有马的图像"或者"找出所有曝光过头的图像"。

当然，为了支持那些怪异的查询，方法也会相当怪异，但是对于所有标准的查询（B-trees 等），它们是相当直接的。简单地说，GiST 组合了扩展性和通用性，以及代码复用和一个干净的界面。

18.7.3　实现方法

一个用于 GiST 的索引操作符类必须提供以下七个方法。

- consistent。这个方法给出一个在树的数据页上的谓词 p 和一个用户查询 q。如果对于一个给定的数据项，p 和 q 都很明确地不能为真，那么这个方法将返回假。
- union 。这个方法合并树中的信息。给出一个条目的集合，这个函数生成一个新的谓词，这个谓词对所有条目都为真。
- compress。这个方法将数据项转换成一个适合于在一个索引页里面物理存储的格式。
- decompress。这个方法是 compress 方法的反方法。把一个数据项的索引表现形式转换成可以由数据库操作的格式。
- penalty。这个方法返回一个数值，表示将新条目插入树中特定分支需要的"开销"。插入项将会按照树中最小 penalty 的路径插下去。
- picksplit。当需要分裂一个页面的时候，这个函数决定页面中哪些条目保存在旧页面里，而哪些移动到新页面里。
- same。如果两个条目相同就返回真，否则返回假。

18.8　数据库物理存储

本节主要讲述 PostgreSQL 数据库使用的物理格式。

18.8.1　数据库文件布局

本小节在文件和目录的层次上描述存储格式。

数据库集群所需要的所有数据都存储在集群的数据目录里，通常用环境变量 PGDATA 来引用。PGDATA 的一个常见值为/var/lib/pgsql/data。不同服务器管理的多个集群可以在同一台机器上共存。

PGDATA 目录包含几个子目录以及一些控制文件。除了这些必要的内容之外，集群的配置文件 postgresql、conf、pg_hba、conf、pg_ident、conf 通常也都存储在这里。PGDATA 的内容如表 18.9 所示。

表 18.9　PGDATA 的内容

Item	描述
PG_VERSION	一个包含 PostgreSQL 主版本号的文件
base	包含与每个数据库对应的子目录的子目录
global	包含集群范围的表的子目录，比如 pg_database
pg_clog	包含事务提交状态数据的子目录
pg_multixact	包含多重事务状态数据的子目录（用于共享的行锁）
pg_subtrans	包含子事务状态数据的子目录
pg_tblspc	包含指向表空间的符号链接的子目录
pg_twophase	包含用于预备事务的状态文件的子目录

（续表）

Item	描述
pg_xlog	包含 WAL（预写日志）文件的子目录
postmaster.opts	一个记录服务器最后一次启动时使用的命令行参数的文件
postmaster.pid	一个锁文件，记录着当前的服务器主进程 PID 和共享内存段 ID，在服务器关闭之后此文件就不存在了

对于集群里的每个数据库，在 PGDATA/base 里都有对应的一个子目录。子目录的名字是该数据库在 pg_database 里的 OID，是数据库文件的默认位置。特别值得一提的是，该数据库的系统表存储在此。

每个表和索引都存储在独立的文件里，以该表或者该索引的 filenode 号命名，该号码可以在 pg_class.relfilenode 中找到。

注意

虽然一个表的 filenode 通常和 OID 相同，但是实际上并不是必须如此。有些操作，比如 TRUNCATE、REINDEX、CLUSTER 以及一些特殊的 ALTER TABLE 形式，可以在改变 filenode 的同时保留 OID。所以，不应该假设 filenode 和表 OID 相同。

在表或者索引超过 1GB 后，就会被分裂成 1GB 大小的段。第一个段的文件名和 filenode 相同，随后的段名为 filenode.1、filenode.2……这样的安排避免了在某些有文件大小限制的平台上的问题。

一个表的某些字段里面可能会存储相当大的数据，这时就会有一个相关联的 TOAST 表，用于存储无法在表的数据行中放置的超大线外数据。如果有，pg_class.reltoastrelid 就会从一个表链接到 TOAST 表。

表空间把情况搞得更复杂一些。每个用户定义的表空间都在 PGDATA/pg_tblspc 目录里面有一个符号连接，指向物理的表空间目录。其中，还目录是在 CREATE TABLESPACE 命令里声明的那个目录，符号连接是用表空间的 OID 命名的。

在物理表空间里面包含多个子目录，每个子目录都对应着一个在这个表空间里有元素的数据库，并且该子目录以数据库的 OID 命名。该目录里的表遵循 filenode 的命名规则。pg_default 没有通过 pg_tblspc 关联，但是对应 PGDATA/base。类似的还有，比如 pg_global 没有通过 pg_tblspc 关联，而是对应 PGDATA/global。

18.8.2　TOAST

PostgreSQL 的页面大小是固定的，通常是 8KB，并且不允许行跨越多个页面，因此不可能直接存储非常大的字段值。为了突破这个限制，大的字段值被压缩或被打碎成多个物理行。这些事情对用户都是透明的，只是在后端代码上有一些小的影响，这就是 TOAST。

只有一部分数据类型支持 TOAST（没必要在那些不可能生成大字段值的数据类型中强制这种额外开销）。要支持 TOAST，数据类型必须有变长（varlena）表现形式。这时，任何存储的数值的头 32 位都存储着以字节计的数值的总长度（包括长度本身）。TOAST 并不约束剩下的表现形式。所有支持 TOAST 数据类型的 C 级别的函数都必须仔细处理 TOAST 的输入值。也就是说，通常是在对一个输入值做任何事情之前调用 PG_DETOAST_DATUM。在某些情况下，也会存在更高效的方法。

TOAST 使用变长长度字的最高两个二进制位，这样就把可以任何 TOAST 数据类型的逻辑长度限制在 1GB（$2^{30}-1$ 字节）之内了。如果两个位都是零，那么数值是该数据类型中一个普通的未 TOAST 的值。如果设置了其中一个位，就表示该数值被压缩过，使用前必须先解压缩。如果设置了另外一个位，就表示该数值是在线外存储的。这时，该值剩下的部分只是一个指针，而正确的数值必须在其他地方查找。如果两个位都设置了，那么这个线外数据也被压缩过了。不管哪种情况，长度字里剩下的低位都表示数据的实际尺寸，而不是解压缩或者从线外数据抓过来之后的逻辑尺寸。

如果一个表中有任何一个字段是可以 TOAST 的，那么该表将有一个关联的 TOAST 表，其 OID 存储在表的 pg_class.reltoastrelid 记录里，线外 TOAST 过的数值保存在 TOAST 表里，下面有更详细的描述。

线外数据被分裂成（如果压缩过，在压缩之后）最多 TOAST_MAX_CHUNK_SIZE（默认 2000，略小于 BLCKSZ/4）字节的块，每个块都作为独立的行在 TOAST 表里为所属表存储。每个 TOAST 表都有 chunk_id 字段（一个表示特定 TOAST 值的 OID）、chunk_seq（一个序列号，存储该块在数值中的位置）、chunk_data（该块实际的数据）。在 chunk_id 和 chunk_seq 上有一个唯一索引，提供对数值的快速检索。因此，一个表示线外 TOAST 值的指针数据需要存储要查阅的 TOAST 的 OID 和特定数值的 OID（chunk_id）。为了方便，指针数据还存储逻辑数据的尺寸（原始的未压缩的数据长度）以及实际存储的尺寸（如果使用了压缩，那么两者将不同）。加上头部的长度值，一个 TOAST 指针数据的总尺寸是 20 字节，不管它代表的数值的实际长度是多大。

TOAST 代码只有在准备向某表中存储超过 BLCKSZ/4 字节（通常是 2KB）的行的时候才会触发。TOAST 代码将压缩和/或线外存储字段值，直到数值比 BLCKSZ/4 字节短，或者无法得到更好的结果的时候才停止。在一个 UPDATE 操作过程中，未改变的字段的数值通常原样保存。所以，在更新一个带有线外数据的行时，如果线外数据值没有变化，那么将不会有 TOAST 开销存在。

TOAST 代码识别四种不同的存储可 TOAST 字段的策略：

- PLAIN：避免压缩或者线外存储，只对不能 TOAST 的数据类型才有可能。
- EXTENDED：允许压缩和线外存储，是大多数可以 TOAST 的数据类型的默认值。首先尝试进行压缩，如果行仍然很大，就进行线外存储。
- EXTERNAL：允许线外存储，但不允许压缩。这将令那些在 text 和 bytea 字段上的子字符串操作更快（代价是增加了存储空间），因此这些操作是经过优化的：如果线外数据没有压缩，那么它们只会去抓取需要的部分。
- MAIN：允许压缩，但不允许线外存储。实际上，在这样的字段上仍然会进行线外存储，但只是作为没有办法把数据行变得更小的情况下的最后手段。

每个可以 TOAST 的数据类型都为该数据类型的字段声明一个默认策略，但是特定表的字段的存储策略可以用 ALTER TABLE SET STORAGE 修改。

这个方法比那些更直接的方法（比如允许行数值直接跨越多个页面）有更多优点。假设查询通常是用相对比较短的键值进行匹配的，那么大多数执行器的工作都将使用主行记录完成。TOAST 过的属性的大体积数值只是在把结果集发送给客户端的时候才抽出来（如果选择了的话）。因此，主表要小得多，并且大部分行都存储在共享缓冲区里，不需要任何线外存储。同时排序集也缩小了，并且排序将更多地在内存里完成。一个小测试表明，一个用于保存 HTML 页面以及 URL 的表（包括 TOAST 表在内)存储将近一半的裸数据,而主表只包含全部数据的 10%(URL 和一些小的 HTML 页面)。与在一个非 TOAST 的对比表里面存储（把全部 HTML 页面裁剪成 7KB 以匹配页面大小）没有任何运行时的区别。

18.8.3　数据库分页文件

序列和 TOAST 的格式与普通表一样,提供一个表和索引所使用的页面格式的概述。

在下面的解释中,假定一个字节包含 8bit;项指的是存储在一个页面里的独立数据值。在一个表里,一项是一行;在一个索引里,一项是一条索引记录。

每个表和索引都以固定尺寸（通常是 8KB,但也可以在编译时选择其他尺寸）的页面数组存储。在表里,所有页面在逻辑上都是相同的,所以一个特定的项（行）可以存储在任何页面里。在索引里,第一个页面通常保留为元页面,保存着控制信息,并且依索引访问方法的不同在索引里可能有不同类型的页面。表 18.10 显示一个页面的总体布局,每个页面有 5 个部分。

表 18.10　页面中 5 个部分的内容

项	描述
PageHeaderData	页头数据,20 字节长,包含关于页面的一般信息,包括自由空间指针
ItemPointerData	项指针数据,（offset,length）对数组,指向实际项,每项 4 字节
Free space	未分配的空间。新项指针从这个区域的开头开始分配,新项从结尾开始分配
Items	实际的项自身
Special space	特殊空间。索引访问模式特定的数据。不同的索引方法存放不同的数据。在普通表中为空

每个页面的头 20 个字节组成页头（PageHeaderData）。头两个字节跟踪与此页面相关的最近的 WAL 项。然后跟着三个 2 字节的整数字段（pd_lower, pd_upper, pd_special）。这些字段分别包含页面开始位置与未分配空间开头的字节偏移,与未分配空间结尾的字节偏移,以及以特殊空间开头的字节偏移。页面头的最后 2 字节（pd_pagesize_version）存储页面尺寸和版本指示器。基本页面布局和头格式在这些版本里都没有改变,但是堆的行头部布局有所变化。页面大小主要用于交叉检查。目前在一次安装里还不支持多于一种页面大小的内容。表 18.11 所示为 PageHeaderData 布局。

表 18.11　PageHeaderData 的布局表

字段	类型	长度	描述
pd_lsn	XLogRecPtr	8 字节	LSN: 最后修改这个页面的 xlog 记录最后一个字节后面的下一个字节
pd_tli	TimeLineID	4 字节	最后修改的 TLI
pd_lower	LocationIndex	2 字节	到自由空间开头的偏移量
pd_upper	LocationIndex	2 字节	到自由空间结尾的偏移量
pd_special	LocationIndex	2 字节	到特殊空间开头的偏移量
pd_pagesize_version	uint16	2 字节	页面大小和布局版本号信息

在页头后面是项标识符（ItemIdData），每个需要 4 字节。一个项标识符包含一个到项开头的字节偏移量、以字节计的长度以及一套属性位（这些属性位影响它的解释）。新的项标识符根据需要从未分配空间的开头分配。项标识符的数目可以通过查看 pd_lower 来判断，在分配新标识符的时候会递增。因为一个项标识符在其释放前绝对不会移动，所以它的索引可以用于长时间地引用一个项，即使该项本身因为压缩自由空间在页面内部进行了移动也是如此。实际上，PostgreSQL 创建的每个指向项的指针（ItemPointer，也叫作 CTID）都由一个页号和一个项标识符的索引组成。

项本身存储在从未分配空间末尾开始从后向前分配的空间里。它们的实际结构因表包含的内容不同而不同。表和序列都使用一种叫作 HeapTupleHeaderData 的结构（在下面描述）。

最后一段是"特殊段"，可以包含任何访问方法想存放的内容。比如，b-tree 索引存储指向页面的左右同宗的链接，以及其他一些和索引结构相关的数据。普通表并不使用这个段（通过设置 pd_special 等于页面大小来表示）。

所有表行都用相同的方法构造。它们有一个定长的头（在大多数机器上占据 27 个字节），后面跟着一个可选的 null 位图、一个可选的对象 ID 字段以及用户数据。实际用户数据（行的字段）从 t_hoff 标识的偏移量开始，必须是该平台的 MAXALIGN 距离的倍数。null 位图只有在设置了 t_infomask 里面的 HEAP_HASNULL 位的时候才出现。如果它出现了，那么它紧跟在定长头后面，占据足够容纳每个数据字段对应一个位的字节数（也就是说，总共 t_natts 位）。在这个位列里面，为 1 的位表示非空，为 0 的位表示空。如果没有出现这个位图，那么所有数据字段都假设为非空的。对象 ID 只有在设置了 t_infomask 里面的 HEAP_HASOID 位的时候才出现。如果出现，它正好出现在 t_hoff 范围之前。如果需要补齐 t_hoff，使之成为 MAXALIGN 的倍数，那么这些填充将出现在 null 位图和对象 ID 之间。这样也保证了对象 ID 得到恰当的对齐。表 18.12 所示是 HeapTupleHeaderData 布局。

表 18.12　HeapTupleHeaderData 的布局表

字段	类型	长度	描述
t_xmin	TransactionId	4 字节	插入 XID 戳记
t_cmin	CommandId	4 字节	插入 CID 戳记
t_xmax	TransactionId	4 字节	删除 XID 戳记
t_cmax	CommandId	4 字节	删除 CID 戳记（与 t_xvac 重叠）
t_xvac	TransactionId	4 字节	用于移动行版本操作的 VACUUM 的 XID
t_ctid	ItemPointerData	6 字节	本行或者新行的当前 TID
t_natts	int16	2 字节	字段数目
t_infomask	uint16	2 字节	各种标志位
t_hoff	uint8	1 字节	到用户数据的偏移量

对具体数据的解释只能在从其他表中获取信息的情况下进行，这些信息大多数在 pg_attribute 里。标识字段位置的关键数值是 attlen 和 attalign 。没有办法直接获取某个字段，除非它们是定宽并且没有 NULL 的。所有这些复杂的操作都封装在函数 heap_getattr、astgetattr、heap_getsysattr 里。

要读取数据的话，需要轮流检查每个字段。首先根据 null 位图检查该字段是否为 NULL。如果是，就跳到下一个字段。然后保证对齐是正确的。如果是一个定宽字段，那么所有字节都简单地放在那里。如果是一个变长字段（attlen = -1），就会更加复杂一些。所有变长数据类型都使用一个通用的头结构 varattrib。它包含所存储的数据的全长以及一些标志位。根据标志的不同，数据可能是内联的或者是在其他表中（TOAST），还可能是压缩的。

18.9 BKI 后端接口

后端接口（BKI）文件是一些用特殊语言写的脚本。这些脚本是 PostgreSQL 后端能够理解的，以特殊的"bootstrap"（引导）模式运行。这种模式允许在不存在系统表的零初始条件下执行数据库函数，而普通的 SQL 命令要求系统表必须存在。因此，BKI 文件可以用于在第一时间创建数据库系统。

18.9.1 BKI 文件格式

本小节描述 PostgreSQL 后端是如何理解 BKI 文件的。如果把 postgres.bki 文件拿来作为例子，这些描述会变得容易理解一些。

BKI 输入是由一系列命令组成的。命令是由一些记号组成的，具体是什么记号由命令语法决定。记号通常是用空白分隔的，如果没有歧义也可以不要。通常会把一条新的命令放在新的一行上，以保持清晰。记号可以是某些关键字、特殊字符（圆括弧、逗号等）、数字或者双引号字符串。所有内容都是大小写敏感的。

提 示

以#开头的行可以被忽略。

18.9.2 BKI 命令

（1）create [bootstrap] [shared_relation] [without_oids] tablename tableoid (name1 = type1 [, name2 = type2, ...])

创建一个名为 tablename 并且 OID 为 tableoid 的表，表字段在圆括弧中给出。

bootstrap.c 直接支持下列字段类型：bool，bytea，char（1 字节），name，int2，int4，regproc，regclass，regtype，text，oid，tid，xid，cid，int2vector，oidvector，_int4（数组），_text（数组），_oid（数组），_char（数组）和_aclitem（数组）。尽管可以创建包含其他类型字段的表，但是只有在创建完 pg_type 并且填充了合适的记录之后才行。这实际上就意味着在系统初始化表中只能使用这些字段类型，而非系统初始化表可以使用任意内置类型。

如果声明了 bootstrap，那么将只在磁盘上创建表，不会向 pg_clas、pg_attribute 等系统表里面输入任何内容。因此这样的表将无法被普通的 SQL 操作访问，直到那些记录用硬办法（用 insert 命令）填入。这个选项用于创建 pg_class 等自身。

如果声明了 shared_relation ，那么表就作为共享表创建。除非声明了 without_oids，否则将会有 OID。

（2）open tablename

打开一个名为 tablename 的表，准备插入数据。任何当前已经打开的表都会被关闭。

（3）close [tablename]

关闭打开的表。给出的表名用于交叉检查，但并不是必需的。

（4）insert [OID = oid_value] (value1 value2 ...)

如果 oid_value 为零，那么用 value1、value2 等作为字段值，oid_value 作为 OID（对象标识），向打开的表插入一条新记录；否则，省略子句，让表拥有 OID，并赋予下一个可用的 OID 数值。NULL 可以用特殊的关键字_null_声明。包含空白的值必须用双引号栝起。

（5）declare [unique] index indexname indexoid on tablename using amname (opclass1 name1 [, ...])

在一个叫 tablename 的表上用 amname 访问方法创建一个 OID，是 indexoid 的叫作 indexname 的索引。索引的字段叫 name1、name2 等，而使用的操作符类分别是 opclass1、opclass2 等。将会创建索引文件和恰当的系统表记录，但是索引内容不会被此命令初始化。

（6）declare toast toasttableoid toastindexoid on tablename

为名为 tablename 的表创建一个 TOAST 表。这个 TOAST 的 OID 是 toasttableoid，其索引的 OID 是 toastindexoid。与 declare index 一样，索引的填充会被推迟。

（7）build indices

填充前面声明的索引。

18.9.3　系统初始化的 BKI 文件结构

open 命令打开的表需要系统事先存在另外一些基本的表里。在这些表存在并拥有数据之前，不能使用 open 命令。这些最低限度必须存在的表是 pg_class、pg_attribute、pg_proc、pg_type。为了允许这些表被填充，带 bootstrap 选项的 create 隐含打开所创建的表，用于插入数据。

同样，declare index 和 declare toast 命令也不能在它们所需要系统表创建并填充之前使用。因此，postgres.bki 文件的结构必须是这样的：

（1）create bootstrap 其中一个关键表。
（2）insert 数据，这些数据至少描述关键表本身。
（3）close。
（4）重复创建和填充其他关键表。
（5）create（不带 bootstrap）一个非关键表。
（6）open。
（7）insert 需要的数据。
（8）close。
（9）重复创建其他非关键表。
（10）定义索引。

（11）build indices。

当然，肯定还有其他未记录文档的顺序依赖关系。

18.9.4　例子

下面的命令集先创建名为 test_table 的表（表中有两个类型分别为 int4 和 text 的字段 cola 和 colb），然后向表中插入两行。

```
create test_table 420 (cola = int4, colb = text)
open test_table
insert OID=421 ( 1 "value1" )
insert OID=422 ( 2 _null_ )
close test_table
```

18.10　常见问题及解答

疑问 1：什么是 GIN 索引？

GIN 的意思是基因倒排索引（Generalized Inverted Index）。它是一个存储（key，posting list）对集合的索引结构，这里的"posting list"是一组出现 key 的行。每一个被索引的值都可能包含多个 key ，因此同一个行 ID 可能会出现在多个 posting list 中。在一般意义上，GIN 索引不需要关心相关联的操作。相反，它使用用户在特定数据类型上定义的策略。

GIN 的一个优点是允许开发自定义数据类型时附带适当的访问方法。这件事可以由深入了解该数据类型的专家来做，而不是由数据库专家来做。这一点与使用 GiST 很相似。

疑问 2：使用索引锁需要注意什么？

索引访问方法必须支持多个进程对索引的并发更新。在索引扫描期间，PostgreSQL 核心系统在索引上抓取 AccessShareLock，并且在更新索引期间也会抓取 RowExclusiveLock 。因为这些锁类型不会冲突，所以访问方法有责任处理任何它自己需要的更细致的锁需求。把整个索引锁住的排他锁只是在创建和删除索引或者 REINDEX、VACUUM FULL 的时候使用。

除了索引自己内部的一致性要求之外，并发更新创建了一些有关父表（堆）和索引之间的一致性问题。因为 PostgreSQL 是把堆的访问和更新与索引的访问和更新分开的。